Octave DOIN et FILS, Éditeurs, 8, place de l'Odéon, Paris.

ENCYCLOPÉDIE SCIENTIFIQUE

Publiée sous la direction du Dr TOULOUSE

BIBLIOTHÈQUE D'ANTHROPOLOGIE

Directeur : Dr G. PAPILLAULT
Professeur à l'École d'Anthropologie,
Directeur adjoint du Laboratoire d'Anthropologie
de l'École des Hautes Études.

L'Anthropologie est une science neuve qui n'était point encore constituée, il y a un demi-siècle; elle a su pourtant accumuler, en un si court espace de temps, des découvertes qui ont exercé une influence considérable sur la pensée philosophique de notre époque.

C'est la France qui a été l'initiatrice de cette nouvelle méthode de recherche, comme elle a été la première à en organiser l'enseignement d'une façon complète et systématique à l'École d'Anthropologie de Paris; c'est donc en France qu'il était logique de voir se constituer une Bibliothèque condensant en une cinquantaine de volumes toutes les connaissances éparses actuellement en une multitude de Revues, de Bulletins scientifiques et d'ouvrages spéciaux.

Les difficultés ne manquaient point dans cette entreprise. Les pionniers d'une science nouvelle s'élancent vers l'inconnu dans l'enthousiasme des premières découvertes, sans songer à coordonner leurs efforts, sans même se préoccuper des limites du domaine qu'ils ont à défri-

*

cher; il en résulte que des régions entières sont à peine explorées, tandis qu'ailleurs on a empiété sur des sciences voisines. Les auteurs de nos Manuels d'Anthropologie s'en sont à peine aperçus. La plupart sont des chercheurs éminents qui ont fait une œuvre personnelle résumant surtout leurs idées et leurs découvertes, et n'ont eu cure de faire une véritable encyclopédie. Quant au Dictionnaire des Sciences anthropologiques, qui manifeste pour l'époque où il a paru un effort intéressant, il ne reflète que trop fidèlement, dans son plan général, la confusion des doctrines qui régnaient alors en Anthropologie et n'ont point encore disparu.

On est, en effet, très loin de s'entendre sur la définition et les limites de l'Anthropologie. Certains lui donnent une telle extension qu'elle risque de perdre son individualité. Toute science qui étudie l'homme ou enregistre ses actes rentrerait dans son domaine : Anatomistes, physiologistes, psychologues, historiens, archéologues, etc. feraient ainsi de l'Anthropologie sans s'en douter. D'autres, tout au contraire, rétrécissent son champ d'action au point de lui enlever toute portée philosophique et pratique, en la limitant à l'étude somatique des races humaines. Entre ces deux extrêmes se disposent un grand nombre d'opinions moyennes que je ne résumerai pas en cette courte notice. J'ai voulu simplement montrer, devant ces contradictions, combien il était nécessaire d'exposer en quelques mots la conception qui a présidé à l'organisation de cette Bibliothèque.

Il faut dire tout d'abord que nous avons écarté avec soin les classifications générales des sciences qui ont été élaborées jusqu'ici. Toutes, à notre connaissance, présupposent que l'unité constitutive d'une science et sa place dans l'ordre de nos connaissances reposent sur la nature des phénomènes qu'elle étudie; et il faut avouer humblement que nous ignorons la nature intime de ces phénomènes, bien que les théories ne manquent point pour nous la révéler; les meilleures, comme la théorie atomique, ne sont-elles pas seulement des constructions représentatives, des images offrant un support commode à notre pensée? Nous ignorons si les sciences nous donneront jamais une connaissance adéquate de la nature; nous ne savons même pas si nous pouvons soupçonner ce que serait une connaissance adéquate; mais nous savons de toute certitude que les sciences accroissent notre puissance d'action en systématisant nos moyens de recherche et en coordonnant les relations profondément subjectives que nous appelons nos connaissances. Il semble donc légitime et nécessaire de se placer uniquement au point de vue subjectif et pratique pour chercher à s'éclairer sur la constitution réelle d'une science.

Or, si nous observons comment se forment les unités d'étude les plus évidentes et les plus tangibles, telles que les Laboratoires, nous constaterons facilement que leur individualité dépend uniquement de la technique qu'on y emploie. Si cette technique se diversifie trop, le Laboratoire se scinde tôt ou tard. Des unités d'étude comme la physique, la chimie, la physiologie, auxquelles un seul Laboratoire suffisait au début, ont subi des subdivisions qui sont maintenant aussi tranchées que l'étaient autrefois les divisions primitives, et ce n'est que par une habitude de langage que l'on désigne, par exemple, sous le même terme, des études aussi disparates que l'analyse purement mécanique des mouvements d'un animal, l'analyse chimique de ses sécrétions et les études sur ses ferments internes : l'unité d'étude nommée physiologie est appelée sûrement à se morceler, tout comme l'a fait depuis longtemps la physique d'Aristote.

Chacune de ces subdivisions est donc nécessitée par le progrès même de nos connaissances et la complexité croissante de nos moyens d'investigation, c'est-à-dire de la technique scientifique. Tout individu qui veut s'assimiler une de ces sciences particulières et travailler à ses progrès doit subir un apprentissage qui implique non seulement un exercice mental particulier, mais souvent même un exercice musculaire assez difficile, exactement comme l'apprentissage d'un art esthétique ou industriel. Il doit connaître les instruments de recherche, se familiariser avec leur fonctionnement, acquérir les connaissances nécessaires pour les appliquer et comprendre les résultats que donnent ces modes spéciaux d'observation et d'expérience.

Les considérations précédentes nous conduisent, comme on le voit facilement, à deux conclusions qui méritent d'être bien détachées à cause de leur importance :

1° Il existe, pour les sicences comme pour les arts, une *Technologie* qui joint à l'étude de la technique proprement dite les connaissances nécessaires pour la mettre en œuvre d'une façon fructueuse.

2° Chacune des sciences particulières n'est rien autre chose qu'une *unité technologique* pouvant être concentrée le plus ordinairement dans un seul local (laboratoire, musée, bureau d'information, etc.) et embrassée assez facilement par un individu après un apprentissage plus ou moins prolongé.

Si nous admettons cette dernière définition, nous sommes obligés de reconnaître que l'Anthropologie emprunte des observations à des techniques très diverses, manque par conséquent d'unité réelle, et mérite le reproche, que ses détracteurs lui ont si souvent adressé, d'être un simple carrefour de sciences.

Il en serait ainsi, si toute unité scientifique équivalait forcément aux unités technologiques que nous venons d'examiner. Mais, dans la pratique (et c'est toujours à ce point de vue que nous nous plaçons), nous voyons se former une autre distribution des connaissances et des recherches scientifiques qui vient se superposer aux premières, ou, pour mieux dire, constituer comme des pôles d'aimantation qui dirigent et orientent toutes ces unités technologiques et font coopérer leurs efforts. Ces centres attractifs sont de natures fort diverses. Nous les trouvons autour de nous dans une Faculté de médecine, une École de pharmacie, un jardin zoologique d'acclimatation, et même tout simplement une usine importante; nous les trouvons encore dans une école vétérinaire, qui se consacre à l'étude de quelques espèces animales domestiquées, et particulièrement utiles à l'homme; l'étude même d'une seule espèce animale suffit, bien qu'à un moindre degré, pour constituer un centre de convergence analogue aux précédents.

Qu'on ne s'imagine point, par ce dernier exemple, que je tende à présenter l'Anthropologie comme « l'histoire naturelle de l'homme ». Cette définition célèbre se rapproche de celle que je critiquais plus haut, parce qu'elle donne une extension beaucoup trop considérable à l'Anthropologie. Celle-ci comprendrait non seulement l'étude de toutes les particularités normales et pathologiques du corps humain, mais elle devrait noter toutes les manifestations de son activité physique et mentale. Dès lors, un traité d'Algèbre ou de Trigonométrie deviendrait un chapitre obligé de l'Anthropologie, dans laquelle rentrerait aussi la Pathologie tout entière! Ce serait le cas de dire que le ridicule nous guette.

Si nous abandonnons ces vues *à priori*, et si nous examinons les centres d'études que j'ai énumérés plus haut, nous nous apercevrons que tous ont été créés pour satisfaire des besoins importants de l'humanité civilisée dans sa lutte pour la vie : c'est peut-être au plus fondamental d'entre eux, celui de former des groupes vigoureux pour multiplier notre puissance d'action, que répond l'Anthropologie.

L'humanité se divise, en effet, en une multitude de groupes, races, peuples, états, associations de toutes sortes, dont la prospérité, extrêmement variable, influe puissamment sur le bonheur des membres qui les constituent et dépend de causes nombreuses qu'une science doit nous révéler : Quelle est l'origine et l'évolution de ces groupes? Quel est leur fonctionnement? Quelle action exercent-ils sur la valeur de leurs membres et quelle impulsion en reçoivent-ils? Pourquoi certains groupes prospèrent-ils, tandis que d'autres souffrent, végètent et meurent? Quelle hygiène préventive doit-on leur appliquer, quelle thérapeutique peut les guérir? Autant de problèmes redoutables dont la solution intéresse directement les besoins collectifs de l'homme, et dont l'étude systématique constitue le domaine propre de l'Anthropologie.

Celle-ci peut donc être définie maintenant d'une façon précise : *Elle est la science des groupes humains qui met en œuvre, pour parvenir à la connaissance exacte et complète de leur nature, de leur fonctionnement et de leurs besoins, un certain nombre d'unités technologiques ayant pour but l'étude des phénomènes collectifs.*

Le plan que nous avons suivi dans l'organisation de cette Bibliothèque est le fidèle reflet des considérations précédentes

Une première partie comprend les ouvrages qui exposent la technologie des sciences anthropologiques. Celles-ci, ayant pour but l'étude de caractères collectifs, exigent une technique et des connaissances toutes spéciales qui les distinguent très nettement des autres sciences expérimentales. Leur nombre n'a rien d'absolu, comme je l'ai démontré plus haut, et il s'accroîtra bien certainement avec les progrès de l'observation. Certaines, comme la sociologie et l'économie politique, ont pris un tel développement qu'une Bibliothèque spéciale leur a été consacrée. Peu importe à l'Anthropologie, qui saura bien les adapter à ses fins spéciales dans l'étude des groupes humains. Nous avons, par contre, consacré plusieurs volumes à l'Anthropologie anatomo-physiologique ou somatique, et à l'étude comparée des mœurs et des coutumes que l'on appelle Ethnographie en France en Belgique et en Angleterre, et Ethnologie en Allemagne et en Amérique; mots impropres d'ailleurs puisqu'ils désignent l'étude des peuples, alors qu'il s'agit surtout des civilisations. J'emploierais plus volontiers le terme d'*Ethologie* qui présente le double avantage d'être une traduction exacte et d'être en accord avec la terminologie des autres sciences naturelles.

Anthropologie anatomo-physiologique, anthropologie économique, anthropologie sociologique, anthropologie éthologique, étudient, classent et comparent chacune une catégorie spéciale de phénomènes collectifs qui constitue le facteur déterminant d'un groupement humain :

Les variations des caractères somatiques déterminent les groupes raciaux si différents, entre lesquels se partage l'humanité actuelle.

Les variations des caractères économiques ne déterminent pas des groupements moins nombreux. Outre les grandes divisions qu'on peut tracer entre les peuples suivant l'état économique qu'ils ont atteint, nous rencontrons toutes les associations industrielles et commerciales dont la genèse, la composition et la valeur générale comparée relèvent des études anthropologiques.

Les phénomènes sociaux proprement dits déterminent des groupes familiaux et politiques sur l'importance desquels il est inutile d'insister.

Enfin les phénomènes éthologiques sont des facteurs collectifs non moins puissants, puisque nous leur devons des formations aussi importantes que les groupes linguistiques et les groupes religieux; puisque c'est encore eux qui déterminent et délimitent dans le champ de l'humanité ces zones d'expansion spéciales à une variété de mœurs ou bien à une habitude artistique ou industrielle. On a pu quelquefois marquer leurs frontières, à une époque donnée, sur des cartes géographiques, comme, par exemple, l'habitude d'élever des dolmens, dont on a pu préciser la répartition avec une approximation suffisante. Ces zones représentent, par leurs rapports réciproques et leurs variations d'étendue, la marche de la civilisation générale; elles tracent, dans les populations du globe, autant de groupes culturaux dont la composition et la valeur exigent de l'Anthropologie des enquêtes minutieuses.

L'étude de tous ces groupes constitue aux sciences anthropologiques un domaine nettement délimité; mais il ne faudrait pas croire que l'étude d'un groupe donné revienne uniquement à la science spécialement affectée au phénomène collectif qui a été le facteur déterminant de ce groupe. C'est là une erreur très répandue et contre laquelle je ne saurais trop m'élever. Pour connaître une race, je dois, il est vrai, m'adresser tout d'abord à l'Anthropologie somatique pour la définir et m'en révéler les caractères distinctifs. Mais elle ne saurait à elle seule me donner une connaissance complète et adéquate de cette race. Pour découvrir sa valeur et ses aptitudes, je dois observer tous les produits de son activité économique, sociale, linguistique, religieuse, artistique, etc., je dois m'aider par conséquent de toutes les autres sciences. Et, de même, s'il s'agit d'une classe sociale, d'un groupe de populations vivant sous une forme familiale donnée, etc., je dois d'abord les définir et les observer avec la sociologie; mais puis-je approfondir la valeur de ces groupes si je néglige leurs aptitudes physiques et les effets que la sélection naturelle et sociale a pu exercer sur eux; si je ne tiens point compte de leur natalité, de la force de leurs enfants; si je néglige leur prospérité économique et leur état éthologique général? Je ne pourrais plus avoir sur eux qu'une connaissance tronquée, dont je ne puis tirer aucune conclusion philosophique et pratique.

Nous devons donc préciser encore notre définition de l'Anthropologie : elle est la science des groupes humains, et elle ne peut parvenir à la connaissance intégrale de leur composition, de leur fonctionnement et de leurs besoins que si elle met en œuvre *toutes* les unités technologiques qui ont pour objet l'étude des phénomènes humains collectifs.

C'est à l'examen de ces groupes que la seconde partie de la Bibliothèque est consacrée.

Les volumes sont publiés dans le format in-18 jésus cartonné; ils forment chacun 400 pages environ avec ou sans figures dans le texte. Le prix marqué de chacun d'eux, quel que soit le nombre de pages, est fixé à 5 francs. Chaque ouvrage se vend séparément.

Voir, à la fin du volume, la notice sur l'ENCYCLOPÉDIE SCIENTIFIQUE, pour les conditions générales de publication.

TABLE DES VOLUMES

Les volumes publiés sont indiqués par un *

1. **Introduction générale à l'Étude de l'Anthropologie**. — Définition. — Méthodes. — Évolution historique. — Résultats philosophiques et pratiques.

PREMIÈRE PARTIE

Technologie des Sciences anthropologiques.

* 1. **Anthropologie anatomique**. Crâne, face, tête sur le vivant.
2. **Le Cerveau et ses fonctions**, étude comparée et génétique.
3. **Le Corps humain**, anthropométrie, étude comparée et génétique.
4. **Anthropologie des organes du geste**.
5. **Anthropologie esthétique**.
6. **Anthropogéographie**.
7. **Traité de linguistique**.
8. **L'Écriture**, origines, formes typiques et évolution.
9. **La Musique**, ses rythmes et ses instruments, origines et évolution.
10. **La Poésie et le Chant**, origines et évolution.
11. **La Danse, la Mimique et la Représentation théâtrale**, origines et évolution.
12. **Le Vêtement et la Parure**, origine et évolution.
13. **Les Arts plastiques, Dessin, Peinture et Statuaire**, origine préhistorique, évolution.

14. **L'Architecture**, origine et évolution.
15. **La Chasse, la Pêche et l'Agriculture**, instruments, formes primitives, évolution.
16. **L'Industrie de la Pierre**, classification suivant ses formes et ses périodes.
17. **L'Industrie des Métaux**, cuivre, bronze, fer, etc., origines formes primitives, évolution.
18. **Le Folk-Lore**, nature des traditions populaires; les mœurs et coutumes, leurs persistances et leurs transformations.

DEUXIÈME PARTIE

Anthropologie des Groupes humains.

1. **Les Ancêtres zoologiques de l'homme.** (Étude comparée du groupe humain et des autres primates).
2. Les Races humaines fossiles.
3. **Les Pygmées et les Nègres des Iles.** (Négritos, Australiens, Papous, etc.).
4. Les Nègres d'Afrique.
5. Les Amerindiens.
6 a. Les Races et les Peuples d'Asie. — Peuples sibériens et centre asiatique ou paléasiatique et Turco-Mongols.
6 b. Les Races et les Peuples d'Asie. — Peuples de l'Extrême-Orient, Japon, Chine, Indo-Chine, etc.,
7. Les Peuples de l'Inde.
8. Les Peuples anciens et modernes de l'Asie antérieure.
* 9. Les Blancs d'Afrique.
10. **Les Peuples du Littoral méditerranéen de l'Europe.** (Origine des civilisations classiques).
*11. Les Peuples aryens de l'Asie et de l'Europe.
12. Les Slaves et Peuples apparentés.
13. Les Peuples nordiques — Germains, Anglo-Saxons, Danois, Scandinaves.
14. Les Races et Peuples de France.

15. **Peuples guerriers et pacifiques**, leurs organisations et leurs aptitudes.

16. **Les Formes gouvernementales et les Groupes humains correspondants**, étude anthropologique comparée de ces groupes.

17. **Les Types d'organisation économique et les Groupes humains correspondants,** étude anthropologique comparée de ces groupes.

18. **Les Castes et les Classes sociales chez les Peuples sauvages et civilisés,** étude anthropologique comparée de ces groupes.

19. **Les Associations professionnelles chez les Peuples sauvages et civilisés,** origine et évolution; caractères distinctifs de leurs membres acquis dans la profession ou dus à la sélection sociale.

20. **Les formes de la famille et les Groupes humains correspondants,** étude anthropologique comparée de ces groupes.

21. **Les Asociaux sexuels. (Célibataires, Prostituées, Invertis, etc.)**, étude anthropologique comparée.

22. **Les Criminels, les Délinquants et les Immoraux,** étude anthropologique comparée.

23. **Les Peuples et autres Groupes humains inféconds,** étude anthropologique de ces groupements démographiques.

24. **Les Monstres,** étude anthropologique comparée et génétique.

25. **Les différents Mythes dans les croyances religieuses et les Groupes humains correspondants,** étude anthropologique comparée.

26. **Les différents Cultes religieux et Exercices rituels dans l'humanité et les Groupes humains correspondants,** étude anthropologique comparée.

27. **Les Associations religieuses chez les Peuples sauvages et civilisés,** origine et évolution.

28. **La Mystique.**

*29. **Le Paganisme contemporain chez les Peuples christianisés.**

30. **Les Familles linguistiques et les Groupes ethniques correspondants.**

ENCYCLOPÉDIE SCIENTIFIQUE

PUBLIÉE SOUS LA DIRECTION

du **Dr TOULOUSE**, Directeur de Laboratoire à l'École des Hautes Études.

Secrétaire général : **H. PIÉRON**, Agrégé de l'Université.

BIBLIOTHÈQUE D'ANTHROPOLOGIE

Directeur : **Dr G. PAPILLAULT**

Professeur à l'École d'Anthropologie de Paris,

Directeur adjoint du Laboratoire d'Anthropologie à l'École des Hautes Études.

ANTHROPOLOGIE ANATOMIQUE

CRANE — FACE — TÊTE SUR LE VIVANT

DU MÊME AUTEUR

Le Fémur (Prix Broca, Société d'Anthropologie). 1 volume. Paris, 1900.

Les Anomalies mentales chez les écoliers (En collaboration avec J. PHILIPPE). 1 volume de la *Bibliothèque de philosophie contemporaine*. 2e édition. F. ALCAN, 1907.

L'Éducation des anormaux (En collaboration avec J. PHILIPPE). 1 volume de la *Bibliothèque de philosophie contemporaine*. F. ALCAN, 1910.

ANTHROPOLOGIE ANATOMIQUE

CRANE — FACE — TÊTE SUR LE VIVANT

PAR

LE Dr GEORGES PAUL-BONCOUR

Vice-président de la Société d'Anthropologie,
Médecin en chef de l'Institut Médico-Pédagogique,
Ancien Interne des Hôpitaux.

Avec 44 figures dans le texte

PARIS
OCTAVE DOIN ET FILS, ÉDITEURS
8, PLACE DE L'ODÉON, 8

—

1912

AVANT-PROPOS

But de ce volume. — Les variations du crâne. Nécessité d'une bonne technique anthropométrique.

Ce volume n'a pas la prétention de constituer un traité d'Anthropologie relatif à la tête : pour mériter ce nom, il faudrait qu'il fût plus étendu et que des questions plus nombreuses y fussent introduites. Tel qu'il est, il a pour but de mettre sous les yeux des lecteurs des faits acquis, des opinions vérifiées. Il a surtout pour objet de faire connaître à ceux qui le désirent l'état actuel de la science anthropologique en ce qui concerne une partie limitée du corps humain.

On trouvera donc dans ce livre un exposé des formes crâniennes et faciales de l'homme comparées aux formes des groupes voisins. Les variations globales ou partielles seront étudiées ou tout au moins indiquées. Les variations normales sont d'ailleurs nombreuses, qu'elles soient dues à la race, au sexe, à l'âge ainsi que l'a indiqué Giuffrida-Ruggieri[1].

Il est nécessaire d'être prudent dans le choix des catégories dans lesquelles on classe une variation. Celle-ci peut paraître héréditaire et ressembler à la forme d'une génération antérieure plus ou moins éloignée, mais son apparition peut être aussi un phénomène actuel. Le rapport avec un état ancien n'est qu'apparent et les conditions actuelles de vie expliquent tout aussi bien la forme nouvelle.

En effet, la constitution physique a une action manifeste sur une forme. Le liquide nutritif (Papillault) qui imprègne nos tissus, qui leur sert d'aliment, les transforme quelquefois avec une rapidité extraordinaire : j'en donnerai des exemples.

Les conditions de vie ont un rôle analogue : Anthony et Félix Regnault, pour ne citer que ceux-là, ont donné des exemples précieux des modifications squelettiques par l'action variable des contractions musculaires.

J'ai moi-même présenté des cas pathologiques venant confirmer ces notions.

J'ai essayé autant que je l'ai pu de donner l'explication des variations signalées : quand on est à même de comprendre le pourquoi et le comment des choses, l'esprit est satisfait et les idées s'éclaircissent.

1. GIUFFRIDA-RUGGIERI, p. 1 et suiv.

Enfin, mon but a été aussi de fixer la technique des mensurations. A chaque instant, les communications et les travaux des médecins et des psychologues sont remplis de chiffres dont la valeur est douteuse.

M. Manouvrier[1] a fait remarquer depuis longtemps l'erreur de ces gens qui s'imaginent qu'il est possible de pratiquer la céphalométrie et d'en utiliser les données sans y être préparé. On ne peut prendre des mensurations sur le vivant que lorsqu'on a une compétence en crâniologie. Une forme extérieure n'est intéressante qu'autant qu'on connaît ses relations avec la forme intérieure.

Les médecins sont donc plus aptes que les psychologues non médecins à s'occuper de crâniométrie et de céphalométrie; mais, s'ils veulent présenter des documents sérieux, ils doivent connaître les procédés institués par les anthropologistes et se plier à leur technique. S'ils méconnaissent ces règles, leurs recherches deviennent divergentes. Il est d'ailleurs facile de s'initier rapidement aux principes essentiels de l'anthropométrie, à ses méthodes, à ses nécessités, et ce travail a pour but d'y aider.

1. Manouvrier, 10.

ANTHROPOLOGIE ANATOMIQUE

CRÂNE — FACE — TÊTE SUR LE VIVANT

LIVRE PREMIER

TÊTE OSSEUSE

CHAPITRE PREMIER

ÉVOLUTION DES FORMES CRANIENNES

Développement du crâne. — Ontogénèse et phylogénèse. Théorie vertébrale du crâne.

Il n'est pas inutile, avant toute considération, de rappeler comment doit être conçue, au point de vue évolutionniste, la croissance crânienne. Il est impossible de comprendre certaines variations, les différences ethniques, et le mécanisme des transformations crâniennes dans la série animale, si on ne possède pas certaines notions précises[1].

1. Pour rédiger ce chapitre, en dehors des indications bibliographiques signalées, je me suis inspiré également du mémoire de Manouvrier sur le *Développement comparé de l'encéphale et des diverses parties du squelette*. (MANOUVRIER, **11**.)

THÉORIE VERTÉBRALE DU CRANE

La plupart des anthropologistes admettaient volontiers, il y a encore quelques années, que le crâne est un groupe de vertèbres modifiées. On sait, en effet, que le crâne des Mammifères peut se séparer en une certaine quantité de segments osseux, plus ou moins semblables aux segments vertébraux du rachis, et l'on dirait volontiers que le crâne est composé de segments vertébraux antérieurs, plus ou moins modifiés pour s'adapter à une fonction nouvelle de préhension et de protection.

Toutefois les auteurs ne s'entendaient guère sur le nombre de vertèbres dont était issu le crâne. Geoffroy Saint-Hilaire donnait le chiffre 7, Gœthe 6, Owen 4, Oken 3 et un rudiment; Duméril enfin croyait que le crâne n'était formé que d'une seule vertèbre. Plus récemment, nous trouvons cette idée reprise par Cruveilhier et Sappey qui pensent que trois vertèbres ont suffi à la formation du crâne, et par Carlier qui, en 1883 encore, accepte la théorie vertébrale.

Cependant l'embryologie a fait des progrès considérables, et démontré que le nombre des protovertèbres crâniennes ne répondait nullement à celui de ces fausses vertèbres osseuses. Les vertèbres osseuses du rachis sont précédées dans leur développement par des pièces cartilagineuses distinctes, tandis que l'ébauche cartilagineuse du crâne est continue, non seulement chez les mammifères, mais encore chez tous les vertébrés. De plus, le développement de certains os du crâne s'écarte absolument de celui des vertèbres. Une nouvelle théorie naît à la suite de ces travaux; c'est celle de Kölliker, Hertwig, Albrecht, Huxley, Gegenbaür, théorie qui veut que chaque segment osseux résulte de la coalescence de plusieurs segments primitifs; il y aurait donc analogie, homodynamie entre le rachis et la tête, au moins dans le partie postérieure de celle-ci, si l'on accepte la théorie de Gegenbaür et de la plupart des embryologistes actuels.

Mais, comme le Prof. Papillault l'a fait remarquer[1], cette explication n'est pas en rapport avec nos connaissances d'embryologie et d'anatomie comparée; nous devons nous aider de l'ontogénèse et de la phylogénèse du crâne pour arriver à surprendre le secret de son développement.

ÉVOLUTION DU CRANE

Étudions donc, avec lui, les transformations successives et progressives du crâne depuis le premier être organisé, et d'autre part toutes les causes internes et externes qui ont déterminé ces transformations, — c'est-à-dire l'ontogénèse et la phylogénèse; — nous apprendrons ainsi à mieux comprendre les modifications profondes qui ont permis au segment céphalique d'un amphioxus, par exemple, de devenir le crâne humain.

Tout d'abord, jetons un coup d'œil sur le dévelop-

1. PAPILLAULT, 3, p. 105.

pement du tronc des Vertébrés. Le premier organe de soutien de ces animaux est la chorde dorsale qui semble destinée à soutenir le tronc trop peu résistant, à le maintenir dans sa forme allongée si nécessaire à sa progression, et à accompagner le système nerveux central dans toute sa longueur.

Puis, autour de la chorde, se dispose un mésenchyme et, en dehors d'elle, tout le long du tronc, s'étagent des segments musculaires, pairs et symétriques, les myomères, qui vont servir à l'animal pour avancer, pour se mouvoir, pour marcher. Les myomères doivent se contracter, aussi un appui leur est-il indispensable; ils le prennent, d'une part, sur ce mésenchyme qui forme une gaine au rachis, d'autre part, sur les prolongements que ce mésenchyme envoie entre les myomères, c'est-à-dire sur les myocommes. Ces contractions nécessaires à la vie de relation vont déterminer des excitations de plus en plus fréquentes, de plus en plus fortes, au niveau des points d'appui, et vont hâter par conséquent la transformation du mésenchyme primordial en tissu cartilagineux; mais, comme cette excitation est surtout intense au niveau des myocommes, ce sont ces organes fibreux qui, les premiers, se transformeront en cartilages. Puis la chondrification gagne de proche en proche le canal vertébral, et celui-ci présentera d'abord au niveau de chaque myomère une sorte d'étranglement par où passera la racine nerveuse nécessaire à la transmission de l'excitation motrice, et, entre chaque étranglement, un renflement où viendra s'aboucher le myocomme; plus tard, grâce aux mouvements de flexion du corps, chaque étranglement se segmentera, et l'on aura une série de vertèbres séparées, alternant avec les myomères. Ainsi nous comprenons la conclusion de Papillault : « C'est le myomère qui crée la vertèbre. »

Examinons maintenant ce qui se passe à la base du crâne. De chaque côté de la chorde dorsale on voit

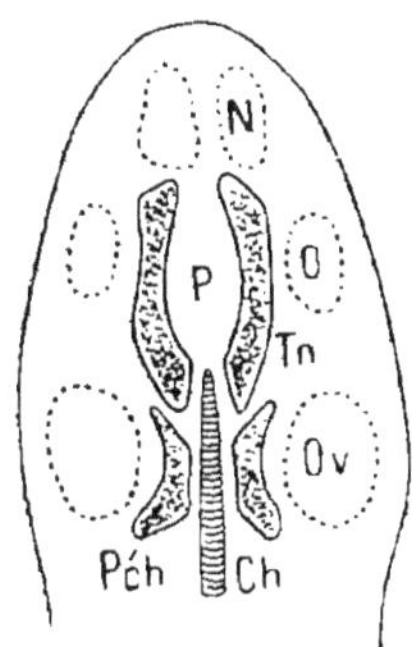

Fig. 1.

Première ébauche cartilagineuse du crâne (Schématique d'après Wiedersheim.)

Ch, Chorde dorsale. — Pch, Cartilage parachordial. — Tn, Trabécule du crâne. — P, Espace pituitaire logeant l'hypophyse et le corps pituitaire. — N, fosse nasale. — O, Vésicule oculaire. — Ov, Vésicule auditive.

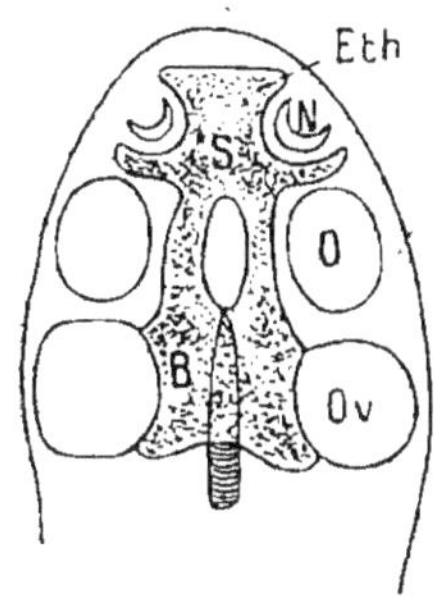

Fig. 2.

Deuxième stade de l'ébauche cartilagineuse de crâne.

Mêmes lettres que ci-contre, et de plus : B, Plaque basilaire. — S, Septum ou cloison des fosses nasales et plaque ethmoïdale résultant de la fusion des trabécules en avant. — Eth, Prolongements ethmoïdaux de cette plaque, entourant l'organe olfactif.

apparaître, chez les tout jeunes embryons, deux masses symétriques connues sous le nom de cartilages parachordaux[1]. D'où viennent ces cartilages ? De

1. Pour tout ce qui va suivre, consulter les figures 1 et 2 empruntées au *Traité d'Anatomie humaine* de Poirier.

myomères semblables à ceux du tronc? On l'a cru, mais nous devons remarquer que les myomères sont ici plutôt atrophiés et revenir à la théorie centripète de la chondrification, un peu modifiée : le cartilage apparaît ici dans la région la plus active, autour de l'orifice buccal et de l'appareil branchial : et, d'abord faible, il trouve un point d'appui suffisant sur la gaine membraneuse du rachis. Il s'est développé de plus en plus autour des branchies et de la chorde, et a donné naissance à ces cartilages parachordaux qui se sont modifiés, perfectionnés, qui ont augmenté de volume, et se sont enfin segmentés. Mais, comme on le voit, la segmentation est secondaire dans cette région cervicale intermédiaire qu'on appelle aussi région crânienne postérieure, ou chordale.

Dans la partie antérieure du crâne apparaissent des trabécules, également paires et symétriques, qu'on a regardées comme des prolongements antérieurs des cartilages parachordaux, comme des arcs neuraux transformés, comme des arcs branchiaux projetés en avant pour soutenir le cerveau antérieur, comme des homologues des cartilages parachordaux (Béard, Houssay, Dornh, Van Wihje, etc.). La vérité semble tout autre.

Voyons comment se forme le cerveau antérieur. C'est d'abord la vésicule cérébrale antérieure qui apparaît, et qui bientôt se décompose en un certain nombre de segments, ou plutôt de renflements secondaires, parmi lesquels, en haut et en arrière, l'épiphyse pinéale, plus en avant les lobes olfactifs, et au-dessous et en arrière de ceux-ci les lobes optiques; puis, à la partie inférieure la plus reculée descend l'hypencéphale qui donne naissance à l'hypophyse, placée immédiatement au-devant de la chorde. Tous ces organes, nous le savons, sont placés à la partie la plus antérieure du corps, c'est-à-dire dans la région la plus exposée aux frottements, aux chocs extérieurs, aux excitations de toute sorte; aussi, pour se protéger, se sont-ils entourés d'une couche cartilagineuse, d'abord simple anneau individuel de protection, puis, progressivement, enveloppe continue, laissant passer seulement les vaisseaux et les nerfs. Et d'autre part, l'hypophyse, proche de la bouche et exposée par conséquent à des traumatismes répétés, s'est également entourée de cartilage; mais à mesure que ce sens primitif rétrocédait, son enveloppe cartilagineuse servait de soutien aux capsules olfactives et optiques, que le développement du cerveau repoussait vers la partie centrale, et enfin la bouche se modifiait. Elle devenait bientôt un organe de mastication, par suite de l'adaptation du premier arc branchial, dont chaque moitié symétrique se transformait en une pince : la branche postérieure devenait le cartilage de Meckel; la branche antérieure, le palato-carré, en venant se placer sous les trabécules antérieures, et, en leur servant de point d'appui, prenait un grand développement.

Nous voici arrivés au stade cartilagineux. Le crâne alors se distingue en trois parties : la partie postérieure ou chordale, où la chondrification a gagné de proche en proche, depuis la bouche et le système branchial jusqu'à la chorde, autour de laquelle elle a déterminé la formation des cartilages parachordaux; la partie antérieure ou cérébrale, ou encore préchordale, où la chondrification s'est d'abord faite autour des organes des sens; et enfin le plancher crânien, dont le tissu cartilagineux provient d'une modification progressive du premier arc branchial. Ce crâne cartilagineux est un organe de soutien et de protection; il va être un organe de défense; il va être capable d'arrêter la dent d'un ennemi; il va se transformer partiellement aussi en arme redoutable; il va devenir osseux; ce sera une cuirasse et une pince (Papillault).

Dans les points de la tête les plus exposés aux traumatismes, vont apparaître des points calcaires, des os de membrane[1]; ce sera précisément au niveau du maxillaire, ou plutôt de la mandibule, que naîtront les premiers os de membrane : ce seront les dents, qui bientôt elles-mêmes détermineront la formation de plaques osseuses qui envahiront les deux mâchoires. Comme, d'autre part, le crâne sera de plus en plus exposé à des traumatismes et à des excitations variées et multiples, il se formera à sa surface de petites plaques calcaires, de plus en plus nombreuses, qui bientôt tendront à se fusionner, à former une enveloppe continue, puis à suivre une marche centripète, soit qu'elles englobent les cartilages préexistants (base), soit qu'elles forcent ceux-ci à disparaître (voûte), et enfin à gagner l'axe central de la base du crâne.

Il nous faut maintenant préciser deux points très importants. Tout d'abord il existe, pour ces forma-

1. Il importe de savoir que l'os n'apparaît pas toujours à la suite du cartilage. Lorsque les excitations sont faibles et continues pendant de nombreuses générations, il se forme tout d'abord du cartilage; mais si l'irritation est particulièrement intense, si le choc est violent, le stade cartilagineux ne se produit pas, et le stade osseux est créé aussitôt : ce sera l'os de membrane de Papillault, que Hertwig appelle aussi os de recouvrement.

tions diverses, une loi de symétrie bilatérale : à chaque point d'ossification situé sur un côté du crâne correspond un point d'ossification de l'autre côté. D'autre part, ces éléments osseux, d'abord isolés, mais symétriques, ont une tendance très marquée à se grouper, non pas d'une façon aveugle, pour ainsi dire, mais selon un certain ordre, autour de certains points. Ces points centraux, ou, pour mieux dire, ces points d'appel sont les centres sensoriels, et les os forment autour d'eux les capsules sensorielles ; d'où un certain nombre de systèmes osseux, toujours égaux en nombre, mais indépendants les uns des autres, grâce aux lignes de suture, et placés sur le crâne selon les aptitudes et les besoins de l'individu (par exemple, les orbites sont placées sur les côtés chez les poissons, et en avant, au-dessus des narines, chez les oiseaux, etc.)

Pour la capsule olfactive, l'ossification de membrane a créé les nasaux et les lacrymaux, a déterminé la formation des ethmoïdes latéraux dans les vésicules cartilagineuses, puis a gagné le centre et a formé le basi-ethmoïde; de plus, elle a des rapports avec les frontaux et avec des os membraneux d'origine viscérale.

Pour la capsule orbitaire, l'ossification dermique a donné les préfrontaux, les frontaux et les postfrontaux ; puis, gagnant le centre, elle a créé les orbito-sphénoïdes en avant et les ali-sphénoïdes en arrière, et, progressivement, le basi-orbitaire qui se décomposera plus tard en basi-sphénoïde et en basi-postsphénoïde; mais ce segment conserve des rapports plus ou moins intimes avec le segment olfactif qui le précède, et le segment otique qui le suit.

Pour la capsule auditive, qui a des relations avec les arcs mandibulaires et hyoïdiens, nous trouvons trois os cartilagineux, l'épiotique, le prootique et l'opisthotique (rocher et prolongement mastoïdien); mais des os membraneux sont apparus avant ces os cartilagineux : ce sont les pariétaux (peut-être liés autrefois à l'œil pinéal), surtout protecteurs de l'encéphale. Nous rencontrons aussi le temporal, né de la soudure de trois os viscéraux, le squamosal, le carré et l'os tympanique, qui a déterminé une ossification centrale, le basi-otique, bien étudié par Albrecht.

Enfin, nous avons l'occipital, sorte de vertèbre[1], qui sert d'insertion aux muscles vertébraux, et qui a donné naissance au basi-occipital où s'attachent les muscles antérieurs du rachis.

Mais les segments ainsi formés restaient encore confondus dans un grand nombre de points, ainsi que Gegenbaür l'a justement remarqué; une délimitation plus précise, cependant, apparaît à mesure que l'on considère des animaux d'un ordre plus élevé. Chez les Mammifères, les régions olfactives et optiques restent encore presque confondues, de même que les régions latérales; le basi-ethmoïde et le basi-sphénoïde sont toutefois nettement séparés; de même, le vomer, le palatin sont affectés au présphénoïde, le jugal li-

1. Il n'est pas entièrement exact de dire que l'occipital est une vertèbre, car sa limite antérieure, sa séparation du segment otique, n'est pas due aux myomères; mais sa séparation de l'atlas est réellement une segmentation vertébrale. Donc l'occipital et les vertèbres ont, au stade cartilagineux, une origine différente, mais ils ont acquis une homologie fonctionnelle qui suffit largement à expliquer leurs ressemblances et leurs variations corrélatives. (Papillault.)

mite l'orbite en bas, l'intermaxillaire détermine l'ouverture nasale et se rattache uniquement aux vésicules olfactives, tandis que le maxillaire supérieur s'enchevêtre dans les régions optiques et olfactives. Mais, pour les vésicules optiques et auditives, il n'en est pas ainsi; la segmentation est ici manifeste, parce qu'il est survenu, chez les Mammifères, un phénomène nouveau, d'une importance capitale : les muscles viscéraux se sont hypertrophiés pour mouvoir le système des mâchoires qui prend un développement énorme, et ces muscles ont été s'insérer sur le crâne lui-même, repoussant vers l'avant la vésicule optique dont le centre, le basi-otique, a fini par se confondre avec le basi-occipital. Et c'est pourquoi l'on a cru longtemps que l'apophyse basilaire était formée d'un os unique; c'est pourquoi aussi les vésicules optiques, repoussées en avant, comme nous venons de le voir, ont été formées en grande partie d'os dermiques (frontal, jugal); l'orbito-sphénoïde a eu un centre spécial, le présphénoïde, qui a supporté le palatin et le vomer; les ali-sphénoïdes ont acquis des rapports étroits avec les muscles masticateurs qui les ont élargis pour les besoins de leurs insertions, au point de créer en bas les grosses apophyses ptérygoïdes; enfin des os membraneux, d'origine viscérale, les ptérygoïdiens, ont pris un point d'appui sur eux, et un centre spécial a encore été formé, c'est le basi-sphénoïde postérieur. « On voit maintenant pourquoi, dit Papillault, le sphénoïde postérieur formant une sorte de clef de voûte entre le système antérieur, orbito-olfactif, et le système postérieur, occipito-otique, en restera d'autant plus longtemps séparé que les muscles masticateurs qui l'ont isolé et comme créé, seront eux-mêmes plus développés. Enfin, il ne pourra se souder à eux, dans le développement ontogénique, que quand ces muscles auront acquis tout leur développement, après la seconde dentition. Notons enfin que c'est chez l'homme, dont le système masticateur est en régression, que les deux sphénoïdes se soudent le plus tôt entre eux, dès la naissance. »

Si nous prenons des exemples (fig. 3), nous voyons en effet que, chez les Carnassiers, à énormes muscles temporaux et à fonctions olfactives exquises, les orbites sont en avant et sur les côtés fortement maintenues, mais elles ont perdu toute leur paroi postérieure; chez les Lémuriens, où l'organe olfactif et l'organe masticateur ont diminué, le mouvement en avant des orbites est encore plus sensible; chez les Primates, les orbites peuvent regarder presque directement en avant, et acquièrent une paroi postérieure complète, car le système olfactif et l'appareil masticateur sont en régression. Chez l'homme, enfin, nous trouvons le mouvement en avant des orbites tout à fait établi; le système olfactif est projeté en dessous, les muscles masticateurs sont en régression constante, et les vésicules auditives sont rejetées en dehors, en bas et en arrière, tandis que la boîte crânienne s'est considérablement développée et arrondie, parallèlement au volume du cerveau (par suite des exigences sociales, par suite aussi de la progression de l'activité intellectuelle, et en tenant compte des lois de l'équilibre nécessaire pour maintenir dans une situation déterminée cette sphère pesante, dans la station debout.)

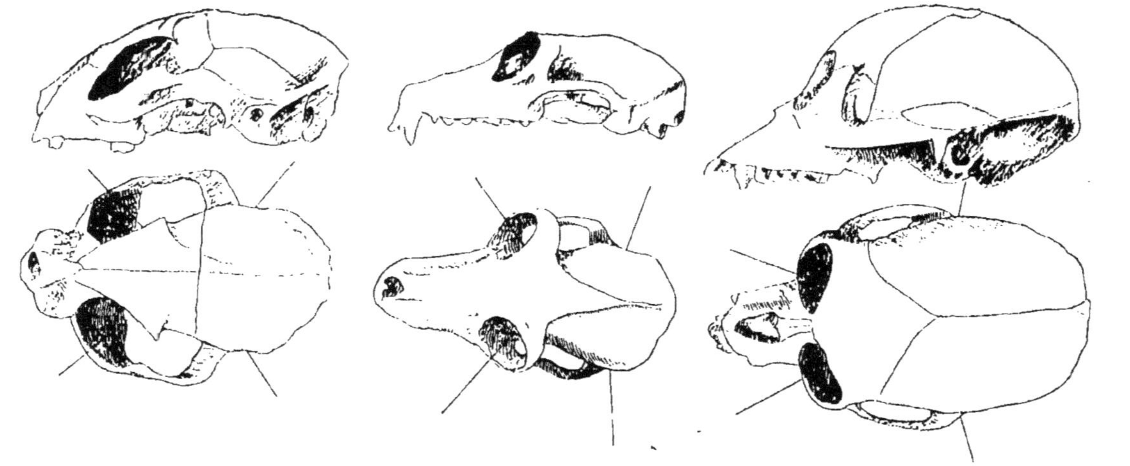

FIG. 3 (PAPILLAULT).

Profil et norma verticalis d'un carnassier.

(Appareil olfactif très développé, absence de parois orbitaires postérieures.)

Profil et norma verticalis d'un lémurien.

(Caractères intermédiaires.)

Profil et norma verticalis d'un primate.

(Appareil olfactif très atrophié; parois orbitaires complètes.)

Les lignes divergentes montrent la direction approximative des vésicules optiques et auditives.

Pour nous résumer : voici un crâne membraneux devenu cartilagineux pour résister aux excitations extérieures et pour développer une force suffisante dans la préhension de la nourriture; mais cet organisme est encore imparfait, d'autant plus qu'autour de lui d'autres organismes subissent une progression analogue; la lutte pour la vie devient plus difficile, il faut compter avec des compétiteurs aussi bien armés; les cartilages péribuccaux fonctionnent davantage, les myomères péribranchiaux ont plus de fatigue; aussitôt en ces points se forment des concrétions calcaires, et les dents naissent, qui, de proche en proche, vont amener un processus d'ossification, et faire de l'appareil masticateur une véritable arme particulièrement redoutable. D'autre part, les traumatismes crâniens augmentent, et comme, parallèlement, les organes sensoriels s'affinent, ceux-ci ont besoin d'être efficacement protégés; alors dans les régions les plus exposées se forment des os, d'abord isolés, mais symétriques, et tendant de plus en plus à se grouper autour de points d'appel spéciaux qui sont les centres sensoriels. Les segments ainsi formés restent encore intimement confondus; la segmentation complète s'est achevée sous l'influence du développement énorme de l'appareil masticateur qui a divisé le crâne en deux systèmes distincts auxquels le sphénoïde postérieur sert de trait d'union. Le crâne est maintenant une cuirasse et une pince; il va, avec l'homme, devenir surtout un cerveau, par suite du développement colossal de l'encéphale, par suite de la progression constante du travail cellulaire nerveux, par suite aussi de la régression de l'appareil masticateur, de l'organe olfactif, et dû rejet en arrière et en bas de la capsule otique. Enfin, il faut tenir compte aussi de la station debout et assise, presque spéciale à l'espèce humaine.

Ainsi donc le développement du crâne peut se résumer en ces quelques mots : organe de protection et de préhension, puis cuirasse et pince, enfin surtout cerveau.

CHAPITRE II

CRANIOLOGIE ANTHROPOLOGIQUE

Son but, sa méthode. — Importance de la crâniologie. — Méthodes crâniologiques. — Nomenclature crâniologique et points crâniométriques. — Crâniologie descriptive. — Norma, leur description. — Particularités morphologiques des divers aspects crâniens. — Age d'un crâne. — Son sexe.

§ 1. — Crâniologie anthropologique.

Craniologie anthropologique : son but, sa méthode. — Étudier le crâne par un moyen quelconque, tel est l'objet de la crâniologie. Mais, si l'on parle de crâniologie anthropologique, l'étude du crâne se fait à un point de vue plus spécial. Dans ce cas, le but de la crâniologie est de déterminer les caractères différentiels du crâne dans les races humaines, ou encore de discerner les variations osseuses dues à l'âge, au sexe, aux particularités individuelles. Les anthropologistes ont toujours cherché à découvrir les causes et la genèse des formes crâniennes.

De plus, l'ostéologie anthropologique se distingue facilement de l'ostéologie purement descriptive par ce fait, bien mis en relief par Broca, qu'elle est essentiellement comparative. Elle ne se contente pas d'étudier le crâne en général, elle s'occupe avec un soin constant des caractères crâniens considérés dans les divers groupes humains; et, pour y parvenir, nécessité est de comparer sans cesse.

IMPORTANCE DE LA CRANIOLOGIE DANS L'ÉTUDE DES RACES HUMAINES. — Il est superflu d'insister longuement sur ce point. Le crâne n'est pas seulement une partie osseuse comme le bassin, ou l'épaule ou toute autre région, il renferme en outre l'encéphale qui exerce sur la paroi une influence indéniable. La tête osseuse offre encore à étudier des mâchoires garnies de dents; elle reçoit donc le contre-coup des fonctions masticatrices. C'est à juste titre que de tout temps les anthropologistes se sont consacrés aux observations crâniologiques, car les races, tout en différant par des caractères situés sur différents points du squelette, présentent du côté du crâne les variations les plus nettes et les plus différenciées.

MÉTHODES CRANIOLOGIQUES. — Dans les études crâniologiques, il existe deux parties principales : 1° *la crâniologie descriptive* s'attachant à décrire les différentes parties de la tête osseuse; elle s'occupe des variations de formes, d'aspect, d'inclinaison, etc.; 2° *la crâniométrie* utilisant des méthodes plus positives, des mensurations. Que l'on mesure des lignes, des surfaces, des angles, des cavités, on saisit immédiatement la différence des deux méthodes crâniologiques; la seconde prend une valeur considérable en raison de la précision qu'elle permet d'apporter dans l'exposé des faits et des comparaisons.

Nomenclature craniologique. Points craniométriques. — Dans l'étude anthropologique du crâne, il est nécessaire d'employer des termes différant totalement de ceux utilisés dans les traités classiques d'Anatomie. Les expressions courantes dans ces ouvrages sont insuffisantes et, comme l'a fort bien dit Topinard[1] : « Aux idées nouvelles il faut des mots nouveaux. » Une science s'affirme par son langage, par ses termes répondant à ses besoins. Du jour où la science anthropologique, sous l'impulsion de Broca, se développa d'une façon jusqu'alors inconnue, les expressions employées par les médecins et les anatomistes devinrent insuffisantes. Comment, en effet, donner l'idée d'une mesure si, pour indiquer les points exacts où elle aboutit, il faut entrer dans une longue explication? Fatalement il existerait des confusions et des difficultés de se faire comprendre. Avec la nomenclature crâniologique actuellement adoptée, tout est clair et simple. A-t-on à désigner une ligne allant de l'apophyse basilaire à la racine du nez, on l'appellera naso-basilaire et on saura de plus qu'elle s'étend du nasion, point précis sur la suture nasale à la racine du nez, au basion, point placé sur le bord antérieur du trou occipital.

L'avantage de ces points est incontestable : ils sont

1. Topinard, p. 245.

déterminés d'avance, ils permettent des mensurations comparables : aucune discussion n'est possible, et au cours d'une description les idées prennent une précision vraiment scientifique.

Les points craniométriques. — En voici l'énumération : à l'exemple de Topinard[1], on peut les distinguer en médians et impairs, et latéraux et pairs.

A. *Points crâniométriques médians et impairs.* — D'avant en arrière on rencontre :

1° Le point spinal ou épine nasale ; 2° Le nasion ou point nasal sur la suture nasale (racine du nez) ; 3° La glabelle (bosse nasale de certains anatomistes) formée par un renflement situé entre les deux crêtes sourcilières, elle peut faire défaut et même être remplacée par une légère dépression ; 4° L'ophryon correspondant au milieu du diamètre frontal inférieur ; 5° Le métopion sur la suture métopique entre les deux bosses frontales ; 6° Le bregma, formé par la rencontre des sutures coronale et sagittale ; 7° L'obélion sur la suture sagittale, à la hauteur des trous pariétaux. A ce niveau, la suture sagittale ne présente pas de dentelures sur une étendue de 2 à 3 centimètres ; 8° Le lambda, point de rencontre de la suture sagittale avec la suture lambdoïde ; 9° L'inion, à la base de la protubérance externe ; 10° L'opisthion, point médian postérieur du trou occipital ; 11° Le basion, point médian antérieur du trou occipital ; 12° Le point alvéolaire à la partie la plus antérieure

1. Topinard, p. 249.

et la plus déclive du bord alvéolaire supérieur; 13° Le point mentonnier : point le plus antérieur et le plus inférieur du maxillaire inférieur.

On ajoute parfois à ces points le vertex, c'est-à-dire le point le plus élevé du crâne au-dessus du plan horizontal. Ce repère ne peut être mis sur le même rang que les précédents ; variant suivant l'orientation attribuée au crâne, il est loin de présenter une valeur comparable à celle d'un point fixe.

B. *Points crâniométriques latéraux et pairs.* — 1° L'astérion, résultant de la rencontre de l'occipital, du pariétal et du temporal dans sa portion mastoïdienne; 2° Le ptérion, point de rencontre des quatre os suivants : le frontal, le temporal, le pariétal et le sphénoïde; 3° Le stéphanion, au point où la crête temporale vient croiser la suture coronale; 4° Le dacryon, situé pour Broca à la rencontre de l'apophyse orbitaire interne du frontal qui est en haut, de l'apophyse montante du maxillaire et du lacrymal qui sont en bas.

Papillault[1] fait remarquer que le dacryon ainsi envisagé tombe tantôt au fond de la légère dépression qui forme la gouttière lacrymale, tantôt sur la crête de l'os unguis, si cet os prend une faible part à la formation de la gouttière. Il en résulte donc que certaines mensurations sont ainsi influencées par les variations de l'os unguis. Papillault propose avec raison de fixer le dacryon sur le bord supérieur de l'apophyse orbitaire interne du frontal, au point de

1 Papillault, **1**, p. 18.

rencontre avec la crête de l'os unguis ou avec son prolongement.

5° Le point orbitaire externe ou point maximum en dehors du sommet de l'apophyse orbitaire externe immédiatement au-dessus de la suture fronto-jugale; 6° Le point jugal, au sommet de l'angle constitué par le bord postérieur et vertical de l'os malaire avec le bord supérieur prolongé de l'arcade zygomatique; 7° Le point malaire, répondant au tubercule sur la partie culminante de la face externe de l'os malaire; 8° Le point jugo-maxillaire, sur le tubercule situé à l'extrémité inférieure de la suture de ce nom, autrement dit à l'angle antéro-inférieur de l'os jugal; 9° Le point sous-temporal, à la rencontre de la suture sphéno-temporale et de la crête sous-temporale; 10° Le point jugulaire, sur la suture occipito-mastoïdienne, au niveau du bord postérieur du sommet de l'apophyse transverse de l'occipital; 11° Le point glénoïdien, au centre de la cavité glénoïde; 12° Le gonion, sur la partie externe de l'angle de la mâchoire inférieure; 13° Le point condyloïdien, sur la partie culminante de la courbe du condyle articulaire.

§ 2. — **Crâniologie descriptive.**

L'aspect d'un crâne varie suivant le plan sous lequel on l'examine; sa physionomie est immédiatement transformée quand on modifie son inclinaison; en effet, suivant qu'on le considère par la voûte, par la base, par ses faces latérales, par sa partie antérieure ou par sa partie postérieure, la description varie essentiellement.

Norma. — Depuis Blumenbach, on désigne sous le nom de *Norma* l'ensemble des parties crâniennes aperçues par l'œil considérant une boîte osseuse suivant l'une de ses orientations.

Les aspects (ou norma) du crâne sont au nombre de cinq :

1° La *norma verticalis* (Blumenbach) : aspect du crâne vu d'en haut; 2° La *norma frontalis* (Prichard) : crâne vu de face; 3° La *norma lateralis* (Camper) : vue de profil; 4° La *norma inferior* (Owen) : crâne vu par la base; 5° La *norma posterior* (Laurillard) : crâne vu par derrière.

1° *Norma verticalis ou superior.* — Limitée en avant par la racine du nez et les arcades orbitaires, elle se termine en arrière à la protubérance occipitale externe. Latéralement, elle a pour limite la crête temporale du frontal et la ligne pariétale supérieure. Quatre os y sont aperçus : le frontal, les deux pariétaux et l'occipital. Ils sont unis entre eux de la façon suivante : en avant, une suture transversale, la coronale, unit le frontal aux pariétaux; de sa partie médiane part la sagittale; au point de rencontre des deux sutures est le bregma. De chaque côté, la coronale va se terminer au ptérion. L'insertion du temporal coupe la suture coronale en un point nommé stéphanion. Entre le stéphanion et le ptérion les dentelures disparaissent sur la suture.

Entre les pariétaux se trouve la suture sagittale

dont nous connaissons le point initial. Elle est généralement assez dentelée, sauf au niveau des trous pariétaux où les dents disparaissent. A ce niveau est l'obélion.

La suture lambdoïde (ou pariéto-occipitale) continue la bipariétale : elle est formée de deux branches divergentes allant se terminer à l'astérion.

A la partie antérieure se voit parfois une suture, la médio-frontale ou métopique, qui semble continuer sur le frontal la suture sagittale.

En examinant le crâne, suivant cette orientation, on aperçoit les bosses frontales et les bosses pariétales ; on aperçoit aussi, mais à un degré variable, les arcades zygomatiques : suivant leur écartement, elles sont visibles ou cachées, ce qui constitue la *phénozygie* ou la *cryptozygie*. Le premier aspect est rencontré chez les Néo-Calédoniens, les noirs d'Afrique, les Esquimaux. La cryptozygie se voit chez les Auvergnats. Ces aspects résultent d'un élargissement de la région pariétale, coïncidant avec la diminution du volume de la face.

Il arrive parfois qu'en inspectant une série de crânes d'adultes suivant la norma superior, on en rencontre quelques-uns de forme pentagonale. C'est là une forme infantile, et certains anthropologistes ont d'ailleurs remarqué que les crânes de cette forme présentaient des signes d'arrêt ou de retard de développement.

Parfois aussi, on relève sur des crânes une saillie médiane en forme *de crête* parcourant le crâne du bregma à l'obélion[1] et pouvant même s'avancer jusqu'au métopion et à la racine du nez.

1. Hervé et Hovelacque. IIe partie, p. 231.

Cette crête, il faut le remarquer, n'est pas la crête sagittale des anthropoïdes et n'est nullement constituée par le rapprochement des crêtes temporales.

De cette crête partent deux plans inclinés qui s'étendent jusqu'aux lignes temporales et vont se continuer avec les plans latéraux verticaux. Suivant que ces plans inclinés sont rectilignes, convexes ou

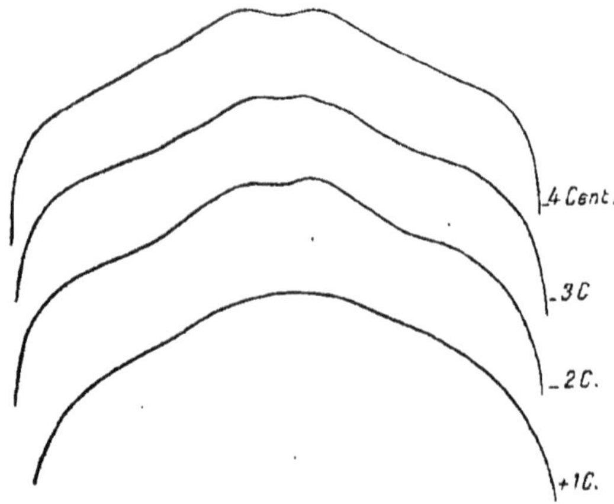

FIG. 4 (TOPINARD). — *Figure obtenue au stéréographe et représentant les sections successives d'avant en arrière de la voûte crânienne d'un Tasmanien,* à + 1 centimètre en avant du bregma et à — 2, — 3, — 4 centimètres en arrière de ce point.

concaves, la voûte du crâne a la forme d'un toit, d'une ogive ou d'une carène.

La première forme se remarque chez les Néo-Calédoniens, les Australiens, les Esquimaux. La troisième forme en carène se rencontre chez les Polynésiens et les Tasmaniens (fig. 4).

C'est en examinant un crâne en norma verticalis qu'on peut se rendre compte de l'aplatissement des parois latérales (races noires dolichocéphales), ou de leur renflement (brachycéphales).

2° *Norma anterior.* — Cette vue permet d'apprécier la disposition et les variations du front et de la face. Celle-ci se continue avec la région frontale et est constituée par un ensemble osseux (14 os), relié à la partie antéro-postérieure du crâne. Au point de vue descriptif, on est à même de distinguer trois régions à l'aspect de cette norma : la région frontale, la région faciale et la région mandibulaire.

Ces subdivisions ont un intérêt anthropologique, car, à part quelques particularités que je signalerai en temps utile, ces trois régions subissent des influences différentes ou mieux diversement réparties. La région supérieure subit l'influence cérébrale, la région moyenne contient les fosses nasales, et la région inférieure est uniquement mandibulaire.

Sur la partie supérieure on remarque les bosses frontales, l'étendue du front entre les deux crêtes latérales et l'état de la suture médio-frontale.

Au-dessous se voit la glabelle au milieu, et sur les côtés les bosses sourcilières, les apophyses orbitaires internes, les arcades orbitaires et les apophyses orbitaires externes. A la partie médiane, les apophyses orbitaires internes, les os nasaux et l'apophyse montante du maxillaire supérieur s'unissent pour former un massif qui sépare l'une de l'autre les deux cavités orbitaires limitées, d'autre part, par l'union des apophyses orbitaires externes et l'apophyse orbitaire de l'os malaire.

La cavité orbitaire ainsi limitée latéralement est

fermée en haut par l'arcade orbitaire qui oppose sa concavité à celle du maxillaire supérieur.

Sur la ligne médiane se dresse le dos du nez, formé par des os unis par la suture médio-nasale. Au-dessous est l'échancrure nasale, dont la forme rappelle celle d'un cœur à pointe supérieure, et l'épine nasale inférieure, située au milieu du bord inférieur de l'ouverture nasale.

Autour de l'orifice de la cavité nasale on rencontre la face antérieure du maxillaire supérieur prolongée par l'os malaire et séparée de lui par la suture maxillo-malaire.

Sur le maxillaire supérieur sont creusées deux dépressions, la fosse canine et la fosse myrtiforme.

La région inférieure est constituée par la rencontre des arcades alvéolaires et par les parties osseuses adjacentes. Cette région est *orthognathe* ou *prognathe*. Dans le premier cas, elle est droite ou verticale; dans le deuxième, elle est plus ou moins oblique en avant.

On a désigné sous le nom d'opisthognathe l'aspect oblique en arrière des arcades alvéolaires. Cette situation, sauf dans des cas pathologiques, est impossible : qu'on sache d'ailleurs que l'orthognathisme vrai ne se rencontre jamais.

Les os du nez sont séparés de l'os frontal par la suture fronto-nasale qui est plus ou moins enfoncée sous la glabelle. Il est rare que la ligne médiane fronto-nasale ne soit pas brisée au niveau de cette suture. Cette brisure est d'autant plus marquée que la glabelle est plus saillante : très prononcée chez les Australiens, elle l'est moins chez les Européens, et chez la femme elle est légère.

Revenons avec quelques détails sur certaines variations des parties qui viennent d'être énumérées.

En regardant une série de crânes, on s'aperçoit des variations morphologiques de la glabelle et des arcades sourcilières.

Nulle chez l'enfant, la glabelle est plus prononcée chez les adultes et plus saillante dans le sexe masculin. Réunie aux arcades sourcilières, elle peut constituer une saillie prononcée, véritable visière frontale, très développée sur certains crânes préhistoriques (Néanderthal, par exemple). Cette saillie est très considérable chez les noirs Mélanésiens.

Chez le Pithécanthrope cette visière est à son maximum.

La saillie des arcades sourcilières dépend des dimensions des sinus frontaux : ceux-ci varient de forme et d'étendue. Ils apparaissent au cours ou à la fin de la seconde année[1], et s'agrandissent ensuite pendant la croissance.

Chez l'homme, les sinus sont d'une façon générale plus spacieux que chez la femme.

Chez les Européens, les sinus sont plus grands que chez les nègres. Owen affirme que chez les Australiens ils sont rudimentaires.

On sait que Lombroso et ses élèves ont avancé que les criminels sont porteurs, dans une proportion notable (62 %), de sinus volumineux ; avec justesse Le Double remarque que ces recherches n'auront de la valeur que le jour où des mensurations précises existeront et permettront de comparer exactement

1. Le Double. 1. p. 148.

les dimensions chez les anormaux et les normaux.

Le squelette du nez est formé des deux os du nez réunis par leurs bords internes et formant une saillie plus ou moins prononcée.

J'aurai à revenir sur son accentuation et sur les dimensions de la région en m'occupant des indices nasaux. Je signale actuellement quelques particularités ethnologiques de leur morphologie. L'os nasal est formé par une espèce de gouttière plus ou moins excavée. Cette excavation peut disparaître et le nasal est alors constitué par une lame osseuse aplatie rappelant la forme rencontrée chez certains anthropoïdes dans laquelle (Le Double) les os du nez sont déprimés, au point que, déposés sur un plan uni, ils le touchent sur presque tous les points de leur surface.

Cette disposition, rare dans la race caucasique, se rencontre plus ou moins prononcée chez les nègres, les Malais, les Mongols et les Papous.

Les deux os réunis par la suture médio-nasale sont plus ou moins inclinés et il en résulte un angle plus ou moins saillant en avant et plus ou moins ouvert en arrière.

Le profil du dos du nez a des formes variables : il est ou droit, ou concave, ou convexe. Je reviendrai sur quelques-unes de ces variations.

A la rencontre des os du nez avec le frontal se trouve le nasion. A part quelques variations, le point est facile à déterminer sur un crâne : aussi suis-je d'avis, après Papillault[1], d'utiliser ce point, de préférence à l'ophryon, comme point de repère dans les

1. Papillault, **2**, p. 513.

mensurations crânio-faciales. En voici les raisons.

L'ophryon est souvent considéré comme séparant le crâne cérébral du crâne facial : or il ne répond à ce but ni théoriquement, ni pratiquement. L'ophryon correspond, dit-on, à un plan horizontal passant par le plancher cérébral de la loge frontale : mais ce plancher est une voûte avec des dépressions multiples : de plus, sa partie cérébrale forme une gouttière recevant les lobes frontaux, et descendant jusqu'à la racine du nez. Au contraire, ses parties latérales s'élèvent et correspondent à peu près à l'ophryon. L'ophryon correspond donc au point le plus élevé de la voûte orbitaire. Pourquoi, se demande Papillault, préférer l'ophryon, point le plus élevé, au nasion, point le plus déclive?

Théoriquement ils se valent, mais pratiquement il est impossible de fixer le sommet de la voûte orbitaire. En outre, si on veut déterminer l'ophryon sur le vivant, on verse dans l'imprécision.

Broca recommandait de choisir le bord supérieur des sourcils : il est inutile d'insister sur ce qu'il y a de défectueux à prendre une région pileuse comme point de repère d'un point osseux. Il est donc convenable de préférer le nasion à l'ophryon.

Il a été dit antérieurement que l'orifice antérieur des fosses nasales était circonscrit par les os nasaux à la partie supérieure et par les deux maxillaires à la partie inférieure. La portion de ces os, qui correspond à la région nasale, résulte de la rencontre des deux os intermaxillaires, se soudant au maxillaire, chez l'homme, au cours de la vie intra-utérine. A leur partie médiane, les deux intermaxillaires en se réunissant forment une épine, l'épine nasale antérieure, qui sépare les deux échancrures de la base de l'ouverture nasale.

On a voulu (Allix, Pruner-Bey) attacher à cette épine une importance capitale et en faire une particularité caractéristique de l'homme. A l'heure actuelle, les interprétations au sujet de cette épine sont plus précises, et en résumé il suffit de savoir[1] que l'épine nasale atteint son développement maximum dans les races humaines orthognathes, commence à s'atrophier dans les races prognathes et disparaît chez les sujets des races les plus dégradées.

Toutefois, qu'on sache qu'elle peut faire défaut même chez l'Européen.

L'école lombrosienne affirme que l'épine nasale est plus développée chez les criminels.

Ces variations de l'épine, jointes à quelques modifications des parties voisines du bord antérieur des échancrures nasales, amènent un aspect différent de l'ouverture antérieure des fosses nasales bien décrite par Topinard[2].

Chez l'Européen, l'ouverture nasale a la forme d'un cœur de carte à jouer renversé (fig. 5). L'épine nasale constitue la partie médiane séparant les deux échancrures. Celles-ci sont limitées par un bord tranchant, en arrière duquel se trouve le plancher des fosses nasales.

Dans les types Européens inférieurs et chez les nègres d'Afrique, le bord sus-indiqué s'émousse et

1. Le Double, 1, p. 202.
2. Topinard, chap. xxi, p. 801.

s'amincit d'arrière en avant, l'épine s'amoindrit, ses deux pointes se dissocient : aussi les deux échancrures tendent à se confondre et la séparation qui existait entre les fosses nasales et la face antérieure de la région sous-nasale tend à disparaître.

Dans quelques races jaunes, le bord des échancrures se dédouble en deux lèvres avec une lèvre antérieure très basse. Le Double[1] a décrit une fosse prénasale creusée dans la face antérieure de l'intermaxillaire immédiatement au-dessous de l'ouverture

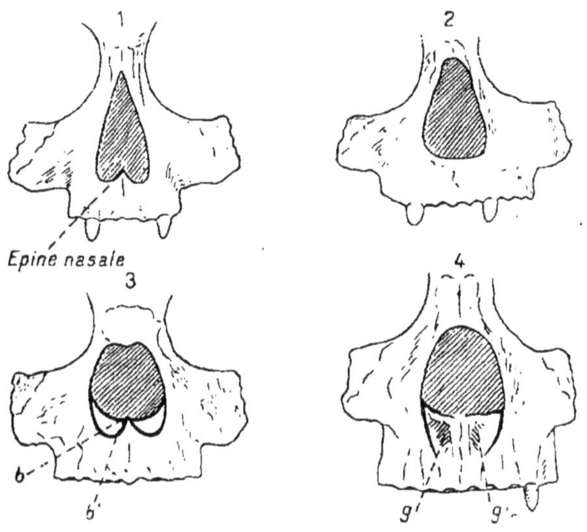

FIG. 5. — *Variétés* (d'après TOPINARD) *d'échancrures nasales*.

1, Type européen à bord tranchant. — 2, Type à bord arrondi. — 3, Dédoublement du bord en deux lèvres (*b* et *b'*). — 4, Gouttières simiennes (*g* et *g'*).

1. LE DOUBLE. 1, p. 270.

des fosses nasales et résultant du dédoublement du bord antérieur de l'orifice antérieur. Cette fosse prénasale peut apparaître dans toutes les races, aussi bien chez l'homme que chez la femme.

Elle manque chez l'enfant et se développe après la naissance.

Elle est plus prononcée dans les races exotiques prognathes que dans les races blanches.

Chez les Australiens et les Néo-Calédoniens, toute démarcation a disparu entre le plancher des fosses nasales et la face antérieure du maxillaire: par suite du prognathisme de l'intermaxillaire, la face antérieure de cet os se continue directement avec le plancher des fosses nasales, et si, à ce niveau, il existe une légère excavation transversale, on n'a plus seulement un plan naso-alvéolaire, mais les gouttières simiennes de Topinard.

Cette excavation peut se rencontrer dans toutes les races. (Voir fig. 5.)

L'école lombrosienne aurait constaté la gouttière simienne chez les criminels, les aliénés et les épileptiques; mais Le Double n'accepte pas ces assertions et demande à ce sujet des recherches plus précises : en effet, il fait remarquer que certains auteurs n'ont pas distingué la fosse nasale de la gouttière en question, ce qui est absolument différent.

La *fosse canine*[1] est profonde chez les Mélanésiens et la plupart des Européens; elle est assez large, mais peu profonde, chez les Aïnos. Chez les Mongols et les Chinois elle est absente ou rudimentaire. Dans ce

1. Le Double, 1, p. 180.

cas, elle est remplacée par une surface convexe, ce qui donne au crâne un aspect simien.

Remarquons que la fosse canine serait mieux nommée sous-orbitaire, car elle ne répond nullement à la dent canine, ni au muscle canin. Sa profondeur paraît liée, dans la majorité des cas, à la saillie des parties avoisinantes, plutôt qu'à une dépression primitive de l'os. D'ailleurs, les maxillaires supérieurs sont loin d'avoir les mêmes dimensions dans toutes les races. Ils sont développés en largeur sur les crânes tasmaniens et en hauteur chez les Esquimaux. Ils sont très petits chez les Basques[1].

Le maxillaire supérieur a une forme qui varie suivant les individus : on ne peut s'en étonner en raison de sa constitution et des phases de son développement. Cet os est en effet formé par deux pièces : le maxillaire proprement dit, et le prémaxillaire lié intimement aux dents incisives. En outre, le sinus qui y est renfermé, au fur et à mesure de son développement, exerce de l'influence sur la morphologie. Cette cavité[2] pendant la vie intra-utérine a des dimensions réduites puisqu'elle a la configuration d'un grain de blé. A la naissance, le sinus est un peu agrandi, mais le maxillaire a un diamètre antéro-postérieur plus étendu que le diamètre vertical, de sorte que le plan orbitaire repose sur le bord alvéolaire; mais le sinus continuant son expansion, qui se termine après la fin de la deuxième dentition, augmente peu à peu les dimensions verticales et trans-

1. Hervé et Hovelacque, IIe partie, p. 233.
2. Le Double, 1, p. 169.

versales du maxillaire. Le plus souvent le sinus a la forme d'une pyramide, mais il peut arriver que sa dilatation soit exagérée. Dans ce cas, les angles disparaissant, la cavité est ovoïde et la fosse canine n'existe plus.

Pendant longtemps, les traités d'anthropologie remarquaient que les os malaires étaient plus développés et plus saillants dans les races jaunes que dans les races blanches : tel n'est pas l'avis de Le Double[1] : pour cet auteur, des mensurations multiples et précises n'ont pas démontré péremptoirement que le malaire ait, *paribus cœteris,* des dimensions plus considérables dans une race que dans une autre. Cet os apparaît plus massif dans les races mongoloïdes que dans les races blanches, mais c'est moins à la masse qu'à la projection en dehors de son angle antéro-inférieur qu'il faut attribuer dans les races jaunes l'écartement et la saillie des pommettes. C'est cet état accentué qui, chez les Mongoloïdes, produit le type eurygnathe.

L'os de la pommette est parfois divisé en deux parties par une suture et constitue ce qu'on appelle (depuis Hilgendorf) l'*os japonicum,* disposition qui paraîtrait plus commune chez les Japonais. C'est là une assertion sur laquelle les avis sont loin de s'accorder. Certains anthropologistes n'admettent comme os japonicum que les os porteurs d'une suture transversale : toute statistique qui contient des os avec une suture autre est dès lors sans valeur. D'autres considèrent que les statistiques à ce sujet sont insuf-

1. Le Double, p. 116.

fisantes, et qu'on ne peut regarder cette disposition osseuse comme caractéristique des Japonais. Une autre opinion remarque que cette disposition bipartite se rencontre surtout chez les Aïnos; et, si on la relève chez les Japonais, c'est en raison du croisement de ces derniers avec les premiers.

Voïci ce que Le Double, excellent observateur en cette matière, pense de la variation. Le malaire peut être divisé en deux ou trois fragments par une suture : on a ainsi le malaire bi ou tripartite. La suture peut être transversale ou verticale; lorsqu'elle est transversale (et non verticale), on à la forme désignée dans les traités sous le nom d'os japonicum, et cela parce que l'on a affirmë que c'était un caractère de la race japonaise. Mais l'examen de crânes de cette race, fait par des auteurs consciencieux, démontre que, si la forme bipartite par suture transversale est plus fréquente chez les Japonais, elle constitue néanmoins une exception et ne peut devenir un caractère spécifique.

D'autre part, des auteurs (Donitz, Balz), s'appuyant sur ce fait que cette variation a été rencontrée sur des crânes japonais, recueïllis sur un territoire occupé autrefois par des Aïnos, avancent que la prédisposition des Japonais au malaire bipartite tient à un croisement avec les Aïnos. Il serait donc logique de substituer à l'os japonicum le nom d'os aïnoicum.

Malgré tout, admettons prudemment avec Le Double que le nombre des cas n'est pas assez considérable pour adopter définitivement ces conclusions.

Une autre remarque intéressante sur le malaire bipartite.

Des anthropologistes (Virchow, Tarenetzky, Kogonei) avaient remarqué que l'os formé de deux pièces superposées avait une hauteur supérieure au malaire indivis : cette constatation a permis alors à certains anatomistes d'expliquer l'obliquité et le bridement des yeux des races jaunes, par l'augmentation de la hauteur osseuse. Le sommet de l'apophyse orbitaire se trouvant reporté plus haut, la suture fronto-jugale est elle-même plus élevée relativement au diamètre transverse de la base de l'orbite : comme c'est au niveau de cette suture que s'insère le ligament palpébral externe, l'angle de l'œil aînsi déplacé modifie et la forme de la fente palpébrale qui se rétrécit en s'allongeant et sa direction qui devient plus oblique.

A cela, Le Double objecte judicieusement que la plupart des Japonais ne possèdent pas l'os japonicum, ce qui ne les empêche pas d'avoir l'œil bridé.

3° *Norma lateralis. Vue de profil.* — Avec cette orientation, on aperçoit la courbe générale du crâne commençant en avant au point alvéolaire et allant se terminer en arrière à l'opisthion. Sur cette ligne courbe, on note le développement de l'épine nasale, la dépression de la racine du nez, la saillie de la glabelle et de l'inion. Mais on est surtout à même de juger la forme générale de la courbe antéro-postérieure.

Quelques profils crâniens sont caractéristiques. Un premier type[1] est celui des dolichocéphales de Cro-Magnon, qu'on rencontre chez les Basques, les Berbers, les Sardes et quelques modernes. Il appar-

1. Hervé et Hovelacque, IIe partie, p. 229.

tient, remarque Topinard[1], à la race dite méditerranéenne et permet, associé à la dolichocéphalie et à des orbites microsèmes, de reconnaître une parenté avec cette race. La courbe se caractérise par un front droit, des bosses frontales élevées et saillantes, une voûte régulière se développant tout à coup jusqu'au lambda où elle s'infléchit et forme un méplat correspondant à

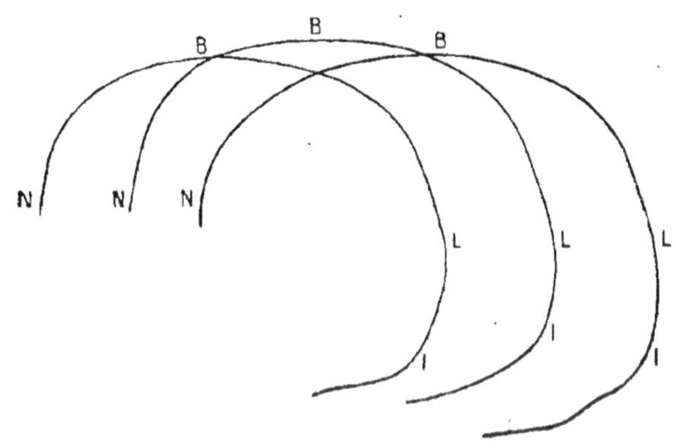

Fig. 6 (Topinard).
N, Nasion. — B, Bregma. — L, Lambda. — I, Inion.

la portion cérébrale de l'écaille occipitale. La partie terminale tend à l'horizontalité (fig. 6).

Ce même type se retrouve plus ou moins accusé dans la race celtique. Un autre type néanderthaloïde (Hovelacque et Hervé) est caractérisé par un front bas et fuyant, et une voûte surbaissée.

A la partie inférieure de la norma lateralis se voit l'apophyse mastoïde dont les dimensions sont paral-

1. Topinard, chap. xx, p. 712.

lèles au développement musculaire du sujet. L'homme est pourvu d'une apophyse plus vigoureuse que les femmes. La saillie serait peu prononcée chez les Hottentots.

Sous le pont osseux, qui va de l'os jugal à l'os temporal et qu'on nomme apophyse zygomatique, se trouve la fosse temporale, ou mieux la région temporale.

L'écartement de l'apophyse zygomatique est réglé par les dimensions musculaires, et chez l'homme, où le système masticateur est faible, les arcades sont plus petites et plus rapprochées de la boîte crânienne. Au contraire, chez les Carnassiers et chez les Félins, l'arcade zygomatique est puissante et éloignée de la boîte crânienne. C'est ce qu'a bien démontré Anthony[1], qui considère en outre l'arcade comme une portion ossifiée de l'aponévrose commune au système crotaphyto-massétérin.

La fosse temporale est limitée en haut par une ligne courbe appelée *ligne latérale du crâne* (Broca) ou *ligne temporale*. Celle-ci commence en avant au niveau de l'apophyse orbitaire externe et forme ensuite la crête latérale du frontal en se portant en haut et en arrière. Elle croise la suture coronale au niveau du stéphanion, et se bifurque ensuite pour former sur le pariétal les crêtes de ce nom. La ligne supérieure donne insertion à l'aponévrose du muscle temporal : sur le crâne sec elle est souvent effacée en totalité ou en partie; on a donc tort de lui donner le qualificatif de crête. Néanmoins, on en remarque

1. Anthony, p. 142.

facilement l'existence et la direction en raison du changement d'aspect que présente l'os sur sa limite. Sa courbe passe au-dessous de la bosse pariétale et va se terminer à l'astérion.

La *ligne pariétale inférieure* indique la limite de l'insertion du muscle temporal : j'ai déjà fait remarquer que les deux lignes ne sont nullement parallèles, la dernière s'éloignant de plus en plus pour se rapprocher de l'apophyse mastoïde. Elle va se terminer en arrière, à l'angle marqué par la réunion des portions écailleuses et mastoïdiennes du temporal : elle est continuée par la *crête sus-mastoïdienne* qui va rejoindre la racine postérieure de l'apophyse zygomatique.

Les crêtes pariétales sont plus marquées, plus épaisses, plus rugueuses dans les races inférieures, sur les crânes préhistoriques et sur les crânes actuels bien musclés.

Leur situation varie et est en relation avec le degré de développement du muscle temporal. Si celui-ci s'accroît, il est évident que les lignes tendent à se rapprocher du vertex : aussi, chez un jeune sujet, voit-on les lignes dans une situation plus basse que chez les adultes. Chez l'Européen le bord supérieur du muscle est distant d'environ 30 millimètres du bord supérieur de la squame du temporal[1].

La distance entre le sommet des deux courbes situées sur les deux versants crâniens est de 8 à 10 centimètres chez l'Européen. Elle est très réduite dans certains crânes préhistoriques et des crânes des races

1. Le Double. 2. p. 127.

inférieures. Chez les animaux où les muscles se touchent apparaît la *crête sagittale.*

En résumé, l'étendue du muscle temporal et sa puissance règlent la disposition que je viens de signaler, et, au fur et à mesure que les conditions d'existence sont devenues moins pénibles, le temporal est devenu moins puissant; « il est donc permis de supposer que nos ancêtres chez qui le fonctionnement des mâchoires semble avoir joué un plus grand rôle que chez nous, non seulement pour la mastication des aliments, mais même pour la défense et l'attaque, possédaient sinon une crête sagittale, du moins des crotaphytes plus développés que les nôtres[1] ».

Il va de soi que sur un crâne arrêté dans son développement et où le système musculaire est relativement développé, les insertions musculaires des deux muscles se rapprochent à la partie supérieure. Par exemple, sur les crânes des microcéphales, l'intervalle est très réduit.

Et ce qui montre bien que c'est le degré de développement musculaire qui modifie l'aspect des crêtes et leur élévation, c'est que, sur les crânes où l'un des muscles est paralysé, le côté correspondant au muscle malade présente une crête plus effacée et une ligne située plus bas que du côté opposé. C'est une constatation que j'ai faite nombre de fois sur des crânes ayant appartenu à des hémiplégiques[2].

A remarquer que chez le Pithécanthrope la ligne inférieure se continue avec le bourrelet occipital transverse.

1. Anthony, p. 143.
2. Paul-Boncour, 3.

Sur cette face latérale on voit aussi le *ptérion*, dont j'indiquerai ultérieurement les aspects.

Le profil des crânes subit de nombreuses variations : une première influence résulte de la croissance, mais il faut bien savoir que les modifications ne sont pas parallèles, suivant qu'on considère l'homme ou l'anthropoïde.

La figure 7, qui a été dessinée au stérographe par

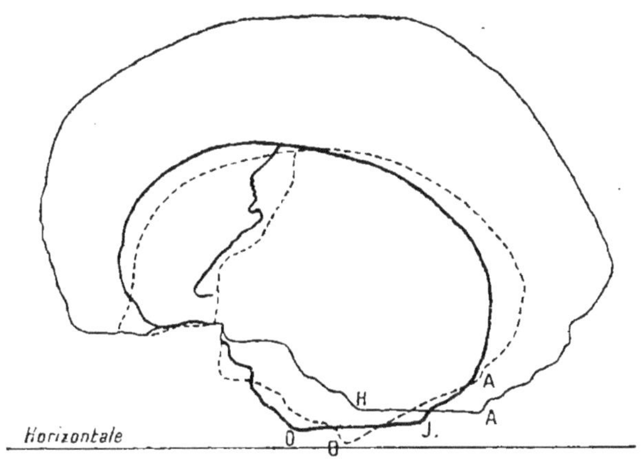

Fig. 7. — *Profils endocrâniens superposés :*

d'un Orang jeune. . . . . OJ ———
d'un Orang adulte. . . . . OA - - - - - - -
d'un Homme adulte. . . . . HA ———

Manouvrier[1], représente des crânes d'homme et d'anthropoïdes d'âge différent, superposés en faisant coïncider les gouttières optiques. Elle démontre : 1° que, chez les anthropoïdes, les régions frontales

1. Manouvrier. 1.

se superposent chez le jeune et chez l'adulte (le jeune a même le front qui dépasse dans la figure) et que seules les parties postérieures de la voûte se développent; 2° que, chez l'homme, le crâne se développe dans tous les sens.

Alors que le front du jeune anthropoïde a atteint son développement définitif vers l'âge de deux ans, le front de l'enfant humain présente par rapport à l'adulte une infériorité aussi marquée que dans les autres régions. Rien d'étonnant à cela : chez l'anthropoïde, l'intelligence a atteint son développement normal dès le jeune âge, tandis que chez l'homme, des années doivent s'écouler avant que l'intelligence n'ait atteint son parfait épanouissement.

Quand on considère des crânes européens et des crânes de nègres, suivant la norma lateralis, on s'aperçoit de différences fondamentales liées aux influences ethniques. Chez le nègre on remarque une moindre incurvation de la région occipitale, l'inclinaison du front, une faible hauteur nasale, une accentuation du prognathisme, etc. Les deux profils superposés de la figure 8 indiquent les différences les plus marquées.

Des crânes européens peuvent présenter les caractères des crânes nègres, en raison de certains états morphologiques dont la genèse n'est pas toujours facile à dégager. On dit alors que ces crânes ont l'aspect négroïde.

Ce type négroïde est plus ou moins accentué, les caractères sus-indiqués pouvant exister isolément ou bien se trouver réunis : il y a en définitive plus ou moins de négroïdisme.

Un poids cérébral relatif peu élevé peut amener une faible courbure occipitale, comme un front fuyant. Cet état coïncide aisément avec une forte dentition et un prognathisme accentué. Ce sont là

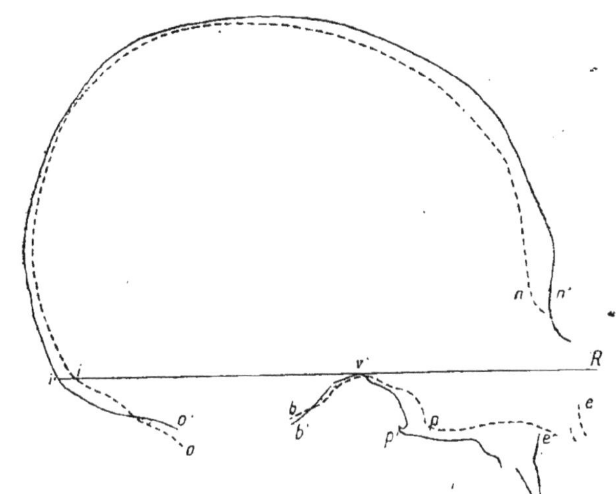

FIG. 8. — *Profils de nègre et de Parisien superposés* (1).

- - - - - - - - - - - Nègre.
——————— Parisien.

i', *i*, Inion. — *o'*, *o*, Opisthion. — *b'*, *b*, Basion. — *v*, Point de rencontre de l'extrémité postéro-supérieure du vomer avec le corps du sphénoïde. — *p'*, *p*, Épine nasale postérieure. — *e'*, *e*, Épine nasale antérieure. — *n'*, *n*, Nasion.
R, Plan d'orientation.

des cas bien mis en valeur par Manouvrier[2], qui fait remarquer que l'aplatissement du bord inférieur de l'ouverture nasale paraît lié mécaniquement au pro-

1. Cette figure est extraite des *Bulletins et Mémoires de la Société de Laryngologie, d'Otologie et de Rhinologie de Paris*, n° 7, juillet 1892.
2. MANOUVRIER. 2.

gnathisme sous-nasal. De même, une faible hauteur nasale, unie à une largeur un peu au-dessus de la moyenne, amène de la platyrrhinie assimilable à celle des nègres. Cette disposition morphologique était commune chez les néolithiques se rattachant au type de Cro-Magnon et se rencontre assez fréquemment chez les peuples actuels du Midi.

Ces considérations démontrent donc combien il faut être prudent pour apprécier un crâne au seul aspect extérieur; j'ai vu pour ma part des observateurs, à l'aspect d'un seul crâne, déclarer qu'il appartenait à un individu ayant certainement subi l'influence d'un mélange nègre : et c'était une anomalie isolée! De semblables conclusions ne peuvent s'appuyer que sur des cas nombreux.

M. Manouvrier a en outre montré que le sexe féminin exagère les caractères négroïdes, ou y prédispose tout au moins : la femme a communément le vertex aplati, la saillie nasale atténuée, un prognathisme sous-nasal assez marqué. Chez les Européens, certaines femmes possèdent un prognathisme sous-nasal absolument négroïde : ce sont les femmes de petite taille, car la proéminence naso-frontale étant en rapport avec la masse squelettique, il existe un excès du maxillaire par rapport au crâne. Chez l'homme où il y a une proéminence naso-frontale accentuée cet aspect négroïde fait défaut. Topinard a donc manqué de précision en considérant la femme comme plus prognathe que l'homme. Il fallait, pour éviter l'erreur, bien analyser la nature des prognathismes. Comme il sera exposé à un autre endroit (page 166), le prognathisme masculin est constitué par la proéminence naso-frontale, en relation avec le développement des sinus frontaux : cette avancée donne toute la place nécessaire à une forte mâchoire. La femme n'a pas cette accentuation supérieure et son prognathisme réside tout entier au niveau de la région inférieure de la face.

Certains crânes présentent un développement considérable de la région pariétale par rapport aux régions frontales et occipitales : on les désigne sous le nom de crânes à type pariétal. C'est un type moins élevé morphologiquement, car c'est celui des anthropoïdes, des microcéphales et des races inférieures.

Gratiolet prétendait que la femme avait le type pariétal; Manouvrier[1] affirme que c'est le contraire, en ajoutant que cette particularité du sexe féminin n'est pas en rapport avec une supériorité physiologique, mais qu'elle est due à l'infériorité de la taille, qui s'accompagne d'une diminution de la région pariétale. Au contraire, l'égalité intellectuelle dans les deux sexes amène un développement frontal égal.

4° *Norma inferior.* — C'est la base du crâne. On y remarque le trou occipital très variable comme forme et les condyles occipitaux plus volumineux chez le nègre.

A la partie antérieure du trou occipital existe parfois une saillie osseuse surmontée ou non d'une facette articulaire; on n'a pu encore expliquer d'une façon satisfaisante cette anomalie décrite sous le nom de *troisième condyle de l'occipital.* Broca l'a rencontrée

1. MANOUVRIER, 3.

chez quelques Basques, mais sa fréquence est surtout marquée sur des crânes malais.

Sur cette face est visible l'arcade dentaire supérieure sur laquelle il sera insisté ailleurs, et qui est implantée dans l'arcade ou apophyse alvéolaire.

Bien que les dents[1] proviennent du feuillet externe ou épidermique et que les alvéoles dépendent du développement squelettique, ces dernières ont leur croissance liée à celle des dents. En conséquence, l'apophyse alvéolaire est à peine marquée chez l'enfant nouveau-né. Mais avec l'éruption dentaire, l'apophyse devient de plus en plus marquée. Comme de juste, l'apophyse s'atrophie au moment de la chute des dents.

La courbe décrite par l'arcade alvéolaire est plus ou moins ouverte : elle a une forme parabolique si les extrémités divergent, upsiloïde si elles sont parallèles, elliptique si elles se rapprochent.

La première forme est commune dans la race blanche; la deuxième est l'apanage de la race noire.

L'obliquité de la partie sous-nasale, au niveau de l'os incisif, peut être très accentuée. L'angle qu'elle forme avec un plan horizontal constitue le *prognathisme alvéolaire* ou sous-nasal, sur lequel il sera longuement insisté.

5° *Norma posterior ou occipitale.* — Cet aspect permet de juger la largeur inter-mastoïdienne et l'élévation de la voûte crânienne.

A ce point de vue, on divise les crânes en *hypsi-*

1. LE DOUBLE, **1**, p. 212.

céphales, dont le synciput est conique et qui possèdent un diamètre vertical augmenté (Esquimaux, quelques Polynésiens, Australiens et Nègres), et en *platycéphales,* à synciput aplati et à voûte surbaissée[1]. En regardant les crânes ainsi orientés, on aperçoit la saillie des bosses occipitales. Dans les crânes d'un type supérieur, cette région se continue par une courbe uniforme et régulière avec la partie supérieure de la voûte. Décrit-elle une courbe d'un plus faible rayon, l'écaille occipitale forme une saillie globuleuse. Chez les Esquimaux et les Patagons, c'est un caractère de race.

La courbure de la région sous-iniaque ou cérébelleuse est déprimée sur les crânes d'Orrouy (époque du bronze), et peu développée sur les crânes basques. Certaines boîtes osseuses (par ex. Néo-Calédoniens), sont renflées à ce niveau.

La ligne courbe supérieure de l'occipital, dont la partie centrale constitue la *protubérance occipitale externe,* peut former un bourrelet transversal dénommé par Ecker *torus occipitalis transversus.*

Il est formé par la réunion de tubercules osseux qui, marqués à la partie médiane, apparaissent sur un espace plus ou moins prolongé de chaque côté de la protubérance.

Suivant Le Double, le *bourrelet occipital* se voit rarement chez les Européens et les Asiatiques, mais il est fréquent dans les races préhistoriques et dans les races inférieures actuelles : Papous, Néo-Zélandais, etc. Sur les crânes de la Floride, Ecker a trouvé presque

1. Hervé et Hovelacque, p. 234.

constamment le *torus occipitalis*, et cela aussi bien sur les crânes masculins que sur les féminins.

On a invoqué pour l'expliquer la pression cérébrale endocrânienne, l'atavisme, un développement musculaire exagéré : cette dernière influence me paraît en donner une explication satisfaisante, surtout si l'on fait intervenir l'activité de l'ossification.

Le développement de l'inion est lié à celui du ligament cervical postérieur : son absence ou sa diminution indiquant une moindre activité musculaire, il est donc moins développé chez la femme et chez l'enfant. Dans certains cas, l'ossification du ligament donne un aspect bizarre à l'inion.

Sur cette face on peut juger de la forme et des complications de la suture lambdoïde.

§ 3. — Age et sexe des crânes.

Toute étude crâniologique, pour être fructueuse, doit être précédée d'un examen destiné à renseigner sur l'âge et le sexe du crâne.

L'AGE D'UN CRANE. — Pour diagnostiquer l'âge, il faut se rappeler les quelques règles suivantes.

L'enfance est signalée par l'état des dents, la présence de dents de lait, la persistance de certaines sutures, le développement des bosses frontales et pariétales. Chez l'enfant les pariétaux ont leur grand diamètre vertical, tandis qu'il est antéro-postérieur chez l'adulte. De plus, la face inférieure de la base crânienne est aplatie ainsi que les cavités glénoïdes.

Qu'on sache encore que les apophyses styloïdes ne sont pas ossifiées, que les apophyses ptérygoïdes sont courtes et dirigées en avant et en bas. Comme de juste, les crêtes musculaires sont peu accentuées.

Après trente ou trente-cinq ans[1] surviennent l'usure des dents et leur chute, et dans ce dernier cas l'atrophie des maxillaires.

On a donné des signes nombreux de la sénilité du crâne et beaucoup sont d'ailleurs sans valeur. Elle serait indiquée par une atrophie de la voûte et plus particulièrement par deux dépressions accompagnées d'amincissement, placées sur les pariétaux, symétriques et allongées parallèlement à l'axe antéro-postérieur. Ces dépressions résulteraient de la raréfaction du tissu spongieux.

La *synostose du crâne*, qu'on donne parfois comme un signe certain, ne peut être considérée comme telle. Des crânes de 70 à 75 ans peuvent ne présenter aucune synostose et au contraire des crânes de 50 ans ont des sutures complètement fermées.

La synostose, à elle seule, ne suffit pas à affirmer l'âge avancé d'un crâne.

La synostose de l'os temporal ou de la grande aile du sphénoïde, sauf dans sa portion ptérique, constitue un signe plus probant.

La diminution de poids, qu'on invoque aussi, me paraît un symptôme bien faible : il existe trop de troubles pathologiques qui peuvent la produire. Je préfère, à l'exemple de beaucoup d'anthropologistes, accorder plus de valeur à l'atrophie des maxillaires au

1. TOPINARD, p. 253.

niveau de leur partie alvéolaire et à l'ouverture de l'angle mandibulaire.

Sexe des cranes. — Il n'existe pas de *caractères sexuels* certains. C'est seulement la coexistence de plusieurs caractères qui autorise à ranger un crâne dans les masculins ou les féminins.

La forme crânienne féminine est plus fine et plus légère que celle de l'homme. Les arcades sourcilières et la glabelle sont moins marquées, ou aplaties, les crêtes et les empreintes servant à l'insertion des muscles sont plus effacées, les apophyses et les saillies sont moins volumineuses. Les crânes féminins rappellent les formes infantiles : bosses frontales et pariétales accentuées, front plus droit, orbites plus hautes, maxillaire inférieur plus grêle, poids et capacité plus petits.

M. Manouvrier a présenté en outre les remarques suivantes[1] : le crâne féminin présente, par rapport au crâne masculin, un type frontal et il offre un moindre développement de la région pariétale. Au contraire, la région occipitale est plutôt augmentée chez la femme, mais relativement moins grande toutefois que la région frontale.

En outre, la face du crâne féminin est plus petite relativement au crâne que chez l'homme, et enfin le développement de la surface crânienne par rapport à la base est plus grand en moyenne chez la femme.

Malgré tout, il est des cas où l'on se trouve dans l'impossibilité de fixer le sexe d'un crâne. Il est donc

1. Manouvrier, 4.

prudent, en face d'une série, d'analyser soigneusement les caractères crâniens et, après avoir distingué les crânes masculins et les féminins, de mettre à part les cas douteux. C'est le seul moyen de ne pas troubler les moyennes.

Manouvrier indique aussi une cause d'erreur dans la détermination du sexe d'un crâne[1] appartenant à une série de crânes exotiques. On doit, pour l'éviter, se familiariser avec l'étude crânienne de ce groupe : autrement on risque de prendre pour caractères sexuels des caractères ethniques. Par exemple, si on est habitué à des crânes européens, on sera tenté de déclarer masculine la mandibule d'une négresse, paraissant aussi masculine qu'une mâchoire d'homme blanc. On peut dire la même chose de la glabelle qui est aussi forte chez une Polynésienne que chez un Parisien.

1. MANOUVRIER, 3, art. *Sexe.*

CHAPITRE III

ENDOCRANE — SUTURES — FONTANELLES OS WORMIENS

§ 1. — L'endocrâne et ses particularités.

Cette surface se divise en deux régions : l'endocrâne répondant à la voûte crânienne et l'endocrâne basal.

Comme de juste, je ne vais pas décrire ici d'une façon détaillée ces régions : je me contente d'en signaler les parties principales pour m'appesantir sur les variations qui présentent un intérêt anthropologique. La description complète de l'aspect endocrânien se trouve dans tous les traités d'anatomie.

Revêtue par la dure-mère, la *voûte endocrânienne* est constituée en avant par le frontal, au milieu par les pariétaux, en arrière par l'occipital.

Sur la ligne médiane et d'avant en arrière se remarquent la crête coronale, puis la gouttière sagittale qui part de cette crête pour aller se terminer à la protubérance occipitale interne : elle donne asile au sinus longitudinal supérieur.

De chaque côté de la ligne médiane se voient les fosses frontales, les fosses pariétales et les fosses cérébrales de l'occipital. Je ne dis rien actuellement des sutures qui sont aperçues au lieu de réunion des os : la fin de ce chapitre s'en occupe spécialement.

De chaque côté de la ligne médiane existent aussi les trous pariétaux et des dépressions variables en nombre et en étendue, qui proviennent de la présence des corpuscules de Pacchioni.

La surface interne est sillonnée de canaux vasculaires plus ou moins profonds, donnant asile aux arborisations de l'artère méningée. A leur niveau, l'os présente parfois de la minceur et de la transparence. Il serait erroné de croire que cette disposition résulte de l'usure de l'os par le choc continuel de l'ondée sanguine : les sillons proviennent de la gêne apportée par la présence de ces vaisseaux à l'accroissement osseux. La pression vasculaire a empêché l'os de s'accroître à son niveau, mais les parties avoisinantes non comprimées ont atteint une épaisseur supérieure, d'où l'aspect constaté. C'est là un mécanisme que nous reverrons.

La *base endocrânienne* forme pour ainsi dire trois étages. L'étage antérieur le plus élevé présente sur la ligne médiane le trou borgne situé à la partie inférieure et terminale de la crête endofrontale et l'apophyse crista-galli continuée par une crête. De chaque côté de cette apophyse existe la fosse ethmoïdale formée par la lame criblée de l'ethmoïde.

Plus en dehors se trouvent les bosses orbitaires avec les impressions digitales et les éminences mamillaires.

L'étage moyen porte à sa partie centrale la selle turcique entre la gouttière optique en avant et la lame quadrilatère du sphénoïde en arrière.

En dehors se voient les fosses latérales moyennes limitées en arrière par le rocher.

Sur l'étage postérieur ou occipito-temporal on rencontre la gouttière basilaire, descendant au trou occipital. Derrière le trou commence la crête occipitale interne séparant les deux fosses cérébelleuses et se terminant à la protubérance occipitale interne; c'est à son niveau que se réunissent la faux du cerveau, la faux et la tente du cervelet, les sinus veineux formant le pressoir d'Hiérophile.

Quelques détails concernant plusieurs de ces parties. Le trou borgne est plus grand chez le nouveau-né et chez l'enfant que chez l'adulte. Chez le vieillard il est souvent obstrué.

La forme et les dimensions de l'apophyse crista-galli peuvent varier sans qu'on puisse souvent, d'ailleurs, indiquer les causes de ces variations.

La direction de l'apophyse crista-galli est variable et cette modification résulte de l'inégalité de volume des hémisphères cérébraux. J'ai démontré dans différents mémoires[1] le rôle de la pression des hémisphères cérébraux : quand un de ceux-ci s'atrophie, la déformation de l'apophyse est extrême, elle est plus ou moins renversée, la face correspondant à l'hémi-

1. Paul-Boncour, 2 et 3.

sphère atrophié étant bombée et renflée, tandis que celle en rapport avec l'hémisphère sain est aplatie et lisse. Cet aspect doit être rapproché de celui qu'on rencontre sur des crânes normaux d'âges divers : sur un crâne d'adulte l'apophyse est mince et aplatie sur ses deux faces; sur un crâne de fœtus elle est renflée.

Les impressions digitales et les éminences mamillaires sont en relation avec les circonvolutions et les anfractuosités cérébrales. Là où la pression ne s'est pas fait sentir, le tissu osseux a manifesté son activité : d'où des saillies. Les dépressions ont des dimensions en rapport avec le poids et la forme des circonvolutions.

Parmi les impressions digitales, remarque le Dr Le Double[1], il en est une dont on ne parle jamais : il propose de l'appeler fossette endofrontale latérale. Elle est bilatérale, existe normalement et est située à la partie postéro-interne de la voûte orbitaire, sur laquelle on la voit nettement en raison de ses dimensions, de sa forme arrondie, et de son fond lisse. Elle donne asile à la portion basse de la circonvolution de Broca. Au niveau de la surface interne endocrânienne de l'occipital, on relève une foule de variations portant sur les gouttières des sinus veineux postérieurs de la dure-mère et que Le Double décrit consciencieusement.

A ce niveau se voit la protubérance occipitale interne, *inion interne* de certains auteurs. Ce dernier nom peut être conservé à la condition qu'on n'ignore pas que les deux inions ne se correspondent pas constamment.

1. LE DOUBLE. 2. p. 177.

Une variation endocrânienne au niveau de l'occipital est la fossette occipitale moyenne ou médiane de Lombroso. Elle porte aussi le nom de fossette cérébelleuse moyenne (Verga) et de fossette vermienne (Albrecht).

Les formes de cette fossette sont nombreuses et les interprétations qu'on en a données ne le sont pas moins. Leur énumération n'a pas un intérêt anthropologique bien considérable, et pour connaître tout ce qui concerne cette variation morphologique, je conseille de lire ce qu'en dit Le Double, dans son excellent volume des *Variations crâniennes.*

§ 2. — Fontanelles : leur évolution, leur formation; fontanelles ordinaires et supplémentaires.

A la naissance de l'enfant, les os constituant la boîte crânienne sont séparés les uns des autres par des sutures ou des fontanelles. Les premières résultent de la juxtaposition des bords parallèles de deux os crâniens : elles sont linéaires ou larges de quelques millimètres : dans ce dernier cas, on aperçoit un espace membraneux. Les fontanelles sont des espaces de forme triangulaire, quadrangulaire ou polygonale, à bords le plus souvent arrondis, situés à l'intersection de plusieurs sutures : ce sont des espaces suturaux élargis.

A la longue, ces espaces finissent par s'oblitérer ou, comme on dit communément, à se synostoser, et à un âge avancé le crâne peut former un os continu. Le nom des sutures rappelle les os qui les limitent ou l'un d'eux seulement. Parfois aussi la dénomination provient de la similitude avec une figure quelconque.

Je ne décrirai pas ces sutures (voir les Traités d'anatomie); je vais simplement m'occuper de leurs variations et de leurs particularités morphologiques, de leur genèse et des conditions de leur formation et de leur évolution.

Des fontanelles. — Les nombreux points d'ossification disséminés dans le crâne membraneux, et concourant à la formation et à l'ossification des différents os, se dirigent du centre à la périphérie. Mais il résulte de ce mode d'accroissement que les parties les plus éloignées du centre actif sont envahies en dernier lieu par la prolifération osseuse. Il en résulte aussi qu'à la naissance, au lieu de rencontre des différents os crâniens, on trouve des espaces non encore ossifiés : les fontanelles.

Normalement ou mieux, dans la majorité des cas, il existe six fontanelles à la naissance de l'enfant. Mais leur nombre peut en être augmenté : c'est ce qu'on appelle les fontanelles anormales.

Des fontanelles normales, deux sont médianes et visibles en examinant le crâne en norma superior : les quatre autres sont visibles en norma lateralis.

La *fontanelle supérieure et antérieure*, encore appelée grande fontanelle ou fontanelle bregmatique (4, fig. 9 A et 1, fig. 9 B), est située à l'union du frontal et des deux pariétaux, au point connu sous le nom de bregma. Sa forme est losangique avec bords curvilignes : le grand axe est de 4 à 5 centimètres, le petit de 2 à 4 centimètres.

La *fontanelle supérieure et postérieure* (petite fontanelle ou fontanelle lambdatique) correspond à la région du lambda, c'est-à-dire à la rencontre de l'occipital et des pariétaux. Elle est triangulaire (5, fig. 9 A et 2, fig. 9 B).

Sur les parties latérales sont situées les fontanelles ptériques et astériques (3 et 4, fig. 9 B).

La *fontanelle latérale et antérieure* correspond au

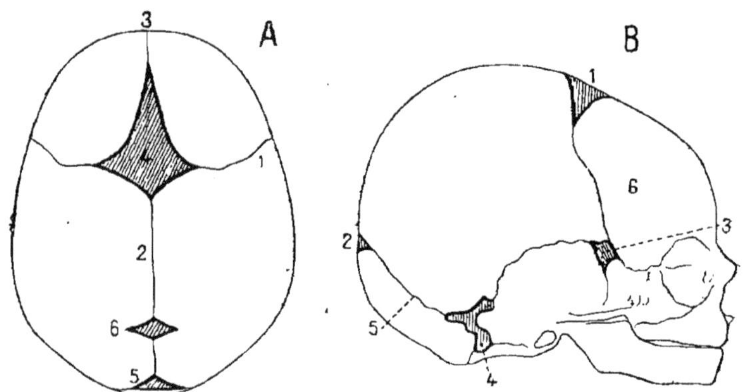

Fig. 9. — *Crânes vus en norma superior et en norma lateralis.*

A	B
1, Suture fronto-pariétale.	1, Fontanelle antérieure.
2, Suture sagittale.	2, Fontanelle postérieure.
3, Suture métopique.	3, Fontanelle ptérique.
4, Fontanelle bregmatique.	4, Fontanelle astérique.
5, Fontanelle lambdatique.	5, Suture lambdoïde.
6, Fontanelle de Gerdy ou obélique.	6. Suture fronto-pariétale.

ptérion, c'est-à-dire à la réunion du frontal, du pariétal, du temporal et de la grande aile ou sphénoïde.

La *fontanelle latérale ou postérieure* est située entre le frontal, l'occipital et la portion mastoïdienne du temporal.

Les fontanelles ne tardent pas à être envahies par l'ossification : les latérales sont les premières à disparaître, puis vient la fontanelle lambdatique; la fontanelle bregmatique n'existe plus entre deux et trois ans. Il existe de nombreuses variations : aussi ai-je fait observer que les fontanelles appelées normales étaient celles qui étaient constatées à un âge donné, dans la majorité des cas. Par exemple, la fontanelle astérique a fréquemment disparu lors de la naissance : la fontanelle lambdatique est à peine visible dans de nombreux cas.

Des *fontanelles supplémentaires* ne sont pas rares chez les nouveau-nés : ce sont les fontanelles dites anormales. Citons :

1° La *fontanelle orbitaire* placée entre le frontal, l'os planum et la petite aile du sphénoïde. Elle disparaît généralement au huitième mois de la vie fœtale;

2° La *fontanelle sagittale* ou de Gerdy (5, fig. 6 A), située au niveau de l'obélion (d'où son nom de fontanelle obélique). De forme losangique, son grand axe aboutit aux trous pariétaux;

3° La *fontanelle glabellaire* ou naso-frontale, au point de rencontre des frontaux et des nasaux. Elle se continue avec la suture médio-frontale et peut même empiéter sur elle;

4° La *fontanelle cérébelleuse*, décrite par Hamy[1], qui est située en arrière du trou occipital, sur cette partie qui renferme l'osselet de Kerkring.

1. Hamy, 1.

§ 3. — Les sutures : cause, époque, ordre de leur fermeture, complication des sutures.

Cause de leur fermeture. — Longtemps on a admis avec Pick que les sutures se synostosaient quand la pression cérébrale ne se faisait plus sentir. Cette assertion, comme beaucoup d'autres, n'est que partiellement vraie, car il est des cas où l'on voit une suture se fermer alors qu'il existe encore une pression intracrânienne manifeste. La preuve pour ainsi dire expérimentale se dégage de l'étude de certaines déformations crâniennes. Il est vrai qu'on peut objecter qu'il y a là un processus anormal, et que, dans l'état ordinaire et normal, l'opinion de Pick reste vraie. Mais, quoi qu'on en dise, il existe des faits de déformation crânienne où nul processus pathologique n'est démontré.

D'ailleurs, tous ceux qui sont partisans de l'influence de l'absence de pression intracrânienne ne craignent pas d'invoquer des cas pathologiques, et ils s'appuient sur les cas de microcéphalie pour expliquer la synostose. Pour ma part, je considère cette preuve comme nullement convaincante.

1° La synostose est aussi bien le résultat des phénomènes inflammatoires qui portent directement sur la substance osseuse que de l'arrêt de développement cérébral;

2° La synostose chez les microcéphales est plus avancée, mais rarement complète, comme le démontre un examen approfondi.

En somme, il faut s'en tenir à la sage conclusion de Manouvrier[1] : le développement du cerveau et du crâne n'est pas lié aussi directement qu'on le croit à l'état des sutures, ce qui ne veut pas dire qu'il n'y ait entre les trois choses (cerveau, crâne, sutures) une relation indirecte. La précocité de la synostose est en rapport avec le développement cérébral comparé au développement du crâne en épaisseur, et par suite avec le poids relatif du cerveau. Pour l'affirmer, Manouvrier s'appuie sur ce fait qu'il a surabondamment démontré, que le poids relatif et l'indice crânio-cérébral varient dans le même sens d'une façon générale. Les sutures s'oblitèrent plus tôt si le crâne atteint par rapport à sa capacité une certaine épaisseur. En vertu du même mécanisme, on comprend que les femmes et les hommes de petite taille ont leurs sutures ouvertes plus longtemps que les hommes de haute stature; chez ces derniers, le poids cérébral relatif est généralement faible et la capacité crânienne, quoique forte absolument, est généralement petite relativement au poids du crâne.

On peut encore s'expliquer à l'aide de ce principe que les sutures restent plus longtemps ouvertes dans les races civilisées que dans les races sauvages à taille égale, et dans les races à petite taille que dans celles à grande taille, l'intelligence étant la même.

Enfin, il y aurait lieu de considérer un facteur important sur lequel j'ai fréquemment insisté et qui s'ajoute aux précédents : c'est l'état de la nutrition. Il existe des modes d'alimentation donnant au sujet

1. MANOUVRIER, 3, art. SUTURES.

une ossification plus vigoureuse, de même qu'il y en a d'autres produisant un affaiblissement du pouvoir ostéogénique. Et qu'on remarque que ces variations sont indépendantes de tout état morbide.

Si l'on ne s'est pas encore préoccupé de ce fait au point de vue ethnique, il y a longtemps qu'on en a fait l'application à des cas individuels : l'état de santé et la nutrition retentissent sur l'état osseux; chez de jeunes enfants, bien portants en apparence, les fontanelles restent ouvertes pendant une période prolongée anormalement, les os ne possédant pas la vivacité suffisant à produire l'occlusion suturale à l'époque habituelle.

Tout ce qui précède démontre combien l'âge d'un crâne basé sur l'état des sutures manque de stabilité, et qu'il serait antiscientifique de considérer comme une règle immuable ce qui va suivre.

Époque de la fermeture des sutures. — Étant données les considérations précédentes, on conçoit que toute fixation d'une époque ne soit qu'approximative. Des travaux de Topinard, Pommerol, Hamy, Ribbe et Manouvrier, il résulte que c'est vers 40 ou 45 ans que la suture sagittale se soude d'abord à la face interne, puis ensuite à la face externe, au niveau de l'obélion, et cela dans les races supérieures. C'est vers 25 à 28 ans que la synostose débute dans les races inférieures.

A la même époque, la partie fronto-pariétale de la région ptérique se soude également.

Vers 50 ans, la coronale s'ossifie au niveau du bregma et, de là, l'ossification s'étend de chaque côté.

A 70 ans se produit la synostose de l'écaille temporale et dix ans après elle serait ossifiée en totalité. Le crâne formerait alors un os continu.

Ordre de la fermeture des sutures et leurs variations ethniques. — Tout ce qui suit est emprunté à un article de Manouvrier[1], d'après un mémoire de Ribbe[2]. Du côté de la table interne du crâne, la synostose débute chez les Parisiens au niveau de l'obélion et de là se propage jusqu'à l'astérion et au sphénoïde. Les sutures du temporal sont les dernières à se fermer et dans les 2/3 des cas l'ordre d'oblitération est le suivant : sagittale, coronale, lambdoïde. Cette dernière précède la coronale une fois sur trois. Chez les Polynésiens, le début a lieu à la partie antérieure de la sagittale, et la coronale précède toujours la lambdoïde, avec cette réserve que la portion de la suture coronale, située au-dessous de la crête temporale, est dans toutes les races la partie de la suture restant ouverte le plus longtemps.

La marche de la synostose est très rapide à la table interne et commence par elle : il est donc irrationnel de se baser sur la seule constatation extérieure pour affirmer l'état exact des sutures.

A la table externe, la synostose apparaît dans le voisinage de l'obélion chez les nègres et chez la plupart des individus appartenant à des races supérieures. Dans les races d'Australie et de Polynésie, dans les races mongoliques et américaines, chez les Canariens

1. Manouvrier. *loc. cit.*
2. Ribbe, 1.

et les Égyptiens, le début se fait le plus souvent en avant de l'obélion. La synostose peut parfois débuter vers la partie inférieure de la suture coronale, jamais elle ne commence par la lambdoïde.

Chez les Parisiens et dans les groupes français ou étrangers les plus brachycéphales, la suture lambdoïde commence à se synostoser avant la coronale. Le contraire a lieu dans toutes les autres séries.

La suture sagittale est envahie par l'ossification ainsi qu'il suit : d'abord l'obélion, puis successivement le vertex et les extrémités. Dans les races où la synostose commence au vertex, l'obélion vient immédiatement après, mais son oblitération est extrêmement rapide.

Dans les races inférieures, la région antérieure de la sagittale est souvent fermée avant sa partie postérieure. Voici l'ordre dans lequel la suture coronale est envahie : la partie inférieure temporale, la partie bregmatique, et la partie moyenne. Cet ordre est plus ou moins troublé chez les Chinois, les Annamites, les Malais, les Péruviens. Chez tous on constate la résistance à la synostose de la partie inférieure de la suture coronale.

Au niveau de la suture lambdoïde, on voit l'ordre d'envahissement être ainsi établi : partie supérieure, partie moyenne, partie inférieure.

La suture sphéno-frontale se ferme toujours avant la sphéno-pariétale : toutes les deux sont oblitérées relativement plus tard dans les races inférieures que dans les supérieures.

Les sutures écailleuses et mastoïdo-pariétales sont chez tous les peuples fermées les dernières.

Pour être complet, je dois encore faire remarquer que l'ordre de la synostose n'est pas égal des deux côtés du crâne. Ribbe avait observé qu'en général, la synostose était plus avancée à droite qu'à gauche pour la suture lambdoïde. C'était le contraire pour la coronale et les sutures constituant le ptérion. Bien d'autres observations ont été faites, mais on ne peut leur accorder une grande importance, car les avis sont bien partagés. En effet, Le Double, qui a scrupuleusement observé les faits, énonce les conclusions suivantes[1] :

1° Il n'existe pas d'ordre et de suite rigoureux dans l'oblitération des sutures crâniennes;

2° La loi de Gratiolet, d'après laquelle l'oblitération des sutures du crâne s'opère d'arrière en avant dans les races blanches et en sens inverse dans les races noires, est fausse;

3° La loi de Betz et Rava concernant l'influence sexuelle sur l'ordre de l'ossification des sutures n'est pas justifiée;

4° L'oblitération des sutures ne commence pas toujours par la table interne.

Cette question, où les avis sont aussi différents, ne pourrait être tirée au clair qu'à la condition d'établir pour chaque crâne l'état des influences que nous avons signalées et leurs rapports réciproques. Néanmoins les recherches de Ribbe ont une valeur qu'on ne peut méconnaître.

1. Le Double, 2. p. 51.

Les dentelures des sutures craniennes. — Les différents os du crâne présentent sur leurs bords un nombre plus ou moins grand de dentelures qui s'engrènent mutuellement : elles sont le résultat de l'activité osseuse. Cet état n'est pas spécial à l'homme, mais atteint chez lui son maximum de développement. Les crânes des Pithéciens présentent en divers points des dentelures peu développées : celles-ci deviennent plus prononcées chez le gibbon, le chimpanzé, l'orang. La complication des sutures,[1] que l'on peut noter, comme l'a indiqué Broca, de 0 à 5, est proportionnelle à l'activité de l'accroissement osseux et est également en relation avec la pression intracrânienne. Du moment que la cavité subit une pression qui tend à écarter les os les uns des autres, il est évident que l'activité osseuse peut prendre toute son extension : d'où des dentelures.

Qu'un cerveau soit atrophié (microcéphalie, par exemple), le contact des sutures n'étant plus contrarié, les rayons osseux ne peuvent prendre un développement aussi important que celui constaté chez les sujets à cerveau très développé.

En d'autres termes, si le développement cérébral et celui des os sont parallèles, les dentelures sont absentes (microcéphales et animaux); si le parallélisme fait défaut et si le cerveau s'accroît rapidement, les bords osseux des os ne sont plus serrés les uns contre les autres et les dentelures apparaissent venant combler les intervalles. C'est donc en ce sens qu'on peut dire que le degré de complication suturale est en rapport avec le degré d'élévation de l'espèce dans la série.

La pression intracrânienne résultant de l'expansion cérébrale n'est pas égale dans toutes les régions : aussi l'activité ostéogénique est-elle d'une façon générale en relation avec le développement des régions cérébrales correspondantes.

C'est seulement en comprenant le mécanisme qui amène les dentelures et les fait disparaître qu'on est à même d'en saisir la signification.

On a dit parfois que les dentelures étaient d'origine périostée; c'est une erreur qui empêcherait d'expliquer rationnellement pourquoi, aux points où les tables de l'os sont collées l'une contre l'autre (obélion), les dentelures sont absentes.

Les dentelures se produisent par suite de la prolifération de la couche ostéogénique située entre les deux tables de l'os. Cette couche contient des vaisseaux sanguins placés dans une direction perpendiculaire à la suture et sa prolifération se fait dans ce sens. A l'obélion, cette couche fait défaut, l'os étant réduit à ses deux lames recouvertes de périoste; aussi ne voit-on pas de dentelures.

Les complications des sutures et leurs variations[1]. — Dans l'enfance, il existe des dentelures sur la face interne, mais elles disparaissent avec l'âge en s'enfonçant dans le diploé, ou, pour parler plus exactement, les espaces intermédiaires sont comblés par l'accroissement osseux. L'ordre d'effacement des dentelures internes est à peu près parallèle à celui de l'oblitération des sutures.

1. Manouvrier, d'après Ribbe, *loc. cit.*

L'effacement des dentelures est plus précoce à la face interne. Pourquoi en est-il ainsi? Parce que la pression réciproque des os crâniens y est plus accentuée; c'est encore là une confirmation du principe énoncé antérieurement : du moment que le contact est intime entre les bords de deux os, les rayons osseux destinés à les combler n'ont pas besoin de se développer outre mesure.

A la table externe, les complications des sutures sagittale et lambdoïde sont à peu près égales dans toutes les races. Les dentelures de la coronale sont moins prononcées dans les races mongoliques et dans les races inférieures. Mais, en règle générale, les nègres présentent des sutures moins compliquées que les Européens.

§ 4. — Anomalies des sutures : os épactal, suture métopique, trous pariétaux.

Sous cette rubrique je vais étudier d'une part les sutures anormales proprement dites, c'est-à-dire celles qui apparaissent sur un os ordinairement sans division, et, d'autre part, les modifications d'aspect et de direction que peuvent présenter quelques sutures.

Sutures anormales. — Une remarque préliminaire : en règle générale, sur un crâne d'adulte ou d'adolescent, on trouve un certain nombre de sutures, qu'on appelle sutures normales parce qu'elles existent sur la majorité des crânes.

Mais qu'on ait bien présent à l'esprit qu'au cours

de la vie fœtale ou dans les premiers mois de la vie, on relève sur une boîte osseuse des sutures plus nombreuses que sur un crâne d'adulte. A cette époque de la vie elles sont normales, et ce qui crée l'anomalie, c'est leur persistance à un stade postérieur de l'évolution. Si l'on se reporte aux travaux des anatomistes, on s'aperçoit que le nombre des points d'ossification est loin d'être fixé sur chaque os crânien. De plus, les rayons osseux qui en émanent s'étendent dans la membrane crânienne et se rapprochent de façon à ne plus être séparés que par des espaces linéaires. Quelques-uns de ceux-ci disparaissent : d'autres persistent plus ou moins longtemps. Dans ce cas, une suture anormale est créée.

Cette remarque a son importance, car elle démontre :

1° Que les auteurs peuvent différer d'avis sur la nature d'une suture. Si, par suite de l'exagération d'une de ces nombreuses circonstances que j'ai signalées comme pouvant achever ou retarder l'occlusion d'une suture, un anatomiste constate une série de crânes en avance ou en retard, on verra naître une opinion essentiellement variable.

2° Que l'âge où l'on considère un crâne a une importance prépondérante : normalement, chez le nouveau-né, on constate la suture métopique qui persiste jusqu'à la fin de la première année.

3° Qu'à considérer les choses anatomiquement, les sutures ne sont jamais anormales.

Les sutures anormales résultant d'un retard de l'ossification, leurs causes sont fatalement nombreuses : exagération de la pression crânienne, soit physiologique (par exemple métopisme par développement supérieur des lobes antérieurs), soit pathologique (métopisme par hydrocéphalie, par exemple), arrêt de l'ossification, insuffisance d'ossification, etc.

Dans tous les cas, pour une raison ou pour une autre les rayons osseux sont incapables de se réunir.

Le nombre des sutures anormales est donc subordonné à celui de l'intersection des rayons osseux, et on n'a qu'à se reporter à l'excellent traité de Le Double sur les variations des os du crâne pour avoir le relevé exact des formes d'ossification et de la multiplicité des sutures. C'est d'ailleurs à cet ouvrage que je vais emprunter la plus grande partie des considérations qui suivent.

Je cite d'abord les sutures anormales les plus fréquentes ou les plus intéressantes; je donnerai ensuite quelques explications sur chacune d'elles.

Sutures au niveau de l'occipital. — 1° Du lambda à l'opisthion ou entre l'opisthion et la protubérance occipitale externe, ou entre cette dernière et le lambda. 2° Transversale d'un astérion à l'autre en passant par la protubérance occipitale externe. Cette division peut être partielle ou complète. Dans ce dernier cas on a ce qu'on appelle l'os interpariétal identique à celui des animaux. 3° Quand les sutures précédentes coexistent, elles se coupent à angle droit et il existe quatre pièces à l'occipital.

Suture métopique ou médio-frontale, verticale divisant l'os du front en deux parties. Elle existe à la naissance, mais normalement ne tarde pas à disparaître.

Sutures au niveau du pariétal. — Cet os peut présenter : 1° une suture allant du bord antérieur au bord postérieur : cette séparation peut être partielle ; 2° une suture totale ou partielle verticale ou oblique ; 3° une ou plusieurs sutures réunissant un des bords verticaux à l'un des bords horizontaux et isolant un ou plusieurs des bords horizontaux ; 4° une fente uni ou bilatérale nommée incisure pariétale, sur laquelle je m'étendrai.

Os interpariétal et os épactal. — En donnant sommairement les sutures pouvant apparaître sur un occipital, je n'ai pas parlé, et à dessein, de l'os épactal que la plupart des traités d'anatomie confondent avec l'os interpariétal, et considèrent comme un vestige atavique de cet os. Comme, d'autre part, on a tenté de faire de la présence de l'os épactal un caractère de race, il est bon d'éclaircir cette question des os interpariétal et épactal.

L'*os interpariétal* résulte, comme le fait remarquer Le Double[1], du défaut de fusion des noyaux d'ossification normaux de la squame membraneuse avec la squame cartilagineuse de l'occipital. En effet, la portion de l'écaille de l'occipital située au-dessus de la protubérance occipitale externe est précédée d'une ébauche conjonctive, tandis que celle située au-dessous succède à une ébauche cartilagineuse (fig. 10, B).

En conséquence, l'interpariétal humain est l'homologue de l'os portant le même nom et constaté chez les animaux.

1. Le Double. 2. occipital.

Chez le gorille comme chez l'homme, l'interpariétal se soude à l'os adjacent avant la naissance, mais

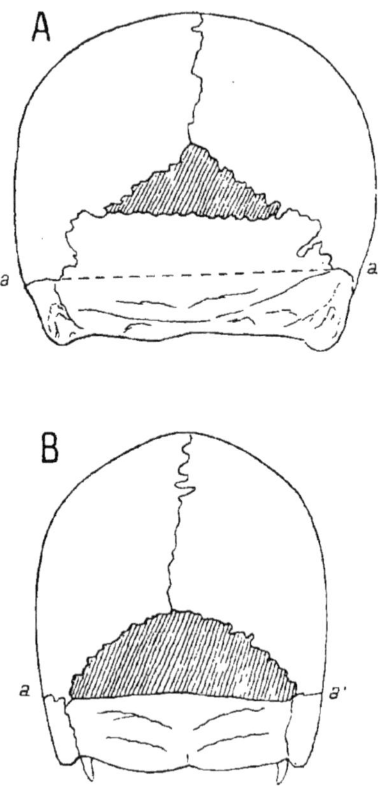

Fig. 10. — En A se trouve schématiquement représenté un os épactal : son bord inférieur est situé au-dessus de la ligne *a a'* (ligne biastérique) ; c'est un os wormien. — En B est représenté l'os interpariétal dont le bord inférieur correspond à la ligne biastérique *a a'*.

grâce à l'un des processus sus-énoncés, il peut persister.

Debierre ne pense pas que cet os chez l'homme puisse

être l'homologue de l'interpariétal des animaux : chez ces derniers la suture interastérique traverse la protubérance occipitale externe, qui indique la ligne d'insertion du cervelet, tandis que chez l'homme elle est au-dessus de cette protubérance.

Cette objection ne peut être admise, et avec raison Le Double fait remarquer que l'inion externe chez l'homme n'indique nullement l'insertion de la tente du cervelet.

Seul, l'inion interne indique la limite du crâne cartilagineux et du crâne membraneux. Ces deux points, malgré leur similitude de nom, ne se correspondent pas fatalement, et chez l'Européen l'inion interne est situé à un niveau plus élevé.

Pour ma part, je me range à cet avis et je considère l'interpariétal humain comme absolument équivalent à l'interpariétal des animaux.

L'épactal, ai-je dit, est souvent assimilé à l'interpariétal. C'est une erreur d'interprétation. L'épactal n'est autre chose qu'un os wormien de forme triangulaire, comblant l'espace situé à la partie supérieure entre les branches de la suture lambdoïde. En vertu de ce qui précède, on voit que l'épactal se différencie radicalement de l'interpariétal : son bord inférieur n'atteint jamais la ligne biastérique ; il naît d'un centre d'ossification supplémentaire, et n'a qu'un rôle de remplissage (fig. 10, A).

Or, on a donné et on donne encore à l'épactal une signification ethnique précise en le désignant sous le nom d'os des Incas : il serait caractéristique de la race péruvienne.

Tschudy et Rivero affirment l'existence de cet os

chez les enfants des races primitives du Pérou. Anoutchine[1] l'a rencontré dans les proportions suivantes :

20 p. 100 sur les crânes péruviens;
9 p. 100 sur les crânes américains;
5 p. 100 sur les crânes nègres;
2 p. 100 sur les crânes européens.

Frank Russel l'a trouvé 21,5 p. 100 sur les crânes péruviens.

Il n'est donc pas douteux que l'épactal soit plus commun dans les races péruviennes primitives. Toutefois sa présence n'est pas assez fréquente pour le considérer comme un caractère ethnique, et mieux vaudrait, à l'exemple de Manouvrier, l'appeler tout simplement os lambdoïdien.

Il serait bon aussi de rechercher si des conditions mésologiques ou autres ne sont pas en cause.

Lombroso considère l'épactal comme plus fréquent chez le criminel. Debierre a constaté le contraire. Une question sur laquelle il existe un semblable désaccord, ne mérite pas de nous arrêter. En tout cas, ce qui est certain, c'est que l'épactal, comme tout os wormien, peut se rencontrer chez les rachitiques, les hydrocéphales et les myxœdémateux[2].

Sutures anormales au niveau du pariétal. — Les segmentations que j'ai énumérées comme possibles au niveau de cet os ont été diversement expliquées par les auteurs : habituellement on invoque

1. Anoutchine, **1**.
2. Paul-Boncour, **3**, p. 207.

l'existence de plusieurs centres d'ossification. Mais à l'aide de ce fait on ne peut interpréter comme il convient l'*incisure* pariétale et le *trou pariétal.*

Étant données les circonstances dans lesquelles on observe ces dernières anomalies, il est impossible de séparer l'étude de l'incisure de celle du trou pariétal et de celle de la fontanelle sagittale encore nommée fontanelle obélique ou de Gerdy.

La fontanelle obélique (fig. 9) a la forme d'un losange dont le grand axe, long de 2 centimètres, continue la suture sagittale. Le petit axe a 1 ou 2 millimètres de largeur. Cette fontanelle peut être plus étendue, mais elle peut se réduire à une simple fente transversale unilatérale ou bilatérale : c'est l'incisure pariétale.

Le trou pariétal a pour beaucoup d'anthropologistes et d'anatomistes une même origine que la fontanelle et l'incisure pariétales. Il n'est pas constant : il peut ou manquer ou être unilatéral ou être bilatéral, et cela aussi bien chez le fœtus que chez le nouveau-né ou l'adulte.

Le Double a fait une enquête sur plus de 3.000 crânes et il en ressort que le trou pariétal est bilatéral 37,07 p. 100; qu'il manque ou est unilatéral 62,93 p. 100. Le trou pariétal est situé le plus souvent sur le trajet d'une ligne perpendiculaire à la suture sagittale et la coupant au niveau du point sagittal. Sa largeur est généralement de 3 à 5 millimètres, mais elle peut être augmentée et pour ma part j'ai fait une communication[1] à la Société d'Anthropologie au sujet

1. Paul-Boncour, 1.

d'une calotte crânienne que j'ai présentée, sur laquelle les trous avaient 13 millimètres de longueur et 3 millimètres de largeur.

Quelle est l'origine de ces perforations? Gualdes et Hamy ont invoqué une méningo-encéphalite. On a aussi invoqué une hernie cérébrale, mais cette opinion n'est pas soutenable : la hernie ne peut se produire que s'il y a une perforation qui la permette.

De même on a attribué à ces trous une origine vasculaire, et leur béance résulterait de la présence d'un faisceau vasculaire autour duquel le cercle osseux s'arrêterait. Le Double ne nie pas que les trous donnent asile à des vaisseaux, mais, pour lui, c'est la conséquence et non la cause de leur existence; et reprenant une explication de Broca et surtout d'Augier, il la prouve et démontre que toutes les malformations, quelles qu'elles soient et quel que soit leur siège, sont engendrées par l'arrêt de développement du réseau osseux pariétal. Sur des crânes normaux de fœtus jeunes, on peut constater que le pariétal provient de deux réseaux osseux disposés obliquement l'un au-dessous de l'autre, un réseau antéro-supérieur et un réseau postéro-inférieur.

Les fibres de ces réseaux rayonnant d'un point central sont d'abord indépendantes, puis elles s'unissent; toutefois, vers le cinquième ou sixième mois de la vie fœtale, on retrouve encore leur indépendance dans deux incisures occupant : l'une le bord antérieur, l'autre le bord postérieur. Si ces deux centres de rayonnement osseux se soudent incomplètement, le pariétal présente souvent, au niveau où siège l'arrêt de développement, des sutures intrapariétales ou bipariétales, des trous, des incisures. L'arrêt de développement est surtout prononcé aux angles de l'os où il est fréquent de trouver des fontanelles, et au niveau de l'obélion où existe une zone où l'ossification se fait avec une lenteur remarquable.

Cette zone signalée depuis longtemps par Broca et ses élèves offre à l'observation une simplicité extrême des sutures, parfois une fontanelle, parfois une incisure et le plus souvent des trous. C'est surtout au niveau du point sagittal, c'est-à-dire du point où la ligne réunissant les deux trous pariétaux coupe la suture bipariétale, que la raréfaction osseuse est accentuée. Sur cette ligne se trouvent précisément le petit axe de la fontanelle de Gerdy, l'incisure pariétale et les trous. L'explication de Le Double s'applique même aux cas où les anomalies précitées se trouvent à un autre niveau.

Pour beaucoup d'anthropologistes, parmi lesquels Hervé, Pozzi, Topinard, Papillault, la lenteur de l'ossification dans cette région sagittale serait le vestige du rôle joué par le trou pariétal chez certains Vertébrés. Voici les arguments à l'appui de cette thèse.

Chez certains lézards existe un trou pariétal persistant toute la vie. Chez les Reptiles et certains Batraciens il existe aussi avec moins de largeur. Or, ces trous sont les trous optiques donnant passage au troisième œil des Vertébrés.

Cet œil n'a plus de fonction chez les Mammifères, mais on en retrouve des vestiges même chez l'homme : c'est la partie antérieure de la glande pinéale.

Si l'organe atrophié persiste, peut-on s'étonner que

l'orifice qui le recevait manifeste aussi sa présence? A un moment donné du développement cérébral, un prolongement du troisième ventricule tend à traverser la paroi membraneuse, future boîte crânienne. Mais les hémisphères cérébraux englobant ce prolongement, l'orifice destiné à le recevoir devient inutile; aussi, sur la voûte crânienne, le trou pariétal et l'inactivité osseuse sont les vestiges de cette disparition. Dans certains cas, les vestiges sont plus nets.

A l'aide de tous ces faits, il me semble qu'on peut facilement interpréter la présence de trous pariétaux anormalement agrandis. Il existe incontestablement une cause prédisposante permettant la production de trous sous diverses influences. Il y a à ce niveau un *locus minoris resistentiæ* dont les auteurs ont fourni différentes explications. C'est là la cause primitive; mais il faut, en outre, une cause secondaire qui n'est pas toujours la même. Ce peuvent être une méningo-encéphalite, une hernie cérébrale, une hydrocéphalie, un trouble vasculaire. Ces causes ne peuvent produire la perforation qu'en raison de l'état spécial du crâne.

Dans le cas que j'ai signalé (et qui a le mérite d'être complet, car, en même temps que le crâne, je présentais le cerveau et l'histoire pathologique du sujet), il est évident qu'il y avait un état anormal de la circulation. On n'a qu'à se reporter à mes explications et aux figures qui les accompagnent[1].

Anomalies des sutures. — Il est possible, sur les

1. Paul-Boncour, 1, p. 36 à 45.

sutures normales, de rencontrer des modifications d'aspect, de direction et de longueur.

L'ossification de chaque os crânien est loin de se faire avec une régularité toujours identique; et s'il arrive qu'un os soit insuffisant à remplir sa tâche, l'espace libre qui en résulte est comblé par l'extension d'un des os voisins. Il peut arriver aussi qu'un os supplémentaire apparaisse : dans ce dernier cas on a

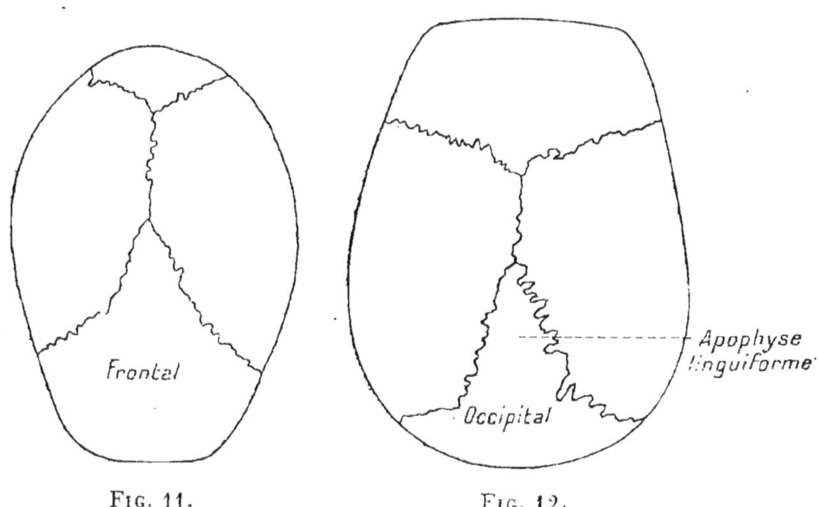

Fig. 11. Fig. 12.

un os wormien. Le nombre[1] de ces derniers est fort grand.

La figure 11 nous montre le frontal s'introduisant entre les deux pariétaux ; nous voyons sur la figure 12 le prolongement de l'angle supérieur de l'occipital,

1. On n'a qu'à se reporter au *Traité des variations du crâne*, de Le Double, pour trouver les variations accompagnées des considérations qu'elles méritent.

appelé parfois apophyse linguiforme du lambda.

Au niveau du ptérion on retrouve encore des modifications dues à la prolifération différente des os qui s'y rencontrent. On sait qu'on désigne ainsi l'ensemble des sutures formées par la rencontre de la grande aile du sphénoïde, du frontal, du pariétal et du temporal. Le ptérion (fig. 13) rappelle tantôt un H vertical,

Fig. 13 (Topinard).

F, Frontal. — T, Temporal. — P, Pariétal. — S, Sphénoïde.

De gauche à droite on voit le ptérion en H, le ptérion en K, le ptérion retourné par apophyse venant du frontal, le ptérion retourné par apophyse venant du temporal.

tantôt un I couché, tantôt un K, d'où les dénominations de ptérion en H, de ptérion retourné ou renversé, de ptérion en K.

Pour Le Double[1], le ptérion en I renversé et le ptérion en K apparaissent quand le temporal envoie en avant, entre le pariétal et l'aile du sphénoïde, un prolongement allant s'articuler avec le frontal. Cette languette se montre plus souvent dans les races inférieures que dans les races supérieures. En tout cas, dans toutes les races, le ptérion en K est plus commun que le ptérion retourné.

Suture médio-frontale. Métopisme. — Cette suture

1. Le Double, 2, p. 300.

encore appelée métopique est généralement ouverte à la naissance : elle commence à se synostoser au cours de la première année, et à la fin de la deuxième année la synostose est très avancée. En effet, il persiste à la partie inférieure du front une suture de 1 à 2 millimètres au plus qui ne disparaît que vers 6 ou 7 ans.

Sa fréquence, suivant les races, a été établie par une étude d'Anoutchine[1], sur 16.000 crânes :

Race blanche	8,2	p. 100.
— mongolique	5,1	—
— mélanésienne	5,4	—
— américaine	2,1	—
— malaise	1,9	—
— nègre	1,2	—
— australienne	1	—

Rappelons que les auteurs attribuent au sexe féminin tantôt une proportion supérieure, tantôt une proportion inférieure de crânes métopiques.

On a prétendu que cette anomalie était plus fréquente chez les aliénés et les délinquants ; les statistiques sont loin d'être concordantes, et, d'ailleurs, si l'on admet, et avec raison, que les délinquants sont fréquemment des malades porteurs de lésions intracrâniennes, on mélange dans une statistique deux espèces de métopisme : le métopisme normal et le métopisme pathologique ! J'ajoute que dans les statistiques on ne se préoccupe pas assez des influences morbides et des conditions de vie pouvant faire varier les résultats.

1. Anoutchine, 2, p. 358.

Dans un excellent travail à ce sujet[1], Papillault remarque que la suture métopique paraît, quand on observe l'ensemble des Mammifères, être dans une certaine mesure l'apanage des espèces les plus perfectionnées.

La cause du métopisme a été diversement expliquée : je laisse de côté momentanément les influences pathologiques qui ne pourraient que troubler la discussion pour ne citer que les causes normales.

La sténocrotaphie et la plagiocéphalie le produiraient : ces deux formes peuvent coïncider avec le métopisme sans en être la cause. La brachycéphalie ne semble pas s'accompagner de métopisme plus fréquemment que la dolichocéphalie, à la condition d'observer un grand nombre de crânes et des crânes de races diverses.

Anoutchine, d'après son tableau (p. 81), estime que le métopisme est plus fréquent dans les races dont le développement intellectuel est supérieur. Il y a dans cette opinion une part de vérité, mais nous verrons dans quel sens il faut l'interpréter et quels sont les corrections à lui apporter.

On a aussi invoqué l'atavisme : dès lors, cette suture constitue un caractère réversif, et d'infériorité. Le Double remarque avec justesse que, comparés entre eux, les différents Mammifères sont loin de présenter dans une même branche une occlusion à des époques identiques et, de plus, on n'est pas en droit de parler d'infériorité quand on constate le maximum des cas de métopisme dans les races blanches.

1. Papillault, 1.

Welcker avait rattaché la suture à un développement supérieur de l'appareil olfactif et surtout des lobes frontaux : il avait néanmoins mal interprété certaines apparences morphologiques des crânes métopiques qui rappellent les crânes féminins et infantiles : il voyait là une contradiction. Papillault a mis au point la question. Voici résumées ses conclusions.

La persistance de la suture métopique est due à une supériorité cérébrale. La cause première est dans le cerveau, et de fait la comparaison entre les mesures crâniennes dénote que le métopisme imprime surtout à la voûte des modifications liées à l'influence cérébrale. Mais cette pression exagérée au niveau de la région frontale, en relation avec un excès de volume cérébral, n'est susceptible de produire le métopisme que si l'on considère, non pas le volume absolu, mais le volume relatif, c'est-à-dire le développement relativement supérieur des centres d'idéation, indépendants de la stature générale.

Dans l'espèce humaine il faut donc, pour produire le métopisme normal, une augmentation du poids cérébral au niveau de la partie antérieure, augmentation liée soit à une intelligence réellement supérieure, soit à un squelette petit, l'intelligence étant ordinaire.

Dire, à l'exemple d'Anoutchine, que le métopisme est plus fréquent dans les races à intelligence supérieure n'est vrai qu'en partie : ce qui est vrai, ce n'est pas la supériorité intellectuelle des métopiques, mais l'augmentation relative de leurs lobes frontaux.

Il est plus prudent de parler de développement cérébral supérieur que d'intelligence. En effet, comment apprécier l'intelligence d'une race? Son substrat cérébral peut être très développé sans qu'elle ait trouvé les conditions propres à manifester la richesse de ses aptitudes. L'intelligence d'une race n'est pas fatalement parallèle à son degré de civilisation.

Le crâne métopique a des caractères communs avec les crânes féminins : cela ne peut étonner, car le crâne féminin représente, comme l'a si bien démontré Manouvrier, un type d'humanité plus élevé, puisqu'il renferme un cerveau dont le poids relatif est supérieur à celui de l'homme. Le cerveau infantile est dans les mêmes conditions.

En somme, le crâne métopique présente des caractères de supériorité : augmentation du poids cérébral ou diminution de la masse squelettique. La présence de nombreux os wormiens et la complication des sutures sont des signes de l'insuffisance relative de l'ossification.

L'existence de la suture n'a rien d'atavistique ; aux arguments que j'ai déjà exposés on peut ajouter ce qui suit.

Dans la série animale, le métopisme est le résultat du développement supérieur de la région olfactive : quand les bulbes olfactifs s'atrophient, la synostose se fait d'une façon précoce. On voit reparaître le métopisme quand le cerveau prend un développement important. Chez certains Singes, la suture médio-frontale est fermée : il en est ainsi parce que leurs bulbes olfactifs sont atrophiés et leur cerveau n'a qu'un faible développement. Chez les Anthropoïdes, la synostose est plus tardive que chez ces derniers, et chez l'homme elle est encore plus tardive que chez l'anthropoïde, et cela parce que les hémisphères prennent de plus en plus de développement. Il n'y a aucun rapprochement à faire entre le métopisme humain et celui des Mammifères.

Métopisme pathologique. — Dans les cas morbides, le mécanisme présidant à l'apparition du métopisme est analogue au précédent, mais à la condition d'élargir les explications et de substituer au terme de pression cérébrale celui de pression intracrânienne. Quand il y a des phénomènes pathologiques dans une boîte crânienne, il est prudent, comme je l'ai montré[1], de définir ainsi les rapports entre le contenant et le contenu.

Dans le métopisme pathologique, la pression peut être encéphalique; elle peut être aussi extraencéphalique. L'hydrocéphalie générale ou partielle (hydrocéphalie pariétale) se manifeste par la persistance de la suture métopique.

J'ai aussi attiré l'attention[2] sur l'absence de synostose frontale résultant d'un état défectueux de l'ossification, et chez les malades qui sont porteurs de cette anomalie, j'ai constaté souvent des troubles d'ossification liés au rachitisme ou à la syphilis.

Le métopisme existe aussi chez les myxœdémateux.

Suture internasale[3]. — Les os propres du nez restent indépendants l'un de l'autre pendant toute la vie dans la race blanche. Au contraire, dans la race noire, leur soudure est précoce. Chez les Hottentots

1. Paul-Boncour, **2**, p. 194.
2. Paul-Boncour, **2**, p. 200 (métopisme pathologique).
3. Le Double, **1**, p. 31.

et les Boschimans, ils sont fusionnés vers 20 ou 25 ans. Sur des crânes américains anciens, les os nasaux forment un os unique à concavité postérieure. La soudure débute par l'extrémité supérieure dans toutes les races, tandis que c'est le contraire pour la suture naso-maxillaire.

§ 5. — Os wormiens crâniens et endocrâniens : leur signification.

Sous ce nom[1] on désigne les os surnuméraires qui se rencontrent sur le crâne. Bien que découverts avant Worm, comme cet auteur en donna une excellente description, on a pris l'habitude de les désigner sous le nom d'os wormiens.

Longtemps furent considérés comme méritant ce nom les seuls os situés au niveau des parties membraneuses des sutures ou des fontanelles. Mais Manouvrier[2] signala des os surnuméraires ne siégeant ni dans les sutures, ni dans les fontanelles, et intercalés dans la surface interne des os crâniens.

Les os wormiens suturaux, fontanellaires ou endocrâniens ont le caractère commun essentiel de ne devoir leur formation à aucun centre normal d'ossification : ce sont des os vraiment surnuméraires et surajoutés. Tout os qui résulte d'une anomalie de développement d'un os normal, autrement dit qui

1. La plus grande partie de ces notions sur les os wormiens s'inspire de l'article de Manouvrier : SUTURES, in *Dictionnaire des Sciences anthropologiques*.

2. MANOUVRIER, 5.

dérive d'un centre d'ossification normal, et qui reste isolé, n'est qu'un faux os wormien; c'est une fraction non soudée d'os existant.

En vertu de ce principe j'ai déclaré précédemment que l'os épactal était un véritable os wormien, au même titre que les os wormiens lambdoïdiens, malgré sa grandeur. Au contraire, l'interpariétal, que beaucoup de traités d'anatomie classique utilisés par les étudiants en médecine rangent parmi les os wormiens et confondent avec l'épactal, est un faux os wormien : il résulte, en effet, de la non-synostose de la partie supérieure de l'occipital. (Voir page 71.)

L'aspect des os wormiens suturaux et fontanellaires varie à l'infini et il est impossible d'exprimer une règle précise concernant leur épaisseur, leur forme, leurs dimensions, puisque leur existence et leur développement sont subordonnés à l'état des os circumvoisins. Leur fréquence est plus grande chez les Auvergnats et chez les Parisiens et plus grande chez ceux-ci que chez les Néo-Calédoniens, les Nègres et les Péruviens.

L'homme en présente plus que la femme : proposition niée par certains anthropologistes, surtout en ce qui concerne la région lambdoïdienne.

Les brachycéphales dans une même population en possèdent plus. Le côté droit[1] en présente plus que le gauche.

Il va de soi qu'actuellement je ne parle pas des cas pathologiques.

1. CHAMBELLAN.

Le siège des os wormiens se trouve aussi bien sur le crâne que sur la face. Cette dernière place est plus fréquente chez les animaux : les os wormiens crâniens sont surtout rencontrés chez l'homme.

Les os suturaux (Chambellan) se voient de préférence autour des pariétaux et au niveau de la suture lamboïde. Par ordre de fréquence, on les voit ensuite sur les sutures coronales, sagittales, écailleuses, pétro-occipitales et pétro-pariétales.

Les os fontanellaires les plus souvent constatés sont les os astériques, puis viennent les os ptériques, lambdatiques, bregmatiques. Quelques-uns de ces os ont reçu un nom spécial en raison de leur position : je cite l'os sagitttal situé entre les deux pariétaux au voisinage de la fontanelle sagittale, l'os bregmatique, l'os lambdatique, l'os astérique, l'os ptérique.

Les fontanelles anormales peuvent également contenir des os wormiens : on connaît les os obélique, glabellaire, métopique, l'os cérébelleux moyen ou de Kerckring.

Les os wormiens endocrâniens, au lieu de siéger au niveau des sutures et des fontanelles, sont enclavés dans l'intérieur de la surface des os normaux. On ne les observe que sur la surface endocrânienne et le plus ordinairement au niveau de l'os frontal, dans le voisinage de sa réunion avec la grande aile du sphénoïde. Quelques-uns de ces os peuvent apparaître sur la face interne du temporal, près de la suture unissant cet os à la petite aile du sphénoïde.

Le contour des os wormiens endocrâniens est irrégulier, dentelé, plus ou moins arrondi : leur diamètre oscille entre 1 millimètre et 1 centimètre.

Rarement isolés, ils existent par groupes de deux ou trois. S'ils sont isolés au milieu d'un os, on les dit *insulés;* s'ils sont contigus à une suture, on les appelle os wormiens *péninsulés*. Manouvrier les a rencontrés chez les Parisiens aussi bien que sur les Nègres et dans la même proportion.

SIGNIFICATION DES OS WORMIENS. — Leur présence témoigne de l'insuffisance des centres normaux d'ossification à remplir leur tâche. Précédemment, j'ai rappelé cette loi que toute place inoccupée dans la région crânienne par suite du retard de développement d'un os était comblée ou par l'extension des os voisins ou par l'apparition de centres d'ossification supplémentaires. C'est donc un des mécanismes remédiant à la pénurie de la croissance normale. Plusieurs raisons peuvent empêcher un centre normal ossificateur de fournir un revêtement à l'encéphale : il peut y avoir pénurie osseuse absolue (état pathologique), ou relative (développement considérable de l'encéphale eu égard à la masse squelettique) : il peut y avoir aussi une pression intracrânienne qui s'oppose à la fermeture des sutures.

En vertu de ce mécanisme, on constatera donc que les crânes métopiques ont plus d'os wormiens que les autres et que les crânes appartenant à des individus de petite taille sont dans le même état. Les hydrocéphales et les rachitiques sont dans le même cas. Nous voyons ainsi deux causes pathologiques différentes aboutir au même résultat : chez l'hydrocéphale il y a exagération de la pression intracrânienne, chez le rachitique une pénurie osseuse considérable.

Chez les myxœdémateux et chez quelques idiots

mongoliens, il existe un nombre considérable d'os wormiens, ainsi que je l'ai démontré[1]. Chez ces sujets, le retard de l'ossification est une caractéristique de leur état pathologique.

Au contraire, chez le microcéphale où le revêtement osseux est amplement nécessaire et où la pression cérébrale est à son minimum, il n'existe pas d'os wormiens.

Il est facile de comprendre pourquoi l'homme a peu d'os wormiens faciaux, à l'encontre de l'animal. L'ossature faciale humaine n'a qu'à recouvrir une surface évolutivement amoindrie et suffisant largement à remplir son rôle : nous voyons par ailleurs les os wormiens endocrâniens apparaître à un niveau où les centres normaux d'ossification doivent entourer une surface évolutivement agrandie.

L'évolution des os wormiens est celle des os normaux. Comme eux, ils s'accroissent et ils peuvent à la longue totalement disparaître par suite d'une fusion complète avec les os environnants.

Longtemps on a cru que les os wormiens n'apparaissaient que quelques mois après la naissance : Chambellan a prouvé que leur développement pouvait dater de la période fœtale. Néanmoins ils deviennent plus nombreux vers deux ou trois ans : au moment de la disparition des membranes fontanellaires, si les parties normales n'arrivent pas à se joindre, des points d'ossification supplémentaires apparaissent.

1. Paul-Boncour, 3, p. 207.

CHAPITRE IV

CRANIOMÉTRIE

§ 1. — Généralités : Qualités d'une bonne mesure. Points de repère.

Les mesures crâniométriques ont été multipliées; parmi celles qui ont été proposées et utilisées, il convient de faire un choix judicieux, d'autant plus que les anthropologistes sont loin de s'être entendus à ce sujet. Dans chaque pays, il existe une ou deux écoles également persuadées de posséder la bonne technique, et avec le temps chacune d'elles s'aperçoit de ses erreurs.

Sans discuter longuement, il est évident que la principale qualité d'une mesure est d'avoir des points de repère fixes et aisés à trouver.

Points de repère. — S'il existe la moindre hésitation, la mensuration risquera de ne pas donner des résultats semblables entre les mains des opérateurs et on se trouvera devant cette impossibilité extrêmement regrettable de ne pouvoir comparer des recherches émanant d'individus différents.

Les points de repère doivent être logiques et naturels; si une limite est dictée par la fantaisie, elle est arbitraire et partant sans valeur.

A ce propos, au dernier Congrès d'Anthropologie de Monaco (1906) une Commission a établi une entente internationale sur les mesures crâniométriques et céphalométriques. Chemin faisant j'indiquerai la technique proposée pour chaque mesure.

§ 2. — **Mensurations crâniennes.**

A. — Diamètres.

Diamètres longitudinaux.

1° *Diamètre antéro-postérieur maximum :* Du point le plus saillant de la glabelle au point le plus saillant du sus-occipital. Noter le maximum d'écartement des branches du compas; 2° *Diamètre antéro-postérieur métopique :* Du point métopique au point le plus reculé de l'écaille occipitale; ce diamètre évite donc les sinus frontaux; 3° *Diamètre antéro-postérieure iniaque :* Pris dans le plan sagittal et médian du crâne, il part en avant de la glabelle et aboutit à l'inion, dont les variétés individuelles devront être évitées.

Diamètres transversaux.

1° *Diamètre transversal maximum :* La largeur la plus grande qui existe entre les deux côtés de la boîte crânienne. Le compas doit être tenu bien horizontalement; 2° *Diamètre bi-auriculaire :* D'un point auriculaire à l'autre; 3° *Diamètre frontal maximum :* Le diamètre horizontal le plus large de l'écaille frontale; 4° *Diamètre frontal minimum :* Distance minima entre les deux crêtes temporales du frontal; 5° *Diamètre bituběral frontal :* Sur le centre des bosses frontales; 6° *Diamètre biastérique :* D'un astérion à l'autre; 7° *Diamètre bistéphanique* (appelé improprement diamètre frontal maximum) d'un stéphanion à l'autre; 8° *Diamètre bipariétal ;* Sur le sommet des bosses pariétales; 9° *Diamètre bimastoïdien maximum :* dont le point anatomique est situé sur la face externe de l'apophyse mastoïde, au niveau du centre du trou auditif. C'est à ce niveau que le compas cherche la ligne transversale donnant le maximum d'écartement; 10° *Largeur et longueur* (*maximum*) : du trou occipital.

Diamètres verticaux.

1° *Diamètre basilo-bregmatique :* Du basion au bregma; 2° *Hauteur auriculo-bregmatique,* constituée par la différence de niveau entre le bregma et le bord supérieur du trou auditif.

Diamètres obliques.

1° *Diamètre naso-basilaire :* Du nasion au basion; 2° *Diamètre alvéolo-basilaire :* Du point alvéolaire (point médian du bord antérieur de l'arcade alvéolaire) au basion; 3° *Diamètre naso-mentonnier :* Du nasion à la partie médiane du bord inférieur de la mandibule; 4° *Diamètre naso-alvéolaire :* Du point alvéolaire au nasion.

B. — Courbes crâniennes et circonférences

1° *Courbe médiane antéro-postérieure,* qui part du point nasal pour aboutir à l'opisthion. Elle se subdivise en : *a*) Frontale sous-cérébrale, du point nasal à l'ophryon; *b*) Frontale cérébrale, de l'ophryon au bregma; *c*) Pariétale, du bregma au lambda; *d*) Sus-occipitale, du lambda à l'inion; *e*) Sous-occipitale, de l'inion à l'opisthion; — 2° *Courbe transversale sus-auriculaire :* D'un point auriculaire à l'autre en passant par le bregma; mais la commission réunie au Congrès d'Anthropologie de Monaco indique comme point de départ et d'arrivée la crête la plus saillante de la racine zygomatique postérieure exactement au-dessus du trou auditif; — 3° *Circonférence transversale totale,* la même que la précédente passant sous la base du crâne et revenant à son point de départ; — 4° *Circonférence antéro-postérieure* totale, elle part de la suture fronto-nasale pour aboutir à l'opisthion, et peut être complétée en prenant avec le compas-glissière la longueur du trou occipital de l'opisthion au basion et ensuite la longueur naso-basilaire; — 5° *Circonférence horizontale :* Circonférence maxima du crâne prise suivant un plan passant en avant au-dessus des bosses sourcilières au milieu de la ligne frontale minimum, et en arrière sur le sus-occipital. Elle se divise en : *a*) Partie antérieure ou préauriculaire située en avant de la ligne biauriculaire; *b*) Partie postérieure ou postauriculaire située en arrière de cette ligne. Cette circonférence ne se confond pas avec celle de Welcker correspondant en avant aux bosses frontales.

§ 3. — Mensurations de la face.

Toutes sont des lignes droites : voici les principales : 1° *Largeur biorbitaire externe :* La plus grande largeur au niveau des apophyses orbitaires externes sur leur bord externe; 2° *Largeur interorbitaire :* D'un dacryon à l'autre, disait-on autrefois; mais la commission réunie à Monaco propose comme point anatomique l'endroit où la crête lacrymale postérieure rencontre le bord inférieur du frontal; 3° *Largeur orbitaire* partant du dacryon ou mieux du point anatomique précédent pour aboutir au bord externe de l'orbite dans la direction de l'axe transversal de cette cavité. Cet axe peut être transversal ou plus ou moins oblique; 4° *Hauteur orbitaire :* Du milieu du bord inférieur de l'orbite au bord supérieur, perpendiculairement à la ligne précédente; 5° *Largeur bijugale :* D'un point jugal à l'autre; 6° *Largeur bizy-*

gomatique : Maxima au niveau de la face externe de l'apophyse; 7° *Hauteur totale faciale :* de l'ophryon au point alvéolaire; 8° *Longueur naso-spinale :* Du point nasal au point spinal; 9° *Hauteur naso-alvéolaire :* Du nasion au point alvéolaire; 10° *Hauteur du nez :* Du nasion à un point situé dans le plan médian du crâne, sur la ligne tangente aux deux échancrures de l'ouverture piriforme: 11° *Largeur du nez.* Entre les bords latéraux de l'ouverture, en cherchant avec le compas la ligne horizontale et transversale d'écar-

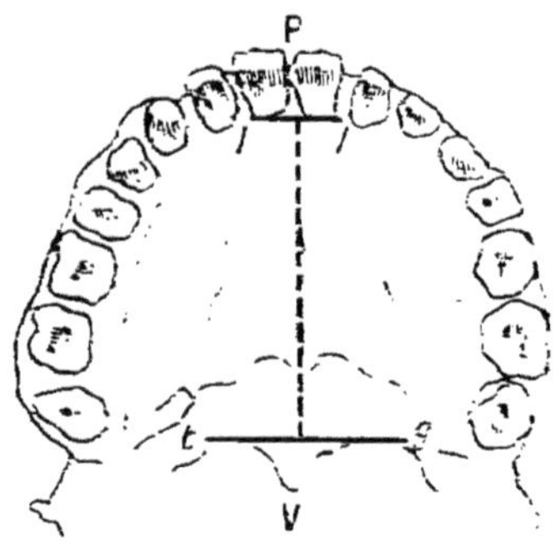

Fig. 14

V P, longueur de la voûte palatine. — t s. Ligne tangente au fond des échancrures du bord palatin postérieur.

II. Ligne tangente au bord alvéolaire des incisives médianes.

tement maximum: 12° *Longueur de l'os nasal* sur son bord externe; 13° *Largeur de cet os* à plusieurs niveaux: 14° *Hauteur spino-alvéolaire :* Du point spinal au point alvéolaire; 15° *Longueur de la voûte palatine :* du point médian sur la ligne tangente au fond des échancrures du bord palatin postérieur au point médian sur la ligne tangente au bord alvéolaire postérieur des incisives médianes (fig. 14) : 16° *Largeur de la voûte palatine* sur les bords alvéolaires au niveau des deuxièmes molaires; 17° *Hauteur ou flèche de la courbe alvéolaire :* Part en avant de la face antérieure du bord alvéolaire entre les deux incisives médianes et aboutit en arrière en un point situé dans le plan médian, sur la ligne tangente aux extrémités postérieures des bords alvéolaires. On obtient aisément cette ligne en tendant un fil placé le plus profondément possible dans l'échancrure séparant le bord alvéolaire de l'apophyse ptérygoïde; 18° *Largeur maxillaire maxima :* Sur les bords externes de l'arcade alvéolaire supérieure; 19° *Distance auriculo-orbitaire* du bord antérieur du conduit auditif au bord externe de l'orbite : chercher le minimum.

Mesures endocrâniennes : Je dirai plus loin quelques mots des mensurations pouvant être prises sur l'endocrâne.

§ 4. — Considérations sur quelques-unes de ces mesures.

Discussion. — Valeur comparative des diamètres. — Utilisation des diamètres transversaux. — Hauteur du crâne. — Circonférence. — Variations individuelles et ethniques des os du nez.

Diamètre antéro-postérieur maximum. — Pour obtenir ce diamètre, une pointe du compas est placée sur la glabelle où on la maintient en place tandis que l'autre va chercher le point postérieur; mais on voit immédiatement l'inconvénient de cette mesure qui est influencée par la saillie glabellaire et ne donne aucun renseignement exact sur le volume cérébral. De plus, l'inclinaison variable de la région frontale n'est pas exprimée par le diamètre : il a donc une signification limitée et ne saurait exprimer les dimensions cérébrales, comme l'ont cependant prétendu certains psychologues, ignorant tout de l'anthropologie.

Diamètre métopique. — Dans ce diamètre le compas doit être appliqué antérieurement au milieu du front, au niveau de la partie inférieure des bosses frontales.

A ce niveau, l'influence des sinus frontaux ne se fait plus sentir, quel que soit leur degré de développement ; mieux que le précédent, ce diamètre exprime la longueur cérébrale. Il peut être comparé au diamètre antéro-postérieur maximum : s'il le dépasse, c'est que le front est bombé ; s'il est plus petit, c'est que le front est incliné.

Papillault[1] fait justement remarquer que le diamètre métopique aurait plus de valeur s'il aboutissait en arrière au même point que le diamètre glabellaire, car alors la différence entre les deux mesures exprimerait exactement l'obliquité du front.

De plus, sa signification est assez vague, car il tombe à des niveaux variables. Tantôt il exprime la longueur de la base des lobes cérébraux, tantôt il remonte bien plus haut, surtout quand le sus-occipital fait une saillie prononcée en arrière de l'inion.

D'une façon générale, on peut dire que le diamètre

1. PAPILLAULT. 2. p. 497.

métopique naissant plus haut en avant tombe plus bas en arrière. Évitant la saillie glabellaire, il est naturel que le diamètre métopique soit moindre, quand celle-là est développée; manque-t-elle, comme chez les femmes et les enfants, le diamètre métopique égale et même dépasse le glabellaire.

Pour une cause aisée à comprendre, quand la taille augmente, le diamètre glabellaire croît plus rapidement que le métopique. Celui-ci, en somme, est lié plus étroitement aux variations cérébrales.

Diamètre transverse maximum. — Il ne faut pas oublier que le transverse maximum tombe à des niveaux essentiellement variables, ce qui en diminue la valeur si on compare des séries faibles ou quelques individus seulement.

Houzé[1] a insisté sur la position variable occupée par le diamètre suivant la forme crânienne. Il tombe plus en avant chez les brachycéphales, et chez les dolichocéphales il tombe souvent en dehors de la zone d'insertion des temporaux, ce qui n'est pas négligeable quand on mesure la tête chez le vivant, puisque dans un cas on a une épaisseur de parties molles qui ne se retrouve pas dans l'autre.

Pour nous en tenir au crâne, si le transverse maximum tombe à un niveau élevé, il mesure l'écartement des pariétaux sous l'influence du cerveau : c'est donc un diamètre cérébral. Mais s'il se trouve à un niveau inférieur, sur l'écaille temporale par exemple, il est surtout influencé par la base crânienne.

1. Houzé, 1.

Manouvrier[1] a bien précisé le sens de ces variations. Chez l'enfant, le diamètre transverse est situé au voisinage des bosses pariétales, mais chez un homme de grande taille avec une voûte crânienne relativement peu élevée par rapport à la base crânienne, le diamètre siège au voisinage des apophyses mastoïdes : il en est de même chez les microcéphales ; cette variation indique un faible volume relatif du cerveau, et c'est une marque d'infériorité si la taille est faible, étant donné que le poids relatif du cerveau doit être plus élevé chez les hommes petits, les femmes et les enfants.

Avant de terminer, une remarque qui intéresse la technique : le point anatomique est seulement déterminé par le maximum ; mais si cette largeur maxima tombe sur les crêtes sous-temporales, il faut l'éviter et placer le compas au-dessus.

Chez la femme où les crêtes sont moins marquées et moins développées avec une loge interne égale à celle d'un homme, on a des variations empêchant une comparaison véritablement décisive.

Nous verrons plus loin le rapport de ce diamètre avec les autres mesures transversales.

Le *diamètre bitubéral pariétal* échappe à l'influence de la taille et mesure l'écartement des pariétaux en rapport avec le poids cérébral : aussi chez la femme est-il élevé par suite du poids relativement supérieur du cerveau.

Le *diamètre bitubéral frontal* est souvent laissé de côté par les anthropologistes : c'est cependant une

1. Manouvrier, **6**, p. 9.

mesure ayant son intérêt, car elle exprime les variations d'une portion du crâne où l'influence cérébrale est prépondérante.

Toutefois, reconnaissons que c'est une mensuration qui nécessite beaucoup de soin de la part de l'opérateur. Voici comment Papillault[1] en indique la technique. Je reproduis ses explications.

Parfois les bosses frontales sont aplaties, au point qu'il est difficile d'en marquer le centre : alors, plaçant la face crânienne en haut pour bien inspecter le profil, on fait osciller le crâne latéralement, de façon à voir successivement toutes les lignes de profil du front. Sur celles qui passent dans le voisinage des bosses, on aperçoit une brisure répondant à leur saillie. On marque avec un crayon ces brisures successives et l'on obtient une ligne horizontale qui passe certainement par le centre des bosses frontales.

Si l'on retourne le crâne pour le voir de haut en bas et de façon que la ligne précédemment obtenue réponde à peu près au profil horizontal du front, on aperçoit de nouveau une brisure que l'on marque d'un trait vertical. L'intersection des deux lignes est le centre cherché.

Le diamètre bitubéral frontal est intéressant, ai-je dit : en effet, l'écartement des deux bosses exprime jusqu'à un certain point le développement des deux os frontaux. Si la suture métopique reste ouverte, l'os continue à s'accroître : aussi trouve-t-on un écartement plus grand des deux bosses. Au contraire, en cas de synostose, l'accroissement cesse dans la

1. Papillault, 1, p. 10.

direction perpendiculaire à la suture oblitérée conformément à la loi de Virchow, et l'écartement des bosses frontales est moindre.

Je cite pour mémoire le *diamètre bistéphanique* de Broca, appelé aussi, mais improprement, diamètre frontal maximum.

La commission pour l'unification des mesures crâniométriques au Congrès d'Anthropologie de Monaco a avec raison abandonné le diamètre bistéphanique de Broca et admis un frontal maximum sans point de repère fixe, donnant le plus grand élargissement de l'écaille frontale. En prenant ce diamètre en un point fixe (au stéphanion), on obtient une mensuration dépendant en partie de la hauteur des crêtes temporales dont l'écartement ne doit pas être mesuré sur la suture coronale, mais bien sur les pariétaux où il atteint ordinairement son minimum.

Diamètre biastérique. — Qu'on se rappelle que ce diamètre ne correspond pas fatalement à la ligne d'insertion de la tente du cervelet, car il tombe souvent au-dessous du sinus latéral. Très proche de l'apophyse mastoïde et du rocher, il est en relation avec la pression cérébelleuse et aussi avec la base crânienne.

Diamètre auriculo-bregmatique ou hauteur du crâne. — Cette mesure présente des variations en relation avec des influences ethniques que M. Manouvrier a clairement expliquées[1].

Pour une même surface de la base crânienne, ce

1. MANOUVRIER, 6, p. 11.

sont les variations de la largeur et de la hauteur qui sont étroitement liées avec le volume relatif du cerveau. Ces deux dimensions peuvent être parallèles chez un même sujet, mais plus souvent elles sont en raison inverse, car, au cours de la croissance cérébrale, la forme du cerveau est influencée par le degré de résistance latérale offert par la paroi crânienne, la masse encéphalique tendant à s'étaler en vertu de son propre poids. Si la résistance des parois est faible rela-

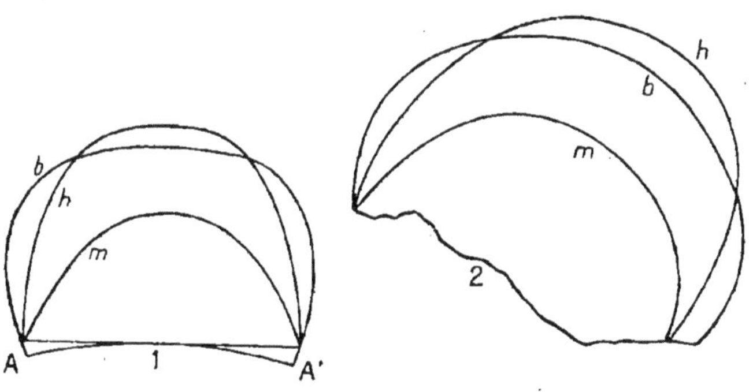

Fig. 15.

tivement à la pression interne, ou si la pression cérébrale est forte, la largeur crânienne augmente tandis que la hauteur diminue. On a la forme schématique *b* (fig. 15, 1 et 2).

Si, au contraire, la résistance de la paroi crânienne est forte, le cerveau maintenu latéralement se développe en hauteur (*h*, fig. 15, 1 et 2).

Manouvrier remarque que le premier cas s'observe chez les hydrocéphales, les enfants du premier âge, les nains non microcéphales dont le poids cérébral relatif demeure très élevé en raison de la petite taille.

Il fait aussi observer que la faible hauteur relative du crâne par rapport à la largeur due à un affaissement mécanique s'accompagne d'une largeur de la voûte assez grande relativement à la base crânienne : on a la forme étalée d'un pot defleurs debout (*b*, fig. 15).

La faible hauteur n'est pas toujours un effet de l'affaissement précité; elle est aussi en rapport avec un faible poids relatif du cerveau, caractère lié soit à une forte taille, soit à un faible développement intellectuel. On a la forme d'un pot de fleurs renversé.

La silhouette *h* (fig. 15) représente une forte taille, le volume du cerveau étant absolument grand. La silhouette *m* (fig. 15) dépend d'un faible développement intellectuel, le cerveau étant peu développé. C'est le type microcéphalique.

La hauteur du crâne doit-elle être mesurée à l'aide du diamètre basilo-bregmatique ou de l'auriculo-bregmatique? C'est à dessein que j'ai indiqué, au début de ce paragraphe, le second de ces diamètres, et cela pour les raisons suivantes exposées par Mlle Pelletier[1].

Pour bien correspondre à la capacité crânienne, un diamètre doit varier avec elle. Or, au niveau du basion la résistance est forte, puisque la colonne vertébrale sert de contre-partie. Il n'en est plus de même sur les parties latérales de la base, au niveau des conduits auditifs qui s'abaissent plus ou moins. Donc, si le crâne s'accroît en hauteur sous l'influence de la

1. Mlle Pelletier, 1.

poussée cérébrale, la pression se fait moins sentir sur le basion que sur le point auriculaire.

En somme, le diamètre auriculo-bregmatique a plus de chances d'exprimer les variations de la hauteur crânienne.

Si l'on considère la hauteur auriculo-bregmatique chez l'enfant nouveau-né, on la trouve considérable. D'après Papillault[1], elle atteint les 66 centièmes de l'adulte; en effet, à cette époque de la vie, l'enfant n'a pas vu ses diamètres se modifier par suite de la station debout.

M. Papillault, avec chiffres à l'appui, démontre que le diamètre auriculo-bregmatique obéit surtout à la pression cérébrale, puisque, comparés à la longueur et à la largeur crâniennes chez les sujets petits et grands, les indices sont identiques. Il a aussi démontré, fait intéressant, que la femme a une faible hauteur crânienne, mais que ce résultat ne dépend pas de sa taille : ce serait un caractère sexuel constant dans les races européennes.

Circonférence horizontale maximum.

Voici tout d'abord un tableau donné par Topinard[2] d'après les registres de Broca :

1. Papillault, **2**, p. 512.
2. Topinard, **1**, p. 675.

Circonférence horizontale.

	Numéros.	Hommes.	Numéros.	Femmes.
Parisiens contemporains.	77	725	31	498
Auvergnats.	43	524	37	502
Hollandais.	22	526	22	503
Nègres du Muséum.	31	513	12	488
Néo-Calédoniens.	23	510	25	494
Australiens.	15	509	10	490
Tasmaniens.	19	511	13	491
Parias d'Alipoor.	7	493	3	468
Chinois.	21	511	7	495
Javanais.	18	501	6	490
Polynésiens.	22	515	15	496
Esquimaux.	11	527	9	510

Dans ce tableau donnant la moyenne des variations dans les races, on remarquera que les Européens surpassent les autres races, exception faite des Esquimaux. Cette observation est en rapport avec cette constatation que, d'une manière générale, la grosseur de la tête[1] exprimée par sa circonférence suit à peu près la capacité crânienne.

Il faut dire « à peu près », car il existe de nombreuses exceptions.

On a essayé d'évaluer la valeur approximative du volume cérébral à l'aide des circonférences. En additionnant les trois circonférences et en divisant le total par trois, on obtient un résultat de valeur douteuse[2], mais cependant susceptible de montrer l'influence de chaque circonférence sur le quotient

1. TOPINARD, 1, p. 675.
2. TOPINARD, 1, p. 677 et 678.

obtenu et, par extension, leurs relations avec la grosseur de la tête et avec sa forme.

Je reproduis le tableau de Topinard et quelques-unes de ses conclusions.

Volume relatif et approximatif du crâne.

HOMMES	Capacité.	Circonf. horizont. C. H.	Circonf. verticale. C. V.	Circonf. transv. C. T.	$\frac{CH+CV+CT}{3}$
Parisiens contemp.	1559	525	509	445	493
Auvergnats.	1598	524	504	451	493
Hollandais.	1530	526	505	434	488
Esquimaux.	1535	527	526	441	498
Chinois.	1518	511	511	443	488
Polynésiens.	1500	515	513	441	489
Néo-Calédoniens. .	1460	510	514	434	486
Australiens.	1370	509	510	420	479
Parias de l'Inde. .	1336	493	497	420	470
FEMMES					
Parisiennes.......	1337	498	486	415	466
Esquimaudes.	1429	510	508	431	483
Négresses africaines	1246	484	479	407	458
Australiennes.	1181	490	484	401	458
Parias de l'Inde...	1174	468	470	391	443

On remarquera :

1° Que le résultat de la dernière colonne est plus en rapport avec les variations de la circonférence horizontale qu'avec celles de la capacité.

2° Que la grosseur générale du crâne et la capacité crânienne sont deux choses absolument distinctes.

3° Que les circonférences horizontales et verticales sont discordantes dans les séries européennes, mais concordantes dans les autres séries, tandis que, entre les circonférences verticales et transverses, les variations sont inverses et tendent à se compenser.

Les variations individuelles ne sont pas moins intéressantes. En négligeant les cas pathologiques, on voit, d'après les registres de Broca, que chez les Parisiens les oscillations sont de 586 à 504 millimètres.

Chez la femme les chiffres varient entre 533 et 470, chez le nègre entre 549 et 482, chez les négresses entre 510 et 473.

Il est inutile de s'arrêter aux variations anormales de la circonférence : si les unes sont facilement expliquées (hydrocéphalie, par exemple), les autres ne peuvent recevoir aucune explication satisfaisante (assassins, par exemple).

Diamètre interorbitaire. — Broca, dans ses instructions crâniologiques, désigne ainsi la distance entre les deux dacryons, c'est-à-dire les points qui se trouvent à la rencontre de l'apophyse orbitaire interne du frontal, de l'apophyse montante du maxillaire et de l'os lacrymal. Mais Papillault[1] fait remarquer que le dacryon est situé tantôt au fond de la dépression que forme la gouttière lacrymale, tantôt sur la crête de l'os unguis. Dans ce dernier cas, on mesure les variations de l'unguis dont on a pu voir un aperçu ailleurs. Il est donc préférable de fixer les points où aboutit le diamètre sur le bord inférieur de l'apophyse orbitaire externe du frontal, à l'endroit où il se

1. PAPILLAULT, 1.

rencontre avec l'os unguis ou avec son prolongement.

Au Congrès de Monaco on a bien spécifié que si le dacryon est soudé ou s'il est dans une situation anormale, on doit chercher le point où la crête lacrymale postérieure rencontre le bord inférieur du frontal.

La *largeur bizygomatique* maximum mesure bien le développement de la région maxillaire, bien qu'elle n'appartienne pas au maxillaire : il en est ainsi parce que ce diamètre est influencé par le développement d'un muscle masticateur puissant, le temporal (Manouvrier).

Dimensions des os du nez et leurs variations.

La *mensuration des os du nez* dans le sens transversal se fait à différents niveaux : 1° Au niveau de l'extrémité inférieure des os ; 2° Au minimum de leur largeur ; 3° A leur extrémité supérieure.

Les dimensions transversales, de même que les verticales, présentent de nombreuses variations ethniques. Voici les principales, reproduites par Le Double, d'après les registres de Broca. (V. p. 110.)

Variations ethniques des os du nez.

	LARGEUR			LONGUEUR LATÉRALE	DISTANCE INTER-ORBITAIRE	HAUTEUR NASO-SPINALE
	supérieure	minimum	inférieure			
125 Parisiens	13,5	10,3	17,1	26,1	21,6	51,4
49 Hollandais	13	9,7	16,1	26,8	25,1	51,8
88 Auvergnats	13,3	10,1	16,1	24,8	28,6	50,8
69 Bretons	12,8	9,4	15,7	26,1	25,8	52,5
57 Basques	13,3	10,6	17,9	23,6	21,7	50,5
48 Nègres	12,2	8,7	18,3	24,6	22,6	49,2
54 Néo-Calédoniens	11,1	8,9	17,1	22,9	21	49,8
27 Australiens	11,8	9,2	17,2	22,9	22,7	48,4
28 Chinois	11,1	8,3	15,2	26,9	21,6	54,1
29 Javanais	11,1	8,4	16,9	26,1	20,4	51,1
42 Polynésiens	9,8	7,3	15	24,1	21,4	52,1
11 Lapons	10,2	8	16	23,6	25,6	48,6
21 Esquimaux	8,2	5,4	15,9	26,8	17,9	56,4

Le Double[1] remarque : 1° Que, dans les groupes ethniques, les expressions largeur inférieure et largeur maxima sont synonymes; 2° Que la largeur supérieure varie peu chez les Européens, tend à diminuer dans la race noire et s'accentue chez les Chinois, les Japonais, les Lapons, pour acquérir son maximum chez les Polynésiens et les Esquimaux; 3° Que la largeur supérieure est en rapport avec la largeur interorbitaire et la largeur inférieure est liée à la largeur de l'échancrure nasale dont les variations ethniques sont peu sensibles; 4° Que la longueur des os du nez est indépendante de leur largeur, puisqu'elle atteint son maximum chez les Chinois et les Esquimaux.

Il existe en outre des oscillations individuelles considérables dans les races figurant sur le tableau (page 110). On peut en juger par les chiffres suivants, empruntés au travail de Le Double. (Voir page 112.)

1. Le Double, 1.

Variations individuelles des os du nez.

	LARGEUR SUPÉRIEURE		LARGEUR MINIMUM		LARGEUR INFÉRIEURE		LONGUEUR LATÉRALE	
	maximum	minimum	maximum	minimum	maximum	minimum	maximum	minimum
Parisiens	18	6	16	4	24	13	34	16
Hollandais	17	7	13	5	20	12	32	21
Auvergnats	21	6	15	5	21	10	30	19
Bretons	17	6	13	4	19	12	31	14
Basques	19	8	17	6	23	12	27	18
Nègres	20	5	15	4	23	13	29	18
Néo-Calédoniens	16	4	13	4	22	8	26	17
Australiens	16	6	15	6	20	13	28	16
Chinois	15	6	12	4	18	7	36	20
Javanais	16	4	12	3	20	14	31	20
Polynésiens	16	4	12	1,5	20	10	31	15
Lapons	13	8	10	3	23	13	26	20
Esquimaux	12	2	12	2	19	11	33	22

Ce tableau démontre que les dimensions transversales de la portion supérieure des os propres du nez oscillent dans des limites plus étendues que celles de la portion inférieure et que les dimensions longitudinales.

On pourrait croire que la dimension des os nasaux a une forte influence sur la largeur interorbitaire : Manouvrier[1] a fait remarquer qu'il n'en est rien, la diminution des os nasaux étant compensée plus ou moins par une augmentation des os maxillaires.

La *voûte palatine* est formée par la rencontre des deux apophyses palatines des maxillaires supérieurs. Ces apophyses peuvent varier, et Eichholz (cité par Le Double) a constaté que leur longueur, autrement dit le diamètre antéro-postérieur de la voûte, va en augmentant des races supérieures aux races inférieures, tandis que les variations de largeur n'ont aucune signification. De même, l'écart entre la longueur et la largeur est plus grand dans les races inférieures que dans les races supérieures.

§ 5. — **Mensurations de la face endocrânienne.**

J'ai signalé (page 97) l'existence de certaines mensurations pouvant être prises sur l'endocrâne. Manouvrier[2] s'est ainsi rendu compte des rapports du développement cérébral et du développement crânien, et de leurs transformations au cours de la crois-

1. MANOUVRIER, **7**, p. 718.
2. MANOUVRIER, **1**.

sance. Il a également comparé les diamètres chez l'homme et chez l'anthropoïde.

Au lieu d'utiliser la ligne médiane antéro-postérieure de la base du crâne, c'est-à-dire la ligne comprise entre la partie la plus antérieure de l'endocrâne et le basion, il a dissocié cette longueur en deux parties au niveau de la gouttière optique, ou plus exactement, au niveau du bord antérieur de la selle turcique. De là, il a pris la distance séparant ce point de l'ophryon d'une part, du basion de l'autre. Voici les chiffres obtenus :

	DE LA GOUTTIÈRE OPTIQUE CHEZ LE					
	Gorille jeune	Gorille adulte	Orang jeune	Orang adulte	Enfant 2 ans	Homme
	mm.	mm.	mm.	mm.	mm.	mm.
1) A l'ophryon....	27	29	28	24	28.5	38
2) Au basion......	42	64	39	47,5	32	49

Il résulte des chiffres précédents que la partie s'étendant de la gouttière à l'ophryon est aussi longue chez le gorille jeune que chez l'adulte, tandis que celle allant de la gouttière au basion s'accroît considérablement chez l'adulte.

Il en est de même chez l'orang. En somme, chez les Anthropoïdes, la partie frontale de la base reste stationnaire ou peu s'en faut au cours de la croissance, et l'agrandissement de la base se fait uniquement au niveau de la partie basilaire.

Chez l'homme, il n'en est plus de même et l'accroissement antéro-postérieur de la base se fait en avant comme en arrière de la gouttière optique.

(Voir la figure, page 41.)

Papillault[1] a étudié à un autre point de vue les diamètres endocrâniens de cette partie de la base crânienne qu'il appelle base cérébrale.

C'est le point sphénoïdien (S, fig. 16) qui lui sert

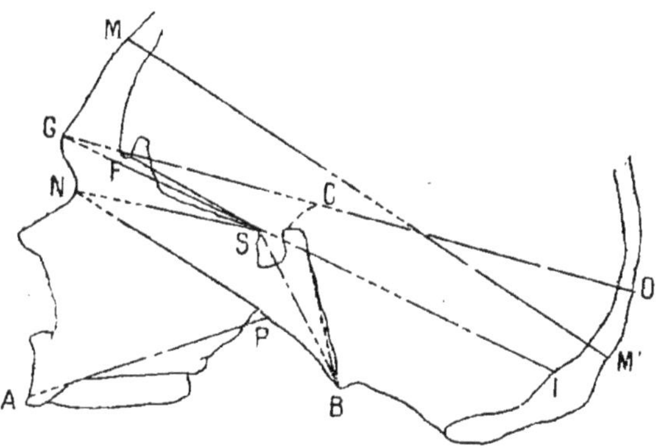

Fig. 16. — *Diamètres représentant les dimensions sagittales du crâne.*

BC, Diam. basilo-clivien. — BS, Diam. basilo-sphénoïdien. — SG, Diam. glabello-sphénoïdien. — SE, Diam. fronto-sphénoïdien. — IS, Diam. inio-sphénoïdien. — MM', Diam. métopique. — GO, Diam. antéro-postérieur maximum.

de point de départ. C'est du reste un repère tout à fait indiqué. Situé sur le bord antérieur de la selle turcique, au point où les deux sphénoïdes se sont soudés, il correspond à la séparation de ces deux régions de la base crânienne, qui ont une valeur morphologique bien dissemblable. L'antérieure, au point de vue

1. Papillault, 2, p. 498.

phylogénétique, représente une partie secondairement acquise pour donner asile aux organes sensoriels de la vue et de l'olfaction, ainsi qu'à la partie antérieure du cerveau.

La postérieure supporte la corde dorsale.

Papillault établit un premier diamètre, le fronto-sphénoïdien (SF), partant du point d'union du frontal et de l'ethmoïde sur la ligne médiane : ce diamètre est nettement interne et ne contient aucune épaisseur squelettique. Il est donc bien supérieur au glabello-sphénoïdien (SG), qui comprend dans son étendue l'épaisseur du frontal. Cette épaisseur est d'ailleurs obtenue par la différence entre ces deux diamètres.

En ajoutant au fronto-sphénoïdien le diamètre inio-sphénoïdien (aboutissant à l'inion interne en arrière) on a la longueur totale de la base cérébrale.

Et qu'on remarque que cette base cérébrale se différencie de la base crânienne qui est représentée par la ligne brisée GSB, constituée par la somme des deux diamètres glabello-sphénoïdien (GS) + basio-sphénoïdien (SB).

Ces deux bases ne subissent pas des influences identiques : la base crânienne est influencée par la taille et le développement osseux, alors que la base cérébrale est surtout en rapport avec le développement encéphalique.

J'introduis le mot « surtout » pour être exact : des mensurations de Papillault il résulte en effet que, si la portion postérieure (inio-sphénoïdienne) n'est nullement impressionnée par la taille, l'antérieure (glabello-sphénoïdienne) en reçoit une légère influence.

La partie antérieure de la base cérébrale est plus

développée chez les individus de grande taille et plus petite chez les sujets de petite taille et les femmes. Il est néanmoins remarquable que le nouveau-né présente un diamètre fronto-sphénoïdien relativement aussi grand que celui de l'adulte. Cette disposition n'est paradoxale qu'en apparence : chez le fœtus, l'encéphale vient buter contre le frontal, et tend à le repousser, ce qui détermine une croissance d'autant plus aisée que les sutures, y compris la suture intersphénoïdienne, sont ouvertes. Mais, après la naissance, le poids du cerveau se fera sentir non pas en avant, mais en arrière, d'où sa tendance à l'abaissement du rocher et de l'inion. Nous verrons les angles de la base du crâne (page 210) accuser ce mécanisme. En tout cas, le frontal ne subissant plus de pression, l'agrandissement relatif du diamètre fronto-sphénoïdien disparaîtra.

6. — Méthode des indices.

Indice céphalique. — Ses variations. — Influence de la race, de l'âge, du sexe, de la taille. — Indice de hauteur. — Indice fronto-zygomatique.

« La forme d'un organe résultant du développement relatif de ses différentes parties, peut être exprimée parfois numériquement avec une grande clarté par le rapport arithmétique d'une dimension à une autre prise comme unité. » (Manouvrier). Ce rapport constitue l'indice dont la méthode a été régularisée par Broca. Par suite d'une convention, l'on admet qu'on rapporte la plus petite mesure à la plus grande et qu'on exprime la première en centièmes de la seconde. Autrement dit, on multiplie la petite dimension par 100 et on divise le produit par l'autre dimension en poussant jusqu'au deux premières décimales. Veut-on exprimer la forme du crâne vu en norma verticalis, on calculera l'indice céphalique indiquant le rapport des deux diamètres antéro-postérieur maximum et transverse maximum.

On est convenu aussi de subdiviser l'échelle des indices en trois groupes : les forts, les moyens et les faibles, encore dénommés mégasèmes, mésosèmes, microsèmes.

Les indices les plus connus en anthropologie ou qui présentent le plus de valeur sont les suivants :

1° L'*indice céphalique* : Rapport du diamètre transverse maximum au diamètre antéro-postérieur; 2° L'*indice vertical :* Rapport du diamètre basilo-bregmatique au diamètre antéro-postérieur; 3° L'*indice transverso-vertical :* Rapport du diamètre basilo-bregmatique au diamètre transversal maximum; 4° L'*indice frontal :* Rapport du diamètre frontal minimum au diamètre transversal maximum; 5° L'*indice stéphanique :* Rapport du diamètre frontal minimum au diamètre frontal maximum ou stéphanique; 6° Les *indices fronto-zygomatiques;* 7° L'*indice du trou occipital :* Rapport de la largeur à la longueur; 8° L'*indice du développement relatif de l'occipital*; 9° L'*indice facial :* Rapport de la longueur faciale au diamètre bizygomatique; 10° L'*indice nasal :* Rapport de la largeur des narines osseuses à la longueur naso-spinale; 11° L'*indice de l'ouverture nasale;*

12° L'*indice des os nasaux;* 13° L'*indice orbitaire:* Rapport de la hauteur orbitaire à la largeur; 14° L'*indice lacrymal* et les *indices interlacrymaux;* 15° L'*indice palatin:* Rapport de la largeur palatine à la longueur.

Indice céphalique. — La boîte crânienne rappelle la forme d'un ovoïde; mais, pour exprimer scientifiquement cette forme, nécessité est de recourir à des chiffres et de comparer les deux dimensions (largeur et longueur) de l'ovoïde.

Comme nous l'avons dit précédemment, la comparaison des diamètres antéro-postérieur et transversal donne l'indice céphalique.

Chacun sait combien est utile cet indice pour caractériser les races : sa valeur est énorme et résulte en outre de ce fait, que tous les anthropologistes sont d'accord pour obtenir cet indice avec une même technique.

La formule de l'indice céphalique est :

$$\frac{\text{Diam. transverse} \times 100}{\text{Diam. antéro-postérieur}},$$

ce qui signifie que c'est le rapport centésimal de la longueur crânienne à sa largeur ou mieux du diamètre antéro-postérieur maximum au diamètre transversal maximum que l'on recherche.

L'indice céphalique varie de 58 à 85 et 90 (et même plus). Les indices faibles répondent aux crânes longs ou dolichocéphales et les indices forts aux crânes arrondis ou brachycéphales (fig. 17 et 18).

Les crânes moyens sont les mésaticéphales.

En se conformant à la nomenclature de Broca, on considère comme mésaticéphales les crânes ayant un indice entre 77, 78 et 80 : au-dessous, ils sont dolichocéphales ; au-dessus, brachycéphales.

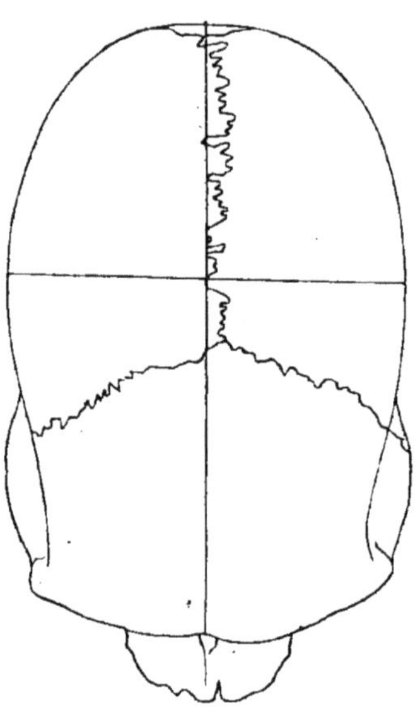

Fig. 17. — *Crâne dolichocéphale ou allongé.*

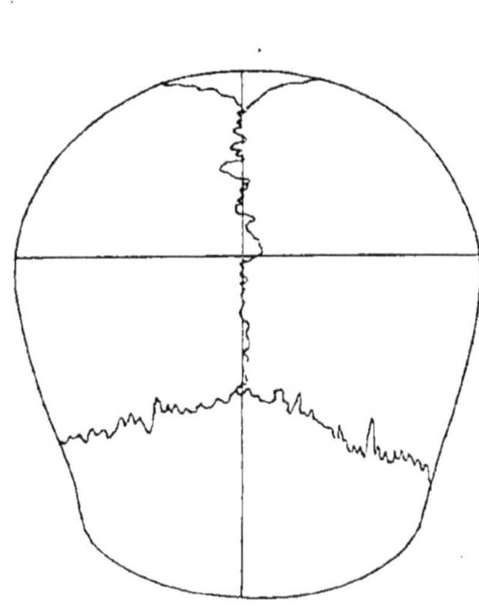

Fig. 18. — *Crâne brachycéphale ou arrondi.*

Broca avait scindé les groupes principaux en groupes secondaires ou sous-groupes, de la façon suivante :

Indices céphaliques.

Dolichocéphales............	75 et au-dessus.
Sous-dolichocéphales........	75,01 à 77,77
Mésaticéphales..............	77,78 à 80
Sous-brachycéphales.........	80,01 à 83,33
Brachycéphales.............	83,34 et au-dessus.

Dans beaucoup de pays d'Europe on a adopté une nomenclature quinaire où les indices sont groupés par série de cinq. Deniker[1] a combiné avantageusement les deux systèmes et proposé une nomenclature véritablement commode, qui correspond à certains termes que l'on emploie communément à l'heure actuelle dans les descriptions anthropologiques.

Indice céphalique suivant Deniker.

Hyperdolichocéphalie.........	69,9 et au-dessous.
Dolichocéphalie...............	70 à 74,9
Sous-dolichocéphalie..........	75 à 77,7
Mésocéphalie..................	77,7 à 79,9
Sous-brachycéphalie...........	80 à 83,2
Brachycéphalie................	83,3 à 84,9
Hyperbrachycéphalie...........	85 à 89,9
Ultrabrachycéphalie...........	90 et au-dessus.

Employé d'une façon rigoureuse et scientifique, l'indice céphalique fournit d'utiles renseignements et permet de classer des crânes dans une race déterminée. Je dis des crânes, et non pas un crâne, car, à moins de conditions spéciales, un crâne isolé ne saurait par son seul indice céphalique se rattacher à un type défini.

Mais a-t-on un nombre suffisant de crânes, 15 à 20 au moins, on peut arriver à préciser la population à laquelle ils appartiennent : en effet, il existe des variations qui sont liées aux mélanges subis par cette population, mais il reste des valeurs moyennes qui se dégagent en additionnant les mesures indivi-

1. Deniker, p. 68 et suiv.

duelles et en les divisant par le nombre des cas étudiés (Deniker). De plus, on peut utiliser l'ordination et la sériation : on range les crânes suivant la valeur croissante de leur indice en indiquant en regard le nombre de ces crânes, et l'on voit le maximum disposé aux alentours des indices significatifs de la race. Avec un nombre suffisant de crânes, on peut parfois mettre en valeur plusieurs types crâniens dans une même population : ceux-ci se disposent en groupements autour d'un même indice. J'ajoute que toujours il faut tenir compte des déformations artificielles qui peuvent amener une brachycéphalie ou une dolichocéphalie là où la race n'en comporte pas.

Variations ethniques de l'indice céphalique. — Je reproduis partiellement les tableaux de Deniker, qui s'est donné la peine de réunir des résultats nombreux, de les contrôler et de les sérier suivant le degré de brachy ou de dolichocéphalie.

Je les reproduis en indiquant l'indice céphalique sur le vivant, auquel je reviendrai en étudiant la tête sur le vivant.

Dans ce tableau ne figurent que quelques séries où les deux sexes soient mélangés (marquées S); les résultats sont obtenus chez les hommes seulement dans la très grande majorité des cas.

INDICE CÉPHALIQUE 336 SÉRIES

NOMBRE de vivants	NOMBRE de crânes	GROUPES ETHNIQUES	INDICE CÉPHAL. vivants	INDICE CÉPHAL. crânes
		Dolichocéphales au-dessous de 77 (75).		
		Océaniens.		
»	73 (S)	Insulaires de Vivi-Levu (Fidji).......	»	67,2
204	»	Indigènes de l'archipel Carolines.....	69,4	»
»	52	Indigènes des petites îles (arch. Fidji)..	»	70,0
»	148	Papous de l'île Misore..............	»	70,2
»	24 (S)	Insulaires de Malicolo (Nouv.-Hébrides)	»	70,4
»	71	Néo-Calédoniens	»	70,7
10	29 (S)	Insulaires de Lifu (îles Loyauté).......	72,4	70,8
»	118 (S)	Indigènes îles Duc of York (N.-Bret.)..	»	71,7
»	16 (S)	Indigènes île Engeneer (arch. Louisiade)	»	71,9
27	82 (S)	Australiens divers..................	74,2	71,2
»	10	Australiens de Queensland.........	»	72,2
»	20	Indigènes de l'île Ruk (Carolines)......	»	72,8
»	51	Maori de la Nouvelle-Zélande.........	»	73,6
20	»	Indigènes des îles Salomon...........	76,3	»
»	24	Papous de Fly-River (Nouv.-Guinée)..	»	74,2
»	25	Tasmaniens.......................	»	74,9
23	30 (S)	Indigènes de l'archipel Nouv.-Bretagne.	76,7	72,4
		Asiatiques.		
95	»	Badagas de Nilghiri................	71,8	»
40	»	Cachemiri........................	72,2	»
32	»	Kols des prov. N.-O. et Oudh........	72,4	»
979	»	Brahm, Radjp. et aut. cast. sup. p. N.-O.	72,6	»
685	»	Kolariens prov. N.-O...............	72,7	»
80	»	Sikh du Pendjab..................	72,7	»
1616	»	Hind. div. castes (prov. N.-O. et Oudh.)	72,8	»
103	»	Baltis.........................	73,6	»
1443	»	Dravido-Hindou (Id.)..............	73,8	»
45	»	Todas..........................	74,1	»

NOMBRE de vivants	NOMBRE de crânes	GROUPES ETHNIQUES	INDICE CÉPHAL. vivants	INDICE CÉPHAL. crânes
25	»	Kola de Nilghiri	74,1	»
444	»	Pendjabi (Hindous, Biloch, etc.)	74,2	»
54	»	Malagalou des collines Chevaroy	74,3	»
27	»	Koulou-Lahouli	74,6	»
100	»	Mali ou Assal (Dravid. du Bengal)	74,8	»
90	»	Bhumij de Chota-Nagpur	75,0	»
55	43	Veddas de Ceylan	75,1	71,5
58	»	Iroulas du versant E. de Nilghiri	75,1	»
15	»	Tsiganes de Lycie	75,2	»
100	»	Kharvar (Dravidiens du Chot.-Nagp.)	75,6	»
45	»	Dardi (Inde)	75,6	»
100	»	Kourmi de Chota-Nagpur	75,7	»
695	»	Hindous de la prov. de Behar	75,7	»
100	»	Mal-Poharia (Dravidiens du Bengal)	75,8	»
25	»	Urur-Kuruba de Mysore	75,8	»
100	»	Bhuiya (Drav. de Chota-Nagpur)	76,0	»
20	»	Doums de Chota-Napgur	76,1	»
»	12	Alfourous de Céram	»	74,3
»	37	Aïnos de Sakhalin	»	74,8
64	»	Tamouls de Ceylan	76,3	»
80	»	Pathans (Afghans) du Pendjab	76,5	»
33	»	Kanaras de Mysore	76,8	»
1570	»	Bengali	76,9	»
27	»	Insulaires de Rotti (au S. de Timor)	76,9	»
		Africains.		
14	»	Muchickongo et Bakongo	72,5	»
36	»	Batéké (Congo)	73,6	»
30	»	Toucouleurs	73,8	»
»	30	Djagga (Bantou de Kilima-Ndjaro)	»	71,9
15	»	Hottentots-Orlans	74,3	»
37	»	Peuls ou Foulbé	74,3	»
35	»	Danakil de Tadjura	74,5	»
14	»	Doualas de Kameroun	75,1	»
27	»	Nègres Brou	75,1	»
62	13	Ouolofs, Serers et Leybou	75,2	69,8

NOMBRE de vivants	NOMBRE de crânes	GROUPES ETHNIQUES	INDICE CÉPHAL. vivants	INDICE CÉPHAL. crânes
29	10	Mandingues divers	75,5	78,8
13	»	Ka-Congo	75,6	»
47	»	Arabes d'Algérie	76,3	»
»	56	Cafres (Ama-Zoulou et autres)	»	72,5
184	»	Betsimisaraka (Madagascar)	76,3	»
13	»	Kabyles de Palestro	76,4	»
27	»	Bachilanghé de Kassaï	76,8	»
13	»	Achantis	76,9	»
		Américains.		
12	»	Karaya (bassin de l'Amazone)	73,0	»
»	76	Hurons	»	74,7
614	31	Esquimaux de Groenland	76,8	72,4
»	152	— de l'E. de l'Amérique	»	71,3
»	16	— de l'O. de l'Amérique	»	74,8
10	33 (S)	Botocudos	76,8	73,9
		Européens.		
»	417	Portugais	»	74,3
500	»	Corses	76,6	»
502	»	Espagnols de Valence	76,8	»
		Sous-Dolichocéphales 77-79,6 (75-77,6).		
		Asiatiques.		
12	»	Ladaki	77,0	»
17	»	Hab. de Nagar, Hunza et Yassin	77,0	»
20	»	Chinois du Nord	77,0	»
75	»	Kouroumbas (à l'E. de Nilghiri)	77,3	»
136	»	Tamouls du S. de l'Inde et de Ceylan	77,4	»
360	»	Moïs de l'Indo-Chine française	77,5	»
17	»	Sikanais (Flores central)	77,7	»
11	92	Aïnos de Yeso	77,8	76,5
23	»	Turkmènes de la Transcaspienne	77,9	»
18	»	Lios (Flores central)	78,1	»

NOMBRE de vivants	NOMBRE de crânes	GROUPES ETHNIQUES	INDICE CÉPHAL. vivants	INDICE CÉPHAL. crânes
208	»	Aderbaidjani	78,1	»
168	»	Persans en général	78,4	»
11	»	Disfuli de Suse	78,4	»
332	»	Kurdes	78,5	»
78	64	Japonais de toutes les classes	78,5	80,2
68	»	Sakaï blancs et jaunes (Malakka)	78,7	»
30	»	Atoni de l'Ouest de Timor	78,8	»
142	»	Singhalais	78,8	»
20	»	Yuruks de Lycie	78,8	»
28	»	Sakaï noirs de Goun. Inas (Malakka)	79,0	»
29	»	Tates de la Transcaucasie	79,0	»
106	»	Moormen de Ceylan	79,1	»
45	44	Insulaires de Soumba	79,1	»
»	37	Insulaires de Nias	»	77,6
106	37	Ostiaks	79,3	74,3
16	»	Tatars-Tchernievyié (Altaïens)	79,5	»
25	»	Chinois mérid. de Lang-Tcheou	79,5	»
		Africains.		
50	»	M'Zabites d'Algérie	77,3	»
56	»	Saudé occidentaux (Mandja, etc.)	77,9	»
»	14	Bochimans	»	75,9
»	139	Nègres de Fernan-Vaz	»	75,9
»	13	Haoussas	»	77,3
		Américains.		
»	62	Algonquins métissés	»	76,2
»	315	Indigènes arch. Santa-Barbara	»	76,9
14	»	Arovaks du Rio-Xingu (Mehinaku, etc.)	78,2	»
419	»	Pimas du Nouveau-Mexique	78,4	»
31	»	Indiens d'Arizona	78,6	»
123	»	Indiens Ute	79,5	»
28	»	Toupi de Xingu (Kamayura, Aneto)	79,1	»
114	37	Esquimaux d'Alaska	79,2	77,0
»	103	Indiens de la côte Californienne	»	77,3
135	»	Iroquois	79,3	»

NOMBRE de vivants	NOMBRE de crânes	GROUPES ETHNIQUES	INDICE CÉPHAL. vivants	INDICE CÉPHAL. crânes
26	27	Fuégiens-Yahgau	79,5	76,8
570	42	Ind. Algonquins (Abuaki, Cree, etc.)	79,8	77,4
261	136	Sioux	79,8	78,9
		Océaniens.		
163	»	Insulaires des Salomon	77,6	»
»	17 (S)	Morioris des îles Chatham	»	76,2
»	30	Indigènes des îles Marquises	»	76,4
22 (S)	22 (S)	Indigènes des îles Gilbert (Kingsm)	78,4	73,8
58	»	Papous de la Nouv.-Guinée anglaise	79,4	»
11	12	Indigènes des îles de l'Amirauté	79,3	70,2
59	»	Polynésiens divers	79,7	»
		Européens.		
6579	»	Sardes	77,5	»
122	»	Catalans des îles Baléares	77,7	»
574	»	Catalans d'Espagne	78,1	»
8368	»	Espagnols en général	78,2	»
699	48	Suédois des prov. centrales	78,2	76,0
1410	»	Castillans	78,5	»
50	»	Français-Catalans du Roussillon	78,6	»
»	50	Tchouvaches	»	77,2
32526	»	Siciliens	79,0	»
325	»	Basques Espagnols	79,3	»
129	18	Tcheremisses	79,3	76,8
362	»	Belges Flamands	79,5	»
		Mésocéphales 79,7-81,9 (77,7-79,9)		
		Américains.		
10	»	Bakaïri du Brésil	79,0	»
16	»	Yakis	79,8	»
28	»	Caribes mérid. du Rio-Xingu	79,8	»
84	10	Pawnees	80,0	78,8
257	38	Indiens Crow et Cheyennes	80,5	79,8

NOMBRE de vivants	NOMBRE de crânes	GROUPES ETHNIQUES	INDICE CÉPHAL. vivants	INDICE CÉPHAL. crânes
15	»	Nahuqua du Brésil	80,6	»
30	»	Caribes des quatre Guyanes	80,9	»
20	»	Bororo du bassin de l'Amazone	81,5	»
225	99 (S)	Omaha	81,8	80,5
		Asiatiques.		
130	»	Tenggerais de l'E. de Java	79,7	»
60	»	Biloch de Beloutchistan	80,0	»
»	125	Chinois en général	»	78,3
36	»	Nicobariens	80,4	»
13	»	Doungans de Kouldja	80,5	»
58	»	Tippera deTchittagong	80,5	»
20	»	Atchinais	80,5	»
58	»	Battas du lac Toba	80,6	»
22	»	Jakouns de Johor	80,9	»
61	84 (S)	Chinois du Sud (princip. de Canton)	81,2	78,2
19	24	Andamans	81,4	81,6
90	»	Maghouou Arakanais de Tchittagong	81,8	»
11	»	Teleoutes ou Telenghit (Sibérie)	81,8	»
»	14	Esquimaux d'Asie	»	79,0
		Européens.		
35	»	Tsiganes de Hongrie	79,9	»
37	»	Tatars de Crimée	80,0	»
55	»	Juifs de Bosnie	80,1	»
171	»	Français du dép. du Nord	80,4	»
60	»	Lettes des prov. Baltiques	80,5	»
1000	»	Limousins et Périgourdins	80,7	»
463	»	Espagnols de la région Cantabrique	80,8	»
30 (S)	47 (S)	Hollandais (prov. de Groningen)	81,0	77,6
1000	»	Normands (Calvados, Seine-Infér., etc.)	81,3	»
»	87	Hollandais de la prov. de Frise	»	78,1
»	206	Habitants de la prov. de Prusse	»	79,2
»	96 (S)	Tcherkesses (Abkhazes, Chapsong)	»	79,4
»	159	Franconiens du N.-O. de la Bavière	»	79,8
59165	»	Italiens du Sud (Abruz., Pouil., etc.)	81,2	»

NOMBRE de vivants	NOMBRE de crânes	GROUPES ETHNIQUES	INDICE CÉPHAL. vivants	INDICE CÉPHAL. crânes
54	»	Magyars-Szeklers	81,4	»
67	»	Géorgiens (Mingréliens et Imères)	81,4	»
91	»	Provençaux	81,7	»
59	»	Mechtcheriaks	81,8	»
		Océaniens.		
13	»	Insul. de Fakaofu (arch. Takelou)	80,2	»
12	»	Indigènes de la Nouvelle-Irlande	81,0	»
		Sous-Brachycéphales 82-85,2 (80-83,2).		
		Asiatiques et Eurasiens.		
22	»	Parsi de Bombay	82,0	»
20	»	Kouïs de Cambodge	82,0	»
97 (S)	51 (S)	Kalmouks de Volga	82,1	81,4
11	14	Coréens	82,6	81,6
25	»	Mans-Tien de Koabang (Tonkin)	82,5	»
182	»	Annamites en général	82,8	»
49	»	Malais de Sumatra et Pinang	82,8	»
231	»	Birmans	83,1	»
139	»	Iakoutes	83,1	»
14	»	Tsiam de l'Indo-Chine française	83,2	»
»	20 (S)	Toungouz des Rennes	»	81,2
21	»	Solorais (E. de Flores et Solor)	83,4	»
56	»	Laotiens du Bas-Laos	83,6	»
30	»	Cambodgiens	83,6	»
76	»	Annamites du Tonkin	83,8	»
152 (S)	15 (S)	Samoyèdes	83,8	82,4
13	»	Takhtadji de Lycie	84,2	»
26	»	Ansarieh d'Antioche	84,2	»
100	»	Chakama (métis Arakan-Bengali)	84,3	»
197	14	Kalmouks de Kuldja et Tarbagataï	84,5	83,3
12	30 (S)	Boughis de Mangkassar	84,6	80,6
»	12	Insul. de Madura (N. de Java)	»	82,6
66	88 (S)	Javanais	84,6	83,0
18	»	Négritos-Aëta (Philippines)	84,7	»

NOMBRE de vivants	NOMBRE de crânes	GROUPES ETHNIQUES	INDICE CÉPHAL. vivants	INDICE CÉPHAL. crânes
107	27	Euzbeg du Turkestan russe.........	84,8	83,0
74		Tadjiks..........................	84,8	»
		Américains.		
60	»	Arovaks de la Guyane hollandaise.....	82,6	»
83 (S)	»	Haïdah..........................	82,7	»
77	»	Maricopa (Indiens Yuma)............	82,9	»
129	»	Indiens Zuñi......................	83,0	»
16	»	Indiens de l'Orégon du Sud.........	84,0	»
»	22	Navajos (déformés)................	84,2	82,2
26 (S)	»	Bilkula..........................	84,5	»
74	»	Comanches.......................	84,6	»
16	»	Yucatèques du Mexique............	84,7	»
193	»	Moqui...........................	84,9	»
18	»	Patagons........................	85,2	»
		Africains.		
20	»	Sara du Chari (bass. lac Tchad).......	82,4	»
14	»	Hova (Madagascar)................	84,8	»
		Océaniens.		
10	»	Insul. de Funafuti (groupe Ellis).......	82,4	»
23	19	Insul. de l'archipel Tonga..........	82,6	84,2
»	177	Havaïens des îles Sandwich..........	»	80,4
23	13 (S)	Samoans........................	83,7	77,5
43	52 (S)	Polyn. de Tahiti, Marq., Pomot. Toub...	85,1	76,8
		Européens.		
126	»	Votiaks.........................	82,0	»
100	»	Permiaks........................	82,2	»
30	»	Zyrianes........................	82,2	»
199	»	Belges-Wallons..................	82,2	»
30971	»	Italiens de Ligurie et de Toscane.....	82,3	»
290	»	Bielorousses ou Blancs-Russiens......	82,4	»
775	»	Alsaciens de la Basse-Alsace.........	82,5	»
294160	»	Italiens en général................	82,7	»
261	»	Ossètes.........................	82,7	»

NOMBRE de vivants	NOMBRE de crânes	GROUPES ETHNIQUES	INDICE CÉPHAL. vivants	INDICE CÉPHAL. crânes
3000	»	Bretons	82,7	»
30	»	Tatars de Kassimov	82,8	»
447	421 (S)	Grands-Russiens, prov. centr. et N.	82,9	80,7
220	»	Basques français	83,0	»
98	»	Wurtembergeois	83,0	»
168	»	Mordva	83,1	»
416	»	Juifs de Galicie et de la Russie occid.	83,3	»
355	»	Ruthènes de la plaine (Galicie)	83,4	»
190	»	Géorgiens-Grouzines	83,4	»
17	»	Vespes ou Tchoud d'Olonetsk	83,5	»
187	»	Ruthènes des Montagnes (Galicie)	83,5	»
914	»	Français en général	83,6	»
15170	»	Tatars des Montagnes (Caucase)	83,6	»
165	»	Tcherkesses-Kabardes	83,6	»
20	»	Lapons russes	83,7	»
19	»	Géorgiens-Svanes	83,8	»
6800	»	Badois	84,1	»
53020	»	Italiens (Lomb., Ombrie, Marches)	84,1	»
226	40 (S)	Magyars en général	84,5	82,3
78	»	Tchetchènes orientaux	84,5	»
200	»	Petits-Russiens de Kiev	84,6	»
52	»	Lesghi-Dido	84,6	»
44	»	Koumyks du Caucase	84,7	»
52410	»	Italiens de la Vénétie-Emilie	85,1	»
53	»	Juifs d'Akhaltsikh (Caucase)	85,2	»
		Brachycéphales, 85,3-86,9 (83,3-84,9).		
		Asiatiques.		
56	»	Galtcha (Turkestan russe)	85,5	»
»	16	Toungouz-Orotches	»	83,4
17	17	Siamois	85,5	83,0
341	»	Arméniens en général	85,6	»
»	13	Birmans d'Arakan et de Talaïng	»	83,7
»	120	Suisses d'Unterwalden	»	84,4
21	18	Soudanais (ouest de Java)	86,3	85,5

NOMBRE de vivants	NOMBRE de crânes	GROUPES ETHNIQUES	INDICE CÉPHAL. vivants	INDICE CÉPHAL. crânes
20 (S)	35 (S)	Ghiliaks	86,3	83,4
16 (S)	»	Bicols de Luçon (Philipp.)	86,6	»
333	»	Tarantchi du Turk. russ. et orient.	86,8	»
278	»	Arméniens de la Transcaucasie	85,6	»
		Européens.		
»	1000 (S)	Bavarois de la Vieille-Bavière	»	83,2
32790	»	Piémontais	85,9	»
16	»	Tatars-Nogaï du Caucase	85,8	»
130	»	Lesghi-Dargha du Caucase	86,2	»
200	»	Roumains de la Bukovine	86,3	»
25	»	Lesghi-Oudi	86,6	»
27	»	Géorgiens-Lazes	86,8	»
235	»	Savoyards	86,9	»
		Océaniens et Américains.		
20	20 (S)	Insulaires de Tahiti	85,5	76,6
»	36	Aléoutes	»	84,8
»	53	Araucans de la République-Argentine	»	83,9
		Hyperbrachycéphales 87 (85) et plus.		
		Européens.		
»	65 (S)	Roumanches de la Suisse	»	85,0
50	»	Dalmatiens	87,0	»
19	»	Juifs du Daghestan (Montagnards)	87,0	»
105 (S)	41 (S)	Lapons scandinaves	87,4	85,0
69	»	Magyars de la Roumanie	87,8	»
140	»	Français (Haute-Loire, Lozère, Cantal)	87,4	»
		Asiatiques.		
384	»	Kirghiz-Kasaks et Kare-Kirghiz	87,2	»
33	»	Ayssores de la Transcauc. et Urmia	88,7	»

L'examen attentif de ces tableaux permet de faire quelques constatations mises en relief par Deniker. Il existe une certaine régularité dans la distribution des différentes formes crâniennes à la surface du globe.

La dolichocéphalie est presque exclusivement cantonnée en Malaisie, en Australie, dans l'Inde et en Afrique.

La sous-dolichocéphalie, fréquente aux deux extrémités Nord et Sud de l'Europe, forme une zone autour de l'Inde (Indo-Chine, Asie Antérieure, Chine, Japon). Elle n'apparaît que par îlots dans les autres parties du monde, surtout en Amérique.

La mésocéphalie est répandue en Europe dans les pays entourant les contrées où se voient les sous-dolichocéphales, et dans diverses régions d'Asie ou d'Amérique.

La sous-brachycéphalie ne se voit pour ainsi dire que parmi les Mongoloïdes asiatiques et les populations de l'Europe orientale.

Enfin, les brachycéphales et hyperbrachycéphales sont rencontrés dans l'Europe occidentale et centrale et dans quelques populations de l'Asie.

Cette régularité n'existe qu'à la condition de répartir l'indice céphalique en groupes et sous-groupes comme il est indiqué précédemment. Ce qui est évident également, c'est qu'à part quelques races où l'indice est homogène, on retrouve, plus ou moins mêlées, les formes crâniennes, ce qui empêche de grouper les races dans un ordre naturel. Néanmoins, l'indice céphalique, s'il ne peut servir de base exclusive de classification, permet d'arriver à des approximations sérieuses et suffisantes pour caractériser certains groupes ethniques.

Variations de l'indice céphalique suivant l'âge. — Deniker[1], d'après les recherches de Gonner sur des enfants nouveau-nés ou âgés d'un mois, fait remarquer que l'indice céphalique varie chez l'enfant, sans contredire la fixité ultérieure de cette valeur.

A leur naissance, les enfants paraissent en général plus dolichocéphales que les adultes de leur race, mais rapidement les dimensions transversales subissent une croissance plus importante que les longitudinales : ainsi, à la fin du premier mois (Gonner), la tête s'est élargie 52 fois sur 100.

C'est vers 10, 12 ou 15 ans que s'établit la forme définitive : de nombreux auteurs l'ont constaté.

Variations de l'indice suivant le sexe. — Elles sont négligeables puisqu'on admet communément qu'elles sont d'une unité.

Variations suivant la taille. — Pittard[2], qui a étudié les variations dans une même race, a été ainsi à même de fixer un point que des observations sur des crânes mélangés étaient incapables de donner.

Voici ses conclusions.

La taille paraît influencer la valeur de l'indice.

La dolichocéphalie s'accentue au fur et à mesure que la taille s'élève, l'accroissement du diamètre antéro-postérieur étant plus proportionnel à l'accrois-

1. Deniker, p. 88.
2. Pittard, p. 285.

sement de la taille que l'accroissement du diamètre transverse.

Le diamètre transversal s'accroît moins, mais ne subit aucune diminution.

Donc, dans un groupe ethnique constitué par des individus dolichocéphales, ce sont les plus grands qui le seront le plus. Si, au contraire, le groupe est formé de brachycéphales, les plus grands sont ainsi en moyenne les moins brachycéphales.

Cette constatation a son importance, car on trouve plus de dolichocéphales dans les villes et plus de hautes tailles; certains auteurs, se basant sur des appréciations hypothétiques et sans rigueur, avaient conclu à l'attirance des villes pour les individus de cette catégorie; Pittard explique scientifiquement cette sélection sociale par l'existence simultanée de ces deux caractères : le développement plus grand de la taille dû aux conditions de la vie urbaine et les variations de l'indice conformément aux principes sus-énoncés.

Indices de hauteur : Indice vertical et indice transverso-vertical. — Il existe deux indices de hauteur, l'un constitué par la comparaison du diamètre vertical au diamètre antéro-postérieur (indice de hauteur-longueur), l'autre par la comparaison de la hauteur à la largeur (indice de hauteur-largeur).

Mais la longueur étant supérieure dans la dolichocéphalie et la largeur dans la brachycéphalie, on conçoit que ces indices ne représentent que très approximativement le développement du crâne en hauteur.

Aussi, pour avoir un résultat plus certain, Topinard[1] a-t-il essayé d'utiliser un indice vertical mixte résultant de la moyenne des deux indices, ou bien obtenu en multipliant par 100 le diamètre et en divisant par la demi-somme des diamètres de longueur et de largeur.

Le tableau qui suit donne quelques-uns des résultats obtenus par Topinard.

	Indice vertical de hauteur-longueur.	Indice vertical de hauteur-largeur.	Indice mixte.
Parisiens actuels.	72,7	90,9	81,8
Hollandais.	70,2	89,0	79,6
Auvergnats.	73,5	87,1	80,5
Bas-Bretons.	71,6	87,6	79,6
Bretons Gallots.	70,3	85,2	77,7
Basques.	70,7	92,4	80,8
Caverne Homme-Mort.	68,8	96,4	82,6
Dolmens de la Lozère.	72,3	96,0	84,1
Grottes de Baye.	74,4	95,2	84,8
Gaulois.	74,7	95,5	85,1
Mérovingiens.	70,8	92,1	84,4
Esquimaux.	72,9	92,5	82,7
Chinois.	77,1	99,0	88,1
Javanais.	79,3	97,3	88,3
Polynésiens.	74,3	94,2	84,2
Usbecks (Turkestan).	71,7	84,6	78,1
Lapons	75,0	87,2	81,1
Nègres d'Afrique.	73,0	100,8	86,9
Hottentots.	72,5	101,6	86,6
Néo-Calédoniens.	74,3	103,8	89,1
Papous.	73,1	100,6	86,8
Australiens.	72,0	101,7	86,8
Tasmaniens.	71,4	93,8	82,6
Parias de l'Inde.	75,6	101,8	88,7

1. TOPINARD. p. 682.

Conformément aux instructions de Broca, on peut diviser ces indices en plusieurs degrés :

1° Indice vertical (hauteur-longueur) :

Court, 75,0 et au-dessus;
Moyen, 74,9 à 72,0;
Allongé, 71,9 et au-dessous.

2° Indice vertical (hauteur-largeur) :

Court, 98,0 et au-dessus;
Moyen, 97,9 à 92,0;
Allongé, 91,9 et au-dessous.

Topinard remarque que toutes les races inférieures noires se rangent dans la première division du second indice vertical (sauf les Tasmaniens), et que c'est la seule règle générale qui se dégage des chiffres précédents.

Il s'en dégage aussi (et c'est ce qui démontre le peu de valeur de cet indice, y compris l'indice mixte) qu'il ne donne que des résultats imprécis. Aussi peut-on s'étonner que Virchow[1] ait considéré cet indice comme un des plus importants. Les chiffres de Virchow, pas plus que ceux de Broca et de Topinard, ne peuvent en démontrer la valeur.

Indice frontal. — Dans l'énumération de la

1. Virchow, t. IV.

page 118 on a vu qu'il y avait deux indices au niveau de l'os frontal : 1° L'*indice frontal* qui compare le diamètre frontal minimum au diamètre transversal du crâne; 2° L'*indice stéphanique* qui compare le premier des diamètres au diamètre stéphanique.

Il est évident que le premier indice donne des renseignements sur la largeur du front comparée à la plus grande largeur du crâne, mais il n'est pas moins évident qu'il compare deux diamètres dont un seul est frontal. Ajoutons à cela qu'il est influencé[1] par l'indice céphalique : la dolichocéphalie tend à l'élever puisqu'il y a diminution du diamètre transverse alors que la brachycéphalie l'abaisse.

Il résulte donc de cela que Broca a eu tort de dénommer ce rapport indice frontal : ce nom doit être réservé à un rapport intéressant uniquement la région en question, de même que l'indice orbitaire n'intéresse que la région orbitaire.

Aussi le véritable indice frontal est l'indice stéphanique : telle est la conclusion d'Hovelacque[2], qui fait remarquer que les deux indices frontal et stéphanique font double emploi et qu'un seul doit être conservé, l'indice stéphanique qui « en bonne logique doit recevoir le nom d'indice frontal ». Un tableau d'Hovelacque montre bien les variations corrélatives des indices frontaux et de l'indice céphalique.

1. Manouvrier, 6, p. 21.
2. Hovelacque, p. 136.

		Indice crânien.	Indice frontal.	Indice stéphanique.
27	Australiens	71,4	71,8	91,2
54	Néo-Calédoniens	71,7	71,2	90,4
8	Cafres	72,5	70,3	89 3
48	Nègres Africains	73,1	70,6	87,8
22	Nubiens	73,7	70,6	86,3
19	Arabes	74	70,6	84,8
27	Corses	75,3	69,6	86,6
113	Égyptiens	75,3	67,1	81,3
41	Polynésiens	76,3	66,4	83,8
87	Mérovingiens	76,8	67,1	82,5
60	Basques	77	67,8	81,1
63	Bas-Bretons	81,3	67,7	80,8
69	Bretons Gallois	81,9	66,7	79,3
22	Savoyards	83,6	66,1	79,1
88	Auvergnats	84	66,6	79,8
11	Croates	84,8	66,4	79,2

Il est évident que les deux indices ont des oscillations à peu près analogues, mais il n'est pas douteux que l'indice stéphanique accuse des oscillations plus accentuées.

Manouvrier[1], afin d'éviter l'influence de l'indice céphalique et de donner plus de signification à l'indice frontal, a proposé de comparer le frontal minimum à la demi-somme des diamètres transverse maximum et antéro-postérieur. Ce serait une solution excellente.

Malgré tout, l'indice frontal de Broca, qu'il vaut mieux appeler fronto-transversal, a sa raison d'être, car il donne des rapports intéressants entre deux diamètres transversaux.

1. MANOUVRIER, 6, p. 21.

Papillault[1] a insisté sur les variations de cet indice en même temps qu'il a montré les rapports du diamètre frontal avec d'autres diamètres transversaux (bitubéral frontal, bitubéral pariétal, bimastoïdien).

Si le diamètre transverse égale 100, le diamètre frontal minimum est de :

68,6 chez l'homme;
69,5 chez la femme;
68,3 chez les sujets les plus petits;
70,0 chez les sujets les plus grands;
73,2 chez les nouveau-nés.

Autrement dit, l'indice fronto-transversal est très élevé chez le nouveau-né, ce qui n'a rien d'extraordinaire, l'enfant ayant un développement frontal considérable.

Il est aussi plus élevé chez les sujets de haute taille et on remarque en même temps que les distances entre les bosses frontales et pariétales ont les mêmes rapports dans les deux groupes. En effet, avec un diamètre bitubéral pariétal = 100, le diamètre bitubéral frontal est de :

45,3 chez l'homme;
43,3 chez la femme
44,5 chez les sujets faibles;
44,6 chez les sujets forts;
52,0 chez les nouveau-nés.

C'est ce que Papillault résume en disant que le diamètre frontal minimum augmente plus avec

1. PAPILLAULT. 2, p. 508.

la taille que le diamètre transverse et que tous les diamètres de la voûte.

Compare-t-on le diamètre frontal minimum avec un diamètre de la base, tel que le bimastoïdien, on s'aperçoit que, celui-ci étant égal à 100, le diamètre frontal minimum est de :

79,8 chez l'homme;
82,2 chez la femme;
81,2 chez les petites tailles;
80,6 chez les grandes tailles;
100 chez les nouveau-nés.

Autrement dit, le diamètre frontal minimum augmente moins avec la taille que les diamètres de la base crânienne. On remarquera que la femme présente une largeur manifeste à ce niveau : comme celle-ci ne dépend ni d'un élargissement frontal, ni d'un élargissement de la base, il faut considérer cette variation comme un caractère sexuel, dont l'explication est actuellement très obscure.

Le *diamètre bitubéral frontal* est relativement très grand chez le nouveau-né, comme toute la région frontale, ainsi que le prouve l'indice relevé par Papillault et déjà cité. Comme cet auteur le fait remarquer, cette grandeur ne vient pas de ce que le cerveau antérieur est plus développé, mais de ce que les centres nerveux au cours de leur développement et avant l'inflexion de la base viennent buter sur la partie antérieure et augmentent la pression.

Chez la femme, le diamètre bitubéral frontal est relativement petit, mais il faut bien remarquer avec l'auteur du tableau que l'écartement des bosses frontales ne va pas de pair avec celui des bosses pariétales, comme le pensait Welcker; les pariétaux sont libres de s'écarter par suite de la persistance de la suture sagittale, tandis que les frontaux se soudent plus rapidement. C'est un caractère sexuel remarquable, car, comme il a été vu, la femme présente un élargissement de la largeur frontale minimum.

Le *diamètre bitubéral pariétal* échappe à l'influence de la taille et mesure l'écartement des pariétaux en rapport avec le poids cérébral : aussi chez la femme est-il élevé par suite du poids relativement élevé de son cerveau.

Indice fronto-zygomatique. — Nous avons parlé antérieurement des crânes phénozyges et cryptozyges : il est évident que, vus en norma verticalis, l'aspect est très variable; pour l'exprimer, de Quatrefages avait imaginé un instrument apte à mesurer la sphénozygie et la cryptozygie.

Actuellement, les variations sont mieux indiquées par un rapport entre le diamètre bizygomatique et un diamètre frontal.

Le diamètre bizygomatique indique le développement de la région maxillaire et plus particulièrement le développement du muscle temporal : comparé à un diamètre crânien, il donnera donc le développement relatif du crâne par rapport à la face, et par extension, l'indice qui en résultera donnera des notions sur le développement de la largeur bizygomatique.

Topinard[1] a institué un indice fronto-zygomatique

1. Topinard, p. 936.

qui est le rapport du diamètre bistéphanique au diamètre bizygomatique égal à 100. Peut-être, comme le remarque Manouvrier, cet indice serait-il mieux nommé stéphano-zygomatique, ce qui le différencierait de l'indice fronto-zygomatique vrai, dont nous parlerons tout à l'heure.

Le tableau suivant donne les résultats de l'indice fronto-zygomatique (stéphano-zygomatique) de Topinard :

4	hydrocéphales.	128,0
	Enfants.	
21	Européens : naissance à 6 mois.	116,2
18	— 6 mois à 3 ans.	111,1
31	— 3 à 5 ans.	108,3
31	— 5 à 13 ans.	103,2
25	— 13 à 19 ans.	98,7
4	Néo-Calédoniens : 6 à 12 ans.	103,7
	Femmes.	
19	Savoyardes.	95,7
39	Auvergnates.	94,0
22	Hollandaises.	94,6
83	Parisiennes.	91,7
7	Chinoises.	86,8
9	Esquimaudes.	73,7
14	Andamanes.	89,0
23	Australiennes.	86,8
9	Tasmaniennes.	82,5
3	Fidjiennes.	81,9
10	Néo-Calédoniennes.	79,7

Hommes.

33	Savoyards	93,0
43	Auvergnats	92,9
70	Bretons	92,9
27	Gaulois	92,8
63	Basques	91,8
147	Parisiens	90,7
22	Hollandais	90,7
5	Corses	87,1
7	Caverne Homme-Mort	89,9
18	Caverne Beaumes-Chaudes	87,6
16	Dolmens de la Lozère	86,9
28	Grottes de Baye	83,5
21	Chinois	83,9
22	Polynésiens	83,0
18	Javanais	83,1
28	Mongols	81,1
11	Esquimaux	75,7
6	Lapons	88,6
7	Noirs de l'Inde	86,1
12	Andamans	87,6
61	Nègres africains	84,5
10	Nubiens	82,4
55	Australiens	81,3
11	Tasmaniens	81,0
70	Néo-Calédoniens	77,2
16	Fidjiens	73,7

Cet indice, on le constate immédiatement, exprime bien la grosseur de la tête par rapport à la face.

Les hydrocéphales ont le plus fort indice, les enfants également. La femme a un indice plus fort que l'homme de son groupe ethnique.

Les Celtes (Savoyards, Auvergnats, Bretons) ont

un indice élevé. Les Néo-Calédoniens, les Fidjiens, qui sont dolichocéphales, ont au contraire un indice faible.

Topinard fait remarquer avec raison qu'il faut mettre à part les crânes de sujets au-dessous de vingt ans et les crânes féminins, car ils amènent de la discordance dans les séries.

Manouvrier[1] propose un autre indice fronto-zygomatique, obtenu à l'aide du rapport du diamètre frontal minimum au byzygomatique = 100. Il exprime, comme celui de Topinard, la largeur du front comparée à la largeur faciale. De plus, il exprimerait un des traits les plus saillants de la physionomie, l'obliquité de la ligne squelettique qui joint le front à l'arcade zygomatique.

Indice du trou occipital. — L'*indice du trou occipital* présente comme moyenne minima 77 et comme moyenne maxima 90.

Il est microsème jusqu'à 81,99; mésosème de 82 à 85,99, et mégasème au-dessus de 86.

On peut exprimer le développement relatif de l'occipital grâce à un indice résultant de la comparaison de la largeur de l'os au niveau des apophyses jugulaires à la largeur maxima du crâne. Papillault[2] qui a étudié cet indice, démontre, par des chiffres précis, qu'il a une valeur sériaire incontestable. En effet, en plaçant les groupes de crânes d'après la

1. Manouvrier, **6**, p. 23.
2. Papillault, **3**, p. 382.

valeur décroissante de cet indice, on a le tableau suivant :

	Largeur occipitale.	Diamètre transverse. max.	Indice.
	mm.	mm.	
4 Microcéphales.	66,2	106,5	62
6 Crânes inférieurs.	83,1	138,3	60
13 Nègres.	76,8	134,8	56,9
20 Parisiens.	78,8	141,9	55,5
6 Crânes supérieurs. ...	80,9	147	55
20 Parisiennes	74,6	137	54,4

En somme, l'indice est d'autant plus faible que l'occipital est relativement plus petit, et cette situation répond bien à la supériorité croissante du crâne : c'est là ce qui en fait l'intérêt.

CHAPITRE V

CRANIOMÉTRIE (*suite*)

§ 1. — Indices faciaux.

Indices orbitaire, lacrymal, nasal, des os nasaux, palatin, etc.

Pour exprimer la forme générale de la face, il s'agit de comparer sa largeur évaluée par le diamètre bizygomatique à la hauteur de cette face, ce qui donne l'indice facial.

Mais qu'entend-on par hauteur de la face?

Les auteurs, sous ce nom, ont tantôt désigné la hauteur ophryo-mentonnière, tantôt la ligne ophryo-alvéolaire, tantôt la ligne naso-alvéolaire.

Dans le premier cas, l'indice facial constitue l'*indice facial total :* c'est le rapport de la longueur bizygomatique à la ligne ophryo-mentonnière = 100. Voici quelques chiffres empruntés à Topinard[1].

1. Topinard, p. 912.

Indice facial total (n° 1).

11	Arabes	96,7
18	Esquimaux	99,1
12	Chinois	101,7
10	Scandinaves	101,8
6	Allemands du Sud	103,1
30	Nègres africains	104,8
35	Malais	105,0
8	Hottentots	105,7
16	Négresses	106,6
7	Australiens	107,2
9	Slaves	108,3
30	Néo-Calédoniens	109,1
6	Tasmaniens	109,9
6	Lapons	124,7

Cet indice permet donc de ranger les crânes en brachy-faciaux ou dolicho-faciaux, ou, comme l'on dit aussi, en leptoprosopes ou chamæprosopes.

Les indices correspondent bien à l'aspect extérieur de ces visages, mais ils l'expriment scientifiquement.

Si on utilise la ligne ophryo-alvéolaire, ce qui est d'ailleurs forcé dans les nombreux cas où manque la mandibule, on obtient l'*indice facial supérieur* dont voici quelques résultats obtenus par Broca :

Indice facial supérieur de Broca (n° 2).
Indice bizygomatique = 100.

250	Parisiens	66,2
27	Savoyards	66,3
60	Basques	67,8
88	Auvergnats	68,0
127	Bas-Bretons	68,0
28	Corses	69,1

49	Hollandais	70,8
118	Égyptiens	70,3
19	Arabes	71,3
19	Caverne Homme-Mort	67,6
44	Grotte de Baye	66,4
33	Dolmens de la Lozère	65,5
38	Gaulois	66,8
87	Mérovingiens	66,1
11	Lapons	60,9
29	Javanais	69,1
42	Polynésiens	69,9
21	Chinois	71,7
21	Esquimaux	72,2
10	Tasmaniens	65,5
54	Néo-Calédoniens	66,2
18	Hottentots	66,6
22	Nubiens	66,2
90	Nègres africains	68,3
27	Australiens	69,7
11	Parias de l'Inde	69,8

Dans ce tableau (en tenant compte du renversement des indices, dû à ce qu'on prend pour dénominateur la mesure la plus grande et qu'on lui rapporte la mesure la plus petite), on constate que les oscillations sont identiques à celles de l'indice facial total.

Hervé et Hovelacque[1] blâment cette façon de prendre la hauteur faciale. En effet, il s'agit de déterminer le rapport d'une verticale, la hauteur faciale, à une horizontale, la largeur bizygomatique ; or, dans une race orthognathe, la ligne faciale tend peut-être à la verticalité, mais chez les prognathes on emploie une ligne oblique, bien plus longue que la verticale. L'indice facial n'est donc pas d'une exactitude par-

1. Hervé et Hovelacque, p. 249.

faite avec la technique précédente. Comme je le faisais remarquer, les indices correspondent bien à l'aspect extérieur, mais en réalité il existe des faces obliques qui, en projection, sont très courtes.

L'opinion d'Hervé et d'Hovelacque de mesurer la hauteur faciale en projection, c'est-à-dire par une perpendiculaire abaissée du point supérieur de la face sur le plan alvéolo-condylien, est rationnelle.

L'indice facial devient donc *le rapport centésimal de la ligne faciale en projection* au diamètre bizygomatique.

Le tableau suivant, comparé aux précédents, est trop significatif pour que nous insistions sur la supériorité de cette méthode :

Indice facial (n° 3).

Basques espagnols	61,9
Auvergnats	56,3
Esquimaux	55,9
Walofs	53,9
Bas-Bretons	53,2
Malais	52,3
Nègres occidentaux	51,5
Nubiens	50,9
Croates	50,1
Kalmouks	49,6
Néo-Calédoniens	48,5
Lapons	46,4

Malgré tout, il semble de beaucoup préférable de faire partir la ligne supérieure du point nasal au lieu de l'ophryon. Bien que les sinus appartiennent à la face plutôt qu'au crâne, il faut avouer que l'ophryon n'a pas la valeur qu'on lui a longtemps attribuée.

Comme il a été dit ailleurs, l'ophryon ne représente pas la séparation du crâne cérébral d'avec le crâne facial. La voûte cérébrale n'est pas un plan, mais une ligne sinueuse, dont la partie la plus élevée correspond peut-être à l'ophryon, mais dont la partie la plus déclive répond au nasion. Certes, le choix de l'ophryon est aussi légitime que celui du nasion sur le squelette; mais sur le vivant l'ophryon n'a aucun point de repère sérieux. En effet, le bord supérieur des sourcils, partie pileuse, ne peut indiquer la situation d'une partie osseuse. Le nasion constitue un point invariable et facile à trouver chez le vivant.

Au Congrès de Monaco, la commission pour l'unification des mesures a admis que l'indice facial était parfaitement exprimé par le rapport

$$\frac{\text{Diamètre naso-alvéolaire} \times 100}{\text{Diamètre bizygomatique}} = \text{indice facial (n° 4)}.$$

Certes, le diamètre naso-alvéolaire exprime fort convenablement la hauteur de la face, et comparé au diamètre bizygomatique, il permet d'établir un indice nullement influencé par le sexe et la taille : et, chose capitale, il permet de caractériser des variations ethniques.

Indice orbitaire. — Si pour tous l'indice orbitaire est le rapport de la largeur à la hauteur de l'ouverture extérieure de l'orbite, la façon de le mesurer est loin d'être identique. Pour Virchow, le diamètre transversal parti du point de repère interne, le crâne étant tenu en position droite et symétrique, se porte horizontalement en dehors, et atteint par conséquent tantôt l'os malaire, tantôt l'apophyse orbitaire externe du frontal[1].

Pour Broca[2], ce diamètre part du dacryon et se termine sur le point le plus éloigné du bord opposé de l'orbite. Dans tous les cas, la hauteur se prend perpendiculairement à la ligne précédente.

Dans le procédé de Broca, beaucoup plus rationnel, le grand axe n'est pas toujours horizontal et est fréquemment oblique en bas et en dehors.

Néanmoins, qu'on n'oublie pas que le dacryon demande à être fixé avec soin : j'ai donné (page 108) les renseignements utiles à cet effet.

On appelle orbites mésosèmes celles dont l'indice varie de 83 (84 pour Flower) à 89, orbites mégasèmes celles dont l'indice atteint 90 et plus, et orbites microsèmes les indices au-dessous de 83.

Je donne le tableau de l'indice orbitaire, d'après Broca et Topinard, et je le fais suivre des quelques considérations empruntées au dernier de ces anthropologistes. D'autres auteurs donnent des listes plus complètes, mais où les sexes sont mélangés, ce qui est de nature à modifier les résultats, comme le démontrera ce que je dirai des variations sexuelles.

Indice orbitaire (Hommes).

Chinois	91,1
Polynésiens	92,5
Patagons	90,8
Peaux-Rouges	90,6
Mexicains anciens	90,8

1. Topinard, p. 950.
2. Broca, p. 577.

Mexicains modernes	90,3
Indo-Chinois	88,9
Usbecks	88,5
Javanais	88,3
Esquimaux	87,8
Parias	86,1
Lapons	85,9
Hollandais	88,9
Savoyards	88,5
Kabyles	88,1
Arabes	87,8
Égyptiens	86,3
Étrusques modernes	87,4
Gaulois	86,3
Corses	85,9
Auvergnats	85,7
Basques espagnols	83,6
Parisiens	82,9
Guanches	76,5
Vieillard de Cromagnon	61,3
Homme de Meulan	65,1
Homme de Billancourt	76,7
Alluvions de Grenelle	79,8
Caverne Homme-Mort	80,0
Grotte de Baye	81,4
Solutré (âge du renne)	81,7
Dolmens de la Lozère	83,2
Caverne de Beaumes-Chaudes	85,0
Nègres d'Afrique	85,4
Nègres du Kordofan	85,1
Hottentots	84,5
Nubiens	81,0
Australiens	78,9
Néo-Calédoniens	78,8
Tasmaniens	75,6

Ces chiffres indiquent : 1° que les races jaunes sont toutes mégasèmes; 2° que les Mélanésiens sont très microsèmes et se distinguent ainsi des Nègres africains; 3° que parmi les peuples se distinguent deux groupes mésosèmes avoisinant les mégasèmes, d'une part, les Hollandais les plus kymris des séries Broca, et de l'autre, les Égyptiens, Kabyles, Arabes, Étrusques, autrement dit un groupe méditerranéen; 4° que toutes les races préhistoriques de France sont microsèmes, avec des oscillations semblant indiquer que la race la plus ancienne et autochtone très microsème s'est mélangée dans des proportions variables, suivant les régions, avec une race tendant à la mégasémie; 5° que les indices des Savoyards et des Auvergnats diffèrent un peu par l'addition à l'élément primitif d'un élément ligure dont la microsémie est notable.

Les femmes ont l'indice plus mégasème que les hommes, et cela tient à la hauteur relativement plus grande de l'ouverture orbitaire du sexe féminin, par suite du faible développement de ses arcades sourcilières.

Chez l'enfant, l'indice est plus grand, mais il diminue au fur et à mesure de la croissance.

D'après Manouvrier, l'enfant très jeune a un indice de 94,13; l'enfant plus âgé de 90,27.

Le cerveau exerce une certaine influence sur les variations orbitaires. C'est ainsi que Broca a constaté chez les microcéphales une macrosémie marquée (moyenne 92,56), et chez eux cet état n'est pas dû à une augmentation de la hauteur, mais à une diminution de largeur. Par suite de la faible pression interne, accompagnant l'atrophie cérébrale, l'écartement de la partie frontale n'a pas de raison de se faire :

aussi la voûte orbitaire reste-t-elle immobile, conservant ainsi son état infantile.

Ce fait démontre la fausseté de cette opinion qui ne veut voir aucune corrélation entre la forme crânienne et les variations de l'indice orbitaire.

Les faces longues et étroites ont des orbites hautes, tandis que les faces élargies ont des orbites basses. Papillault[1] a en outre prouvé que, dans une même race, le poids cérébral exerce aussi une sérieuse influence : l'arc supérieur s'élève si le poids cérébral est faible. Nous voyons là un fait pouvant être rapproché de celui constaté chez les microcéphales.

INDEX LACRYMAL ET INDEX INTER-LACRYMAUX. — L'index lacrymal donne les variations de l'os lacrymal ou unguis. Ces variations justifient la nécessité de fixer la situation du dacryon autrement que l'avait fait Broca et comme il a été dit précédemment.

L'index lacrymal[2] s'obtient en multipliant par 100 la largeur et en divisant le produit par la hauteur :

$$\left(\frac{l \times 100}{h}\right).$$

Cet indice a pour moyenne 60, avec des oscillations de 42 à 65. Il est plus élevé chez la femme.

Regnault[3], d'après de nombreuses mensurations, arrive aux conclusions suivantes : 1° l'unguis est plus petit chez le nègre; 2° la suture lacrymo-ethmoïdale a son maximum de longueur dans la race blanche et

1. PAPILLAULT, 2, p. 514.
2. LE DOUBLE, 1, p. 47.
3. REGNAULT, p. 418.

son minimum chez les Australiens et les Papous; 3° la race jaune présente des sutures moins longues.

Ottolenghi et Piccozo affirment que la suture ethmoïdo-lacrymale est diminuée chez les criminels et les aliénés. Cette brièveté serait donc un caractère de dégénérescence.

Le degré d'inclinaison et de courbure de l'unguis est donné par les index suivants[1] : l'*index interlacrymal antérieur* et l'*index interlacrymal postérieur*.

Le dernier de ces indices, représenté par la formule :

$$\frac{\text{e. interl. post. et sup.} \times 100}{\text{e. interl. post. et inf.}}$$

renseigne sur le degré d'obliquité des deux tiers supérieurs de l'os.

L'index interlacrymal antérieur témoigne du degré d'obliquité et de courbure du tiers inférieur de l'os : sa formule est :

$$\frac{\text{e. interl. post. et inf.} \times 100}{\text{e. interl. ant. et inf.}}.$$

Les mensurations obtenues montrent que le lacrymal est très vertical chez les nègres et très oblique chez les Péruviens.

Indice nasal. — Si dans le sens vertical la croissance des os nasaux est limitée inférieurement par l'arcade dentaire, rien ne modère transversalement l'accroissement de leur ossification L'indice nasal subit donc des variations individuell considérables, mais, malgré tout, c'est un excellent caractère des

1. Le Double, 1, p. 51.

races du globe, et l'indice nasal est d'autant plus intéressant que les anthropologistes l'ont universellement adopté. J'ajouterai qu'il est aisé à prendre : sa valeur est donc à tous les points de vue incontestable.

L'indice nasal est le rapport de la largeur maxima de l'ouverture nasale antérieure à la longueur naso-spinale : celle-ci va du point spinal (centre virtuel de l'épine nasale) au nasion. Cet indice exprime la forme du nez.

Le tableau qui suit contient les chiffres de Deniker :

INDICE NASAL SUR LE CRANE

(Séries de plus de 10 crânes des deux sexes réunis).

NOMBRE DE CRANES	GROUPES ETHNIQUES	INDICE NASAL
	Leptorhiniens (moins de 48).	
46	Esquimaux	42,2
54	Basques espagnols	43,8
17	Guanches	44,2
28	Arabes	44,4
28	Berbers	46,2
32	Anglais	46,0
88	Auvergnats	46,2
17	Frisons	46,3
122	Parisiens	46,7
12	Tatars de Volga	47,1
52	Araucans argentins	47,1
127	Indiens de l'Amérique en général	47,2
48	Fuégiens	47,5
15	Botocudos	47,2
18	Maoris	47,5
88	Polynésiens	47,9

NOMBRE DE CRANES	GROUPES ETHNIQUES	INDICE NASAL
	Mésorhiniens (48-53).	
11	Indigènes des îles de l'Amirauté......	48,0
72	Italiens de Lombardie...............	48,3
28	Sardes..........................	48,6
66	Kalmouks.........................	49,0
94	Chinois..........................	49,1
31	Japonais.........................	49,5
16	Hindous..........................	50,0
11	Boughis de Mangkassar..............	50,0
21	Annamites........................	51,1
33	Marvars (Inde)....................	50,1
21	Russes (principal de Kazan).........	50,3
14	Andamans.........................	50,6
126	Aïnos............................	50,9
19	Habitants de l'île Ruk (Carolines).....	51,2
29	Perminks.........................	51,7
43	Veddas...........................	51,8
17	Malais...........................	51,9
11	Dayaks...........................	51,9
135	Néo-Calédoniens....................	52,5
16	Aztèques modernes..................	52,1
	Platyrhiniens (au-dessus de 53).	
25	Nègres de Fernando-Po...............	53,7
11	— du Soudan (Darfour, etc.).....	54,2
35	— du Sénégal..................	55,1
25	— de la Guinée supérieure.......	55,2
22	Nubiens (Bedjas?).................	55,1
18	Nègres de Kordofan.................	55,4
13	Fidjiens du Viti-Lévon (intér.).......	56,5
132	Australiens........................	56,2
21	Boschimans........................	58,4
15	Nègres de la Guinée inférieure........	58,8
12	Cafres...........................	61,7

Sur ce tableau ne figure aucun crâne infantile : ajoutons donc que l'enfant nouveau-né a un indice nasal plus élevé : chez lui, l'ouverture nasale est relativement grande, puisque la largeur faciale l'est aussi.

Broca a réparti les variations ethniques de l'indice nasal en trois groupes :

1° Les platyrhiniens : nez large et plat, avec un indice de 53 et au-dessus ;

2° Les mésorhiniens : nez intermédiaire au groupe 1 et 3, dont l'indice est de 48 à 52,9 ;

3° Les leptorhiniens à nez mince et étroit avec un indice de 47,9 et au-dessous.

Il est bon, pour éviter toute erreur d'interprétation, de se souvenir que les Allemands ont modifié cette répartition (Kollmann) ainsi qu'il suit :

Leptorhiniens.	42 à 47
Mésorhiniens.	48 à 51
Platyrhiniens.	52 à 58
Hyperplatyrhiniens, au-dessus de 58	

La lecture du tableau précédent démontre qu'à part quelques exceptions, la plupart des nègres africains et océaniens sont platyrhiniens ; que les races jaunes sont mésorhiniennes et que les Européens sont leptorhiniens.

A remarquer que les Polynésiens se trouvent parmi les leptorhiniens et que les Esquimaux ont l'indice le plus faible.

L'indice nasal de quelques crânes préhistoriques montre une augmentation graduelle. Seul l'indice des Gaulois rompt la régularité.

Indice nasal de crânes préhistoriques (Topinard).

18	Caverne Homme-Mort	45,4
8	Dolmens de la Lozère	47,7
35	Grottes de Baye	47,9
34	Gaulois	45,8
76	Mérovingiens	49,1

Rapports de l'indice nasal et de l'indice céphalique.

Broca, d'après l'étude de crânes parisiens, avait noté chez les brachycéphales une largeur nasale plus grande et une hauteur moindre que chez les dolichocéphales : d'où un indice nasal plus élevé chez les dolichocéphales.

Collignon[1] et Houzé, qui ont fait des recherches à ce sujet, montrent que cette loi est loin d'être rigoureuse et que fréquemment les rapports ont lieu en sens inverse de l'opinion de Broca. Il est évident qu'avec les croisements de races les modifications sont fréquentes d'autant plus que la forme du nez est un caractère qui se transmet héréditairement avec une facilité incroyable et d'une façon isolée.

Ce chapitre sera complété par l'indice nasal sur le vivant.

Indice de l'ouverture nasale. — La forme de l'ouverture est variable et on peut l'exprimer au moyen d'un indice donnant le rapport de la largeur totale de l'orifice à la longueur prise pour 100. Disons, avant d'en donner quelques exemples, que le mauvais état des crânes s'oppose fréquemment à sa recherche.

1. Collignon, 2.

Indice de l'ouverture nasale (1) :

	Largeur.	Hauteur.	Indice.
Hollandais	22,5	35,3	63,7
Valaques	23,1	31,5	73,3
Magyars	23,5	31,5	74,2
Annamites	26,5	32,3	81,5
Néo-Calédoniens	25,5	30,0	85,0
Nègres	27,8	30,8	90,2

INDICES DES OS NASAUX. — Ces indices, qui sont le résultat d'intéressantes recherches de Manouvrier[2] que je vais résumer fidèlement, sont propres à indiquer numériquement les différences entre l'homme et les Anthropoïdes et les corrélations morphologiques des os nasaux. Ils sont au nombre de trois : A, B, C.

INDICE A

Rapport de la largeur minima à la largeur maxima = 100.

	MOYENNES	
	Hommes.	Femmes.
Parisiens	60,0	58,0
Auvergnats	62,7	60,2
Hollandais	60,1	55,9
Nègres	52,8	52,7
Néo-Calédoniens	51,8	53,3
Polynésiens	48,8	47,3
Esquimaux	33,7	40,2

1. TOPINARD, **1**. p. 290.
1. MANOUVRIER. **7**, p. 713 et suiv.

Anthropoïdes :

2 Orangs adultes	30,0 à 33,3
3 Chimpanzés	42,8 à 58,3
Gorilles	5 à 42

Il faut remarquer que chez les gorilles, la grande étendue de l'écart tient vraisemblablement à un abaissement normal de l'indice pour plusieurs individus. La moyenne normale paraît être entre 20 et 30.

Par cet indice, les races européennes se séparent des Anthropoïdes : les os nasaux y atteignent leur plus grande largeur minima ou interorbitaire par rapport à leur largeur inférieure, ce qui semble correspondre avec un élargissement de la région interorbitaire par rapport à la largeur de l'échancrure nasale.

On voit que le chimpanzé se rapproche de l'espèce humaine et que son indice moyen dépasse celui des Esquimaux et se rapproche de celui des Polynésiens.

INDICE B

Rapport de la largeur minima à la longueur latérale = 100.

	MOYENNES	
	Hommes.	Femmes.
Parisiens	39,3	37,9
Auvergnats	40,7	39,8
Hollandais	36,1	33,7
Nègres	39,6	41,1
Néo-Calédoniens	38,6	41,2
Polynésiens	30,4	30,9
Esquimaux	20,0	23,5
1 Gorille	11,6	»
1 Chimpanzé	21,4	»
1 Orang	5,5	»

Chez les Hollandais, l'abaissement de l'indice est en rapport avec une diminution de la largeur se rencontrant avec une augmentation notable de la longueur.

Chez les Nègres et les Néo-Calédoniens, c'est une diminution de la longueur qui explique l'élévation : au contraire, chez les Polynésiens, l'indice est abaissé par la diminution de largeur ; chez les Esquimaux, la largeur est au minimum et la longueur au maximum, comme la hauteur de la région nasale.

Chez l'Anthropoïde comparé à l'homme, l'abaissement de l'indice résulte d'une diminution de largeur et d'une augmentation de longueur. Le gorille a un indice plus bas en raison d'une longueur supérieure.

Manouvrier, pour constituer les indices, a choisi la longueur latérale des os et non la médiane, parce que les os nasaux peuvent acquérir sur la ligne médiane une proéminence qui permet un accroissement de longueur indépendant de la hauteur des os maxillaires. Au contraire, les bords latéraux sont plus réguliers.

Les variations de l'indice B n'ont qu'une relation lointaine avec celle de l'indice nasal : la largeur minima des os nasaux est liée surtout à la largeur interorbitaire, qui n'est pas proportionnelle à la largeur nasale inférieure. Au contraire, l'indice C a une relation manifeste avec l'indice nasal.

INDICE C

Rapport de la largeur maxima à la longueur latérale = 100.

	MOYENNES		INDICE NASAL	
	Hommes.	Femmes.	Hommes.	Femme
Parisiens	65,5	65,4	46,8	47,0
Auvergnats	64,9	62,2	46,4	47,1
Hollandais	67,5	63,1	46,2	46,6
Nègres	74,3	77,9	53,3	54,5
Calédoniens	74,6	77,0	50,7	51,0
Polynésiens	62,2	65,4	47,8	49,4
Esquimaux	59,3	58,3	41,9	41,9
1 Gorille	36,6	»	36	»
1 Chimpanzé	46,6	»	44	»
1 Orang	13,7	»	34	»

Ce tableau montre qu'il y a parallélisme entre les indices qui y figurent et ceux de l'indice nasal : ce qui s'explique, puisque la largeur maxima des os nasaux est liée à la largeur de l'échancrure, et la longueur à la hauteur de la région nasale.

Si le parallélisme n'est pas étroit, la cause en est que la largeur maxima des os nasaux est plus en rapport avec la largeur supérieure de l'échancrure nasale qu'avec la largeur maxima utilisée dans l'indice nasal, et que la proéminence des bords de l'échancrure nasale et des os nasaux permet un accroissement de ceux-ci en longueur indépendamment de la hauteur de la région nasale.

L'indice A place les races nègres au-dessous des races européennes, tandis que l'indice B différencie seulement les Polynésiens et les Esquimaux en les plaçant à une distance notable des autres races. Pourquoi? il existe un balancement entre la largeur et la hauteur de la région nasale; or cette région est développée transversalement chez les Nègres et verticalement chez les Esquimaux. C'est pourquoi Manouvrier a cru devoir comparer les largeurs minima des os nasaux avec les deux dimensions réunies de la région nasale, représentées par la largeur maxima des os du nez et par leur longueur latérale.

Au lieu d'instituer un quatrième indice entre la demi-somme (= 100) de ces deux dimensions, il a fusionné les indices A et B en prenant leur demi-somme, et il a obtenu les chiffres qui suivent :

Demi-somme des indices A et B.

	Hommes.	Femmes.
Parisiens	49,6	47,9
Auvergnats	51,7	50,0
Bretons Gallots	48,5	54,9
Basques	52,1	55,5
Hollandais	48,1	44,8
Nègres	46,2	46,9
Néo-Calédoniens	45,2	47,2
Polynésiens	39,6	39,1
Esquimaux	26,8	31,8
1 Chimpanzé	35,7	»
1 Gorille	18,3	»
1 Orang	17,7	»

En résumé, il en ressort une séparation entre les races nègres et les races européennes, et comme l'indice A établissait cette séparation, il en résulte que les indices A et C sont précieux et suffisants au point de vue ethnologique.

Indice palatin. — Cet indice, qui devait traduire le rapport de la largeur maximum de la région palatine à sa longueur totale, ne permet aucun groupement : on note les plus grandes discordances, et les seules règles qu'on a essayé de poser présentent tellement d'exceptions qu'elles ne méritent pas d'être signalées.

§ 2. — Prognathisme.

Définition. — Angle maxillaire de Camper. — Prognathisme facial supérieur. — Angle facial de Camper. — Angles faciaux, leur valeur. — Les différents prognathismes et leur mesure.

Sous le nom de prognathisme, on désigne la proéminence de la face et surtout des mâchoires, en avant d'un plan vertical tangent à la partie la plus antérieure du crâne cérébral, dans la position horizontale du crâne. Qu'on remarque que cette définition très exacte du prognathisme, que j'emprunte à Manouvrier, comme je vais lui emprunter beaucoup des notions qui suivent[1], n'a pas été admise par tous les auteurs s'étant occupés du prognathisme.

Beaucoup d'entre eux ne considèrent qu'une partie de la saillie, et de fait dans la masse qui dépasse le plan vertical sus-indiqué on peut envisager la proéminence des deux maxillaires, ou celle de l'ensemble facial dépourvu de la mandibule, ou la proéminence de la partie sous-nasale du maxillaire supérieur.

Le prognathisme combiné des deux os maxillaires est encore nommé prognathisme complet de Broca

1. Manouvrier, 7, 8 et 9.

ou prognathisme bimaxillaire (Manouvrier). Il est constitué par la saillie de l'ensemble de la face en avant du crâne.

Le point culminant de cette saillie se trouve à l'interstice des extrémités des dents incisives médianes des deux mâchoires.

Si de ce point culminant on mène deux lignes,

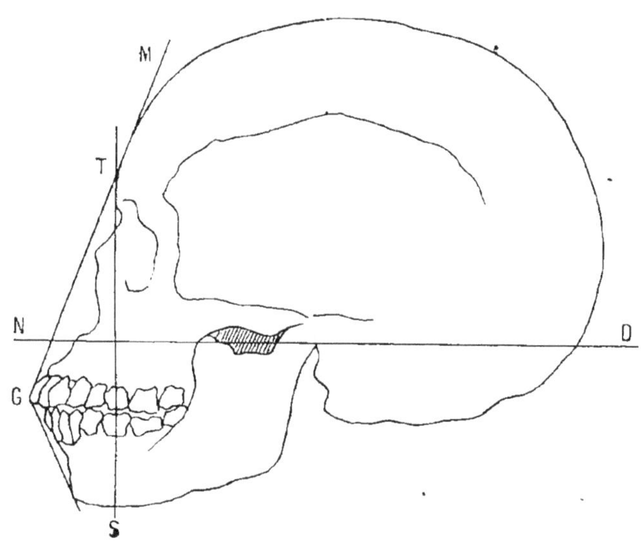

Fig. 19. — *Angle facial et angle maxillaire de Camper* (Topinard). MGS, Angle maxillaire de Camper. — ND, Horizontale de Camper. — MTG, Ligne faciale de Camper.

l'une se dirigeant vers la partie supérieure du point sus-orbitaire, l'autre vers la région inférieure, au niveau de la symphyse, il en résulte un angle ouvert en arrière qui donne le degré de prognathisme bimaxillaire : cet angle est l'angle maxillaire de Camper (fig. 19), et ses variations indiquent les variations de ce prognathisme complet.

Angle maxillaire de Camper[1].

Homme moyen................	155°
5 Orangs....................	109°,5
5 Gorilles..................	102
2 Chimpanzés................	99°,5
3 Semnopithèques............	107°,
1 Cynocéphale...............	96°,
2 Macaques..................	82°,
3 Mycètes (Cébiens).........	108°
25 Parisiens (hommes)........	165°,2
10 — (femmes)........	160°,2
25 Européens................	160°,0
18 Races jaunes diverses.......	154°,0
20 Néo-Calédoniens (hommes)...	153°,8
8 — (femmes)....	152°,5
24 Nègres africains (hommes)...	147°,5
10 — (femmes)....	142°,8

Cet angle constitue donc un caractère zoologique sérieux, car l'homme est nettement isolé des Anthropoïdes.

Au point de vue ethnique, il a également de la valeur : les races blanches se distinguent des races jaunes et celles-ci des races nègres.

PROGNATHISME FACIAL SUPÉRIEUR. — C'est le degré de proéminence de la face sans la mandibule. On le mesure au moyen d'un angle signalé par Camper et dénommé par lui angle facial : il est formé par deux lignes, l'une verticale, la ligne faciale tangente au point le plus saillant du front et à l'extrémité des inci-

1. TOPINARD, p. 864.

sives médianes; l'autre horizontale passant par le trou auditif et le bord inférieur des narines (ND, fig. 19). La ligne faciale s'incline plus ou moins, et ce sont ses variations qui mesurent le degré de prognathisme.

A considérer les résultats exprimés dans l'*Anthropologie générale* de Topinard, on est tenté de n'accorder qu'une valeur douteuse à cet angle. D'abord on y remarque des résultats qui diffèrent essentiellement, suivant la technique employée. Ensuite on constate qu'avec une technique rationnelle Topinard a obtenu les chiffres suivants :

Angle facial de Camper.

10 Magyars	77°,4
26 Grecs	76°,8
24 Européens	76°,5
4 Tziganes	73°,0
16 Races jaunes	72°,7
2 Tasmaniens	72°,5
10 Néo-Calédoniens	71°,8
20 Nègres africains	70°,3

Or, si l'on tient compte des variations individuelles qui sont extrêmes et peuvent faire varier les moyennes, il est évident que cet angle ne saurait avoir une valeur anthropologique bien affirmée, en raison du peu de différences que présentent les races.

D'ailleurs, comme l'a fait remarquer Manouvrier, cet angle a un gros défaut : il fait entrer en jeu un nouveau point crânien, le trou auditif qui n'a aucun rapport avec les saillies maxillaire et frontale. De là les opinions qui suivent (fig. 20).

Geoffroy Saint-Hilaire et Cuvier, pour obtenir des résultats plus certains, furent d'avis de porter le sommet de l'angle de Camper, dont la situation correspondait à un point virtuel, en un point fixe : le tranchant des incisives. Les autres points de repère étaient les mêmes (Topinard).

A son tour, Cloquet apporta des modifications en

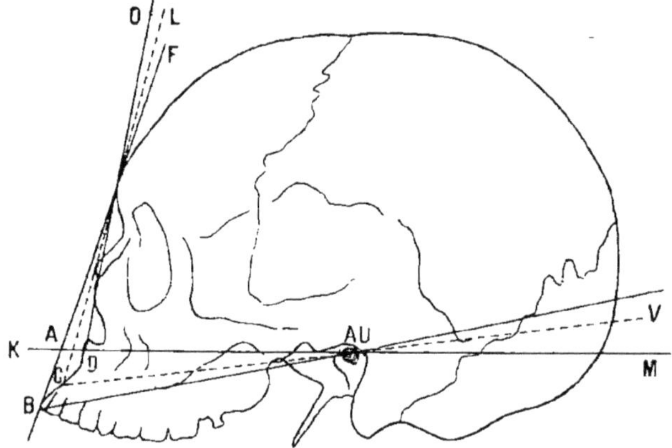

Fig. 20. — *Les divers angles faciaux* (Topinard).

BAF, Ligne faciale de Camper. — KAM, Horizontale de Camper. — FAM, Angle facial de Camper. — NB, Ligne auriculo-dentaire de Cuvier. — NBF, Angle de Cuvier. — VC, Ligne auriculo-alvéolaire de Cloquet. — VCL, Angle facial de Cloquet. — OD, Ligne ophryo-spinale de Jacquart. — MDO, Angle de Jacquart.

mettant le niveau du sommet angulaire sur le bord alvéolaire supérieur. Cette manière de voir éliminait les dents.

Jacquart adopta l'épine nasale comme sommet et choisit un point de repère frontal à 3 centimètres au-dessus de la racine du nez. C'était une excellente détermination, qui laissait de côté la glabelle, saillie osseuse, résultant de la présence des sinus frontaux et nullement influencée par le cerveau.

Broca proposa ensuite l'ophryon comme point de repère supérieur, ce qui était un progrès, sinon la perfection.

Pour obtenir la valeur angulaire, on se servait du goniomètre latéral, et du goniomètre facial médian.

On pouvait aussi dessiner le crâne au stéréographe, et après avoir mené les lignes nécessaires on mesurait les angles au moyen d'un rapporteur.

La valeur de ces angles. — Examinons les tableaux donnés par Manouvrier, d'après les recherches de Topinard.

Le premier donne les valeurs angulaires de l'angle facial diversement envisagé par les auteurs, c'est-à-dire suivant les variations du point de repère supérieur.

	Camper.	Geo roy St-Hilaire.	Cloquet.	Jacquart.
1 Bas-Breton	81°,5	68°,5	72°,0	85°,0
1 Nègre.	59°,0	51°,0	56°,0	62°,5
1 Gorille..........	31°,5	29°,0	31°,0	32°,0
1 Chien.	25°,0	25°,0	24°,5	25°,0

Le deuxième montre les variations de l'angle de Cloquet.

Européens.	72°,5
Nègre.	56°,0
Chimpanzé.	38°,6
Jeune chimpanzé.	51°,5
Gorille.	32°,2
Orang.	28°,5
Jeune orang....................	50°,5

Ces deux tableaux prouvent que l'homme se sépare nettement de l'Anthropoïde, que le jeune anthropoïde se rapproche de l'homme. Qu'on remarque que l'enfant a de même un angle supérieur à celui de l'adulte.

Si, au contraire, on consulte des tableaux donnant les valeurs angulaires suivant la race, on trouve entre les Européens et les Néo-Calédoniens des différences insignifiantes : 3° à peine! Par exemple, l'angle facial de Cloquet donne les chiffres suivants (Topinard).

5	Auvergnats	62°,6
10	Basques	60°,0
5	Chinois	59°,4
5	Néo-Calédoniens	58°,9
5	Nubiens	58°,7
5	Cafres	58°,4
5	Nègres du Sénégal	57°,6

J'ajoute à tout cela que dans une même population, on relève des variations considérables, et que M. Manouvrier a obtenu des angles identiques avec des crânes dissemblables quant à la proéminence des maxillaires. Avec lui concluons donc que la valeur de l'angle facial de Camper est secondaire.

Un angle facial est le résultat de faits anatomiques multiples : la proéminence maxillaire influence l'ouverture, mais celle des sinus frontaux, la hauteur faciale, la situation variable du trou auditif interviennent aussi. « Il en résulte qu'étant donnés deux angles faciaux différant entre eux de 4°, c'est-à-dire autant que diffèrent entre eux l'angle moyen du nègre et celui du Français, non seulement il est impossible d'évaluer d'après cette différence le prognathisme des deux crânes mesurés, mais il n'est même pas possible d'affirmer avec certitude que l'angle le plus aigu appartient au crâne le plus prognathe. »

La question est donc jugée et il est rationnel qu'on ait cherché à évaluer le prognathisme avec des procédés différents.

Pour faire cette évaluation, Welcker avait proposé de calculer un angle naso-basal formé par deux lignes émanant du basion et se portant l'une à la racine du nez et l'autre à l'épine nasale; Vogt faisait aboutir la ligne inférieure au point alvéolaire; Virchow construisait un angle aboutissant à la partie postérieure du trou auditif.

Ces angles présentent ce défaut sérieux d'avoir leur sommet en des points subissant des oscillations très importantes et de nature à modifier les résultats. Le basion ou le trou auditif subissent l'influence de l'inflexion de la base du crâne (voir précédemment) et leurs variations n'ont aucun rapport avec la valeur à exprimer.

Papillault[1] a choisi un point qui évite ces inconvénients : la suture basilaire à sa partie inférieure et médiane. Il en fait partir deux diamètres se rendant l'un au nasion et l'autre au point alvéolaire.

Le rapport de ces deux diamètres donne un excellent indice de prognathisme. Celui-ci a comme numérateur le diamètre supérieur multiplié par 100 et comme dénominateur le diamètre inférieur : cet indice a une valeur qui tend vers l'unité à mesure que la

1. PAPILLAULT, **3**, p. 351.

face devient plus petite. Je donne quelques chiffres obtenus par Papillault pour bien montrer les précieuses indications de son indice :

Crânes sériés d'après leur prognathisme.

	DIAM. SUTURE BASILAIRE A		
	Nasion.	Point. alvéolaire.	Indice prognathisme.
13 Nègres.	76,6	88,4	86,6
6 Crânes inférieurs.	75,5	83,5	90,5
4 Microcéphales.	62,1	68,3	90,9
20 Parisiens (hommes).	74,8	81,6	91,6
20 Parisiennes.	73,1	76,6	95,5
6 Crânes supérieurs	77,7	81,2	95,6
20 Nouveau-nés.	40,26	40,65	99

Il est aisé de voir que cet indice suit bien les variations du poids mandibulaire : d'autant plus que les crânes rangés sous la rubrique inférieurs et supérieurs font partie d'une même série dont ils occupent les extrémités, série rangée suivant le rapport du poids mandibulaire à la capacité crânienne.

Les microcéphales n'ont pas un prognathisme très accentué : il est en effet moindre que celui du nègre et cela se conçoit. Chez le nègre, le prognathisme répond à un développement exagéré des fonctions masticatrices, tandis que chez le microcéphale la face, prise isolément, est peu développée, et si on en juge autrement à première vue, c'est parce que le retrait du front s'exagère.

Une autre méthode pour évaluer le prognathisme est celle des projections. C'est Broca qui eut l'idée d'abandonner les angles et de recourir à cette méthode. A l'aide du stéréographe on trace la ligne horizontale alvéolo-condylienne et sur elle on abaisse des verticales émanant des différents points du massif facial.

En menant par le basion et par les points les plus reculés du crâne des verticales, on obtient ainsi la projection totale du crâne, celle du crâne antérieur

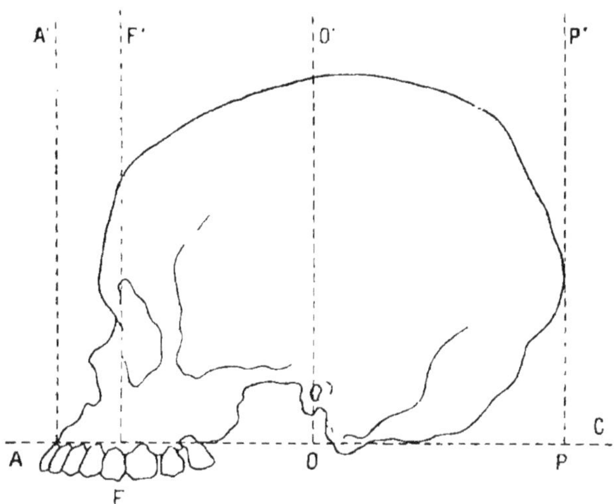

Fig. 21.

AC, Plan alvéolo-condylien. — OO', Perpendiculaire passant par le conduit auditif. — AA', Perpendiculaire abaissée au niveau du point alvéolaire. — PP', Perpendiculaire passant par la partie la plus reculée de l'occipital. — AO, Projection du crâne antérieur. — OP, Projection du crâne postérieur. — AF, Projection faciale ou prognathisme total. — AP, Projection totale.

et celle du crâne postérieur (fig. 21). Dans le crâne antérieur, une verticale FF' peut être abaissée, donnant la projection totale de la face AF, autrement dit le prognathisme total et son degré. Suivent les résultats obtenus par Broca.

La projection totale de la tête étant égale à 1.000.

	Européens.	Nègres.	Différence.
La projection du crâne antérieur est de	410	361	49
— postérieur est de	525	501	24
— de la face est de	65	138	73

La dernière ligne de ces rapports exprime le prognathisme, mais, disons-le, d'une façon extrêmement grossière; de plus, cette façon de procéder ne donne aucune notion sur la hauteur de la face et cependant une faible hauteur rend la saillie faciale plus accentuée.

Topinard[1] a perfectionné ce procédé comme il suit. Il utilisait les dessins pris à l'aide du stéréographe ou mesurait directement à l'aide d'équerres tenues à la main, les distances horizontales et verticales d'un crâne placé horizontalement sur un crâniophore.

Dans le premier cas, après avoir tracé la ligne horizontale alvéolo-condylienne, il menait une ligne perpendiculaire au plan horizontal et affleurant le point médian du bord alvéolaire antérieur. Puis il mesurait la distance à chacune de ces lignes, soit du point sous-nasal, soit du point nasal, soit de l'ophryon, suivant la proéminence que l'on veut évaluer.

Dans le deuxième cas, à l'aide d'une équerre verticale et d'une autre horizontale, il mesurait directement la hauteur des différents points et leur distance horizontale du point alvéolaire.

Le rapport des deux valeurs, c'est-à-dire de l'hori-

1. Topinard, p. 887.

zontale à la verticale égale à 100, exprime le degré du prognathisme de la partie choisie, c'est-à-dire la quantité dont chacun des points choisis, spinal, nasal ou sus-sourcilier se projette en avant.

Il est évident que ce procédé ne se ressent pas des influences occasionnées par les oscillations des points de repère signalées précédemment pour la limite de la face.

De plus, Topinard essaya d'évaluer les différentes sortes de prognathisme : prognathisme sus-nasal, prognathisme facial supérieur, prognathisme maxillaire se décomposant en prognathisme alvéolo-sous-nasal et en prognathisme nasal.

Pour évaluer le prognathisme sus-nasal ou sus-orbitaire, Topinard calculait un indice dont les deux facteurs étaient : 1° la hauteur de la région, c'est-à-dire la projection verticale du point sus-nasal ou sus-orbitaire à la racine du nez ; 2° la distance horizontale du même point sus-orbitaire en arrière de la racine du nez. Le rapport du second résultat au premier constitue l'indice.

Je ne donne pas les chiffres dont Topinard constate lui-même les conclusions déplorables. « Dès le premier coup d'œil jeté sur le tableau, écrit-il, on reste stupéfait... » Et Manouvrier trouve immédiatement la cause de cette incohérence dans les indices : le point de repère supérieur se trouve très voisin du point nasal et parfois sur un plan vertical antérieur à celui de la racine du nez, en raison de la saillie des sinus frontaux. D'ailleurs, cette proéminence exerce aussi son influence sur le point nasal.

De même, quand Topinard essaie d'apprécier ce

qu'il appelle le prognathisme facial supérieur, c'est-à-dire la proéminence de la portion faciale comprise entre le point sus-orbitaire et le point alvéolaire, les résultats sont troublés par suite du choix du point de repère supérieur.

Nous verrons tout à l'heure les indications de M nouvrier à ce sujet.

Voici quelques résultats du prognathisme maxillaire d'après Topinard :

Indice du prognathisme maxillaire.

47	Crânes de l'âge de la pierre polie...	11,33
21	Corses	17,65
18	Berbers	18,09
30	Gaulois	19,37
75	Basques	20,61
350	Parisiens	21,04
29	Slaves	21,28
120	Bretons	21,51
42	Mérovingiens	22,07

D'une façon générale, Topinard et Deniker considèrent le prognathisme maxillaire comme peu important.

Manouvrier remarque que ce prognathisme a son utilité au point de vue de la morphologie faciale, mais anatomiquement parlant, il n'a qu'une signification secondaire : en effet, la racine du nez ne limite ni la région maxillaire, ni la région frontale.

Examinons les variations du prognathisme de la région nasale dans les races.

Indice du prognathisme nasal.

14	Crânes de l'âge de la pierre polie..	13,78
21	Corses.	18,54
12	Guanches.	18,92
23	Gaulois.	19,33
40	Basques espagnols.	20,80
41	Mérovingiens.	20,86
39	Slaves.	29,91
350	Parisiens.	21,67
76	Auvergnats.	22,62
35	Basques français.	22,88
10	Esquimaux.	22,10
18	Mongols.	22,69
29	Chinois.	23,93
45	Malais.	24,50
30	Polynésiens.	22,02
11	Australiens.	22,10
6	Tasmaniens.	30,15
54	Néo-Calédoniens.	30,73
12	Cafres.	22,78
19	Nubiens.	23,50
52	Nègres africains.	25,15

Enfin voici les résultats obtenus par Topinard *pour le prognathisme alvéolo-sous-nasal.*

Ce prognathisme, par son importance pour la distinction et la classification des races, prime tous les autres : c'est le prognathisme par excellence.

L'indice du prognathisme alvéolo-sous-nasal est le rapport de la projection sur la ligne horizontale de la région maxillaire située en avant de ce point à la hauteur = 100 de ce même point au-dessus de l'horizontale.

Indice du prognathisme alvéolo-sous-nasal.

49	Crânes de l'âge de la pierre polie...	19,72
34	Gaulois et Gallo-Romains.......	17,14
42	Mérovingiens..................	23,94
73	Parisiens.....................	20,97
17	Européens (race brune méridionale)	18,47
21	Berbers.......................	20,04
82	Égyptiens.....................	22,28
21	Anglo-Germains................	20,12
18	Slaves........................	21,14
49	Sémites.......................	20,47
18	Mongols.......................	31,32
10	Esquimaux.....................	33,57
29	Chinois.......................	34,42
45	Malais........................	37,42
31	Polynésiens...................	34,71
62	Mélanésiens...................	36,51
119	Nègres africains..............	42,39
15	Hottentots....................	49,60

Le prognathisme de l'orang est très considérable, car ses incisives atteignent un volume triple des incisives humaines : qu'on remarque aussi que les Basques qui sont orthognathes ont de petites dents, tandis que les Australiens, les Calédoniens ont des dents volumineuses.

Les Nègres sont orthognathes dans l'enfance, puis deviennent prognathes au moment de la deuxième dentition, et à ce moment se produit l'allongement d'arrière en avant des os maxillaires et se ferment les sutures incisivo-maxillaires.

Le sexe a-t-il une influence sur le degré de prognathisme?

Topinard avance que le prognathisme maxillaire

est moins fort chez les femmes dans la plupart des séries où le prognathisme sous-nasal est moins fort chez les hommes ; il y aurait donc une sorte de balancement. Il incline aussi à conclure qu'en règle générale les femmes sont plus prognathes que les hommes, toutes choses égales. Malgré tout, il remarque lui-même que, si dans la série ancienne de la Lozère l'indice des femmes est plus fort que celui des hommes, comme dans une série de Parisiens, d'Auvergnats, de Basques, etc., il existe une série de crânes parisiens du XIXe siècle où les indices sont sensiblement égaux (H. 22,64 ; F. = 22,59).

Manouvrier n'est pas de cet avis, mais les deux opinions s'expliquent : Topinard n'a en vue que le prognathisme alvéolo-sous-nasal, le seul qui pour lui ait de l'importance. Pour Manouvrier, il faut envisager le prognathisme dans sa totalité ; cette opinion est également vraie. En effet, le prognathisme total est plus prononcé chez l'homme, car, ainsi qu'on le lira prochainement, une bonne partie du prognathisme masculin se trouve réalisé par la saillie fronto-nasale.

Au contraire, le prognathisme sous-nasal est plus accentué chez la femme ; seulement il faut être bien persuadé que cette accentuation n'est que relative et résulte de la diminution du prognathisme de la région supérieure de la face.

Ces constatations fournissent un argument sérieux en faveur de l'opinion de Manouvrier, que tout prognathisme doit être dissocié en ses éléments constituants. Chez la femme, la partie inférieure de la face ne présente pas un excès de développement relativement au crâne, mais relativement aux parties supérieures de la face.

Examinons donc les excellentes discussions de Manouvrier à cet égard.

Pour cet anthropologiste, l'angle facial ne peut donner des résultats précis puisque ses variations dépendent aussi bien de la proéminence du maxil-

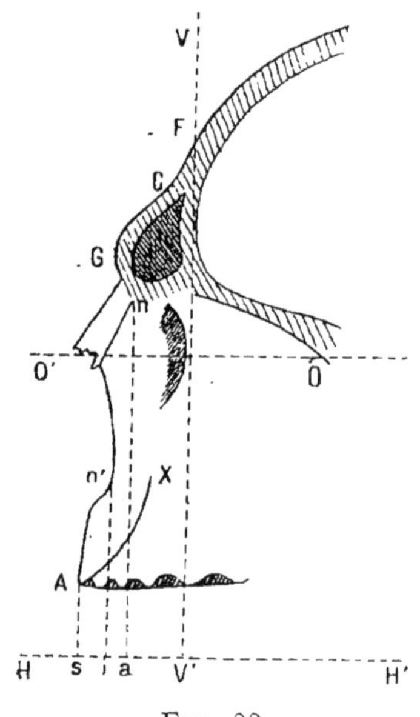

Fig. 22.

laire que des oscillations des points de repère choisis pour mener les branches de l'angle. En outre, une bonne technique devant analyser la saillie faciale et considérer isolément les proéminences frontale, nasale, sous-nasale, dentaire, seule, la méthode des projections peut donner un bon résultat.

La proéminence de la face doit être envisagée à

partir d'un plan VV' tangent à l'extrémité antérieure du cerveau et perpendiculaire au plan horizontal (fig. 22).

Il est évident que la glabelle G et l'ophryon C ne peuvent être considérés comme des points de repère : en effet, si l'on considère la projection totale (SV') de la face sur le plan horizontal, on s'aperçoit que la plus grande partie du prognathisme résulte de la proéminence frontale F*n*. Or, en mesurant le prognathisme seulement en avant des points G ou C, c'est-à-dire en avant de la glabelle ou de l'ophryon, on se borne à n'évaluer qu'une portion de l'avancée.

Deux individus ayant un degré égal de prognathisme, peuvent cependant présenter des formes bien différentes dans la disposition de la face : autrement dit, deux personnes ayant une proportion identique de leur avancée faciale prise en bloc, présentent une grande différence quand on analyse les causes du prognathisme.

Si l'on considère la figure et qu'on suppose que la proéminence frontale F*n* fasse défaut, le point A étant toujours au même niveau, il s'ensuivra que l'os maxillaire s'articulera avec le frontal en arrière du point *n*; mais alors la ligne faciale sera reculée et le point *n'* viendra par exemple en *x* : le prognathisme sera alors réalisé en grande partie par la ligne *x*A, c'est-à-dire par un prognathisme sous-nasal.

Ce n'est pas là une hypothèse. C'est la réalité et, comme nous l'avons dit précédemment, les femmes ont un prognathisme sous-nasal supérieur à celui des hommes. On rencontre perpétuellement des crânes montrant deux profils bien différents, et dont la projection sur un plan horizontal est cependant la même. En somme, le point de repère frontal du prognathisme est le point F ou métopion. Le point de repère inférieur est le point alvéolaire A. Manouvrier est d'avis de laisser de côté le prognathisme dentaire, tout à fait spécial.

La projection SV' donne donc le prognathisme total : pour le dissocier en ses éléments constituants, il faut abaisser des verticales du point *n*, articulation de l'os maxillaire avec l'os frontal et du point *n'* situé non pas sur l'épine nasale, mais sur la partie la plus reculée du bord de l'échancrure nasale, car c'est à ce niveau que la proéminence maxillaire cesse de concerner la région nasale et subit l'influence de la région alvéolo-dentaire.

Étant donné ces explications, il est facile de mesurer le degré absolu du prognathisme, c'est-à-dire toute la partie en avant de la perpendiculaire abaissée du point métopique : le prognathisme est exprimé par le rapport centésimal de cette perpendiculaire à la distance qui la sépare d'une ligne parallèle menée au contact du bord alvéolaire.

Les prognathismes partiels (nasal, sous-nasal, etc.) sont rapportés à la projection totale, égale à 100.

Malheureusement, nul travail pratique n'a été fait conformément à ces indications : il est donc impossible de donner une opinion définitive.

Malgré tout, les systèmes d'évaluation du prognathisme que je viens de passer en revue sont compliqués et souvent incomplets. (Par exemple, ils ne tiennent pas compte de la hauteur faciale.) Et c'est sans doute ce fait qui est cause que le prognathisme n'ait pas été mesuré sur de grandes séries. Beaucoup d'auteurs ont donné la théorie sans que la pratique soit venue confirmer la perfection du système.

La *méthode du Dr Rivet*[1] me semble véritablement intéressante en raison de sa simplicité et des résultats pratiques qu'il en a déjà obtenus.

Cet anthropologiste propose d'étudier les variations de l'angle antérieur d'un triangle dont les sommets sont le basion, le point alvéolaire et le nasion. Cet angle a été déjà autrefois étudié par Weisbach, mais sur de petites séries. Pour permettre l'étude de séries abondantes, le Dr Rivet a imaginé un abaque qui permet de calculer les angles d'un triangle en fonction des longueurs des côtés de ce triangle avec une grande rapidité.

Les avantages de cette méthode sont les suivants : 1° elle est indépendante de tout plan d'orientation du crâne; 2° elle tient compte de la hauteur de la face; 3° elle s'appuie sur trois mesures qui figurent dans l'entente internationale la plus récente et qui étaient adoptées depuis longtemps par la majorité des anthropologistes; 4° elle permet en conséquence d'utiliser une énorme quantité de matériaux et, par suite, d'établir des séries nombreuses, condition absolument indispensable pour l'étude d'un caractère soumis à des variations individuelles considérables; 5° les trois longueurs qu'elle utilise, marquées par des points de repère très précis, peuvent être mesurées avec une exactitude très grande, bien supérieure à celles que

1. Recherches sur le prognathisme. (*L'Anthropologie*, 1909-10.)

comportent d'ordinaire la plupart des mesures anthropométriques ; 6° elle supprime l'emploi d'instruments spéciaux coûteux et souvent d'une précision douteuse et ne nécessite qu'un simple compas-glissière.

Ces quelques remarques indiquent suffisamment la valeur scientifique et la simplicité de cette méthode. Rivet a d'ailleurs obtenu des indications pratiques fort remarquables avec son procédé qui mérite d'être adopté sans réserves.

CHAPITRE VI

ANGLES ET PROJECTIONS

§ 1. — Plans d'orientation et leur inclinaison.

Pour étudier le crâne dans toutes ses variations, et d'une façon complète, on doit aussi utiliser les projections et les angles.

En crâniométrie, on désigne ainsi la représentation sur un plan d'une partie ou de la totalité du crâne situé en dehors de ce plan : pour y parvenir on abaisse un certain nombre de lignes émanant des différents points de la surface osseuse et allant se terminer sur le plan de projection.

Il est aisé de concevoir que, pour avoir des résultats comparables aussi bien pour un opérateur que pour des opérateurs différents, il est capital de donner au crâne étudié une orientation identique. La méthode doit être parfaite. Un crâne étant donc orienté suivant un plan dont j'indiquerai à l'instant les qualités il est facile et de le dessiner au stéréographe et de tracer les lignes d'un point à un autre ou de la surface crânienne à un point donné. Dans le dernier cas, on a des rayons émanant d'un centre unique et déterminant des angles faciles à mesurer. Tels sont les angles auriculaires de Broca, qui sont compris entre des rayons partant du centre auditif et allant aboutir au point alvéolaire, à l'ophryon, au bregma, au lambda, à l'inion, au basion; on les désigne sous des noms divers : angle facial, angle frontal, angle pariétal, etc., et ils servent à évaluer le développement absolu ou relatif de ces diverses régions. Ce sont ces différents angles que je vais passer en revue. Qu'on veuille donc faire une projection ou rechercher une valeur angulaire, le premier soin doit être d'orienter le crâne suivant le plan désirable.

La figure 23 donne mieux que toute explication la direction des principaux plans successivement choisis et utilisés.

J'insiste seulement sur deux plans employés par Broca et en France, le plan alvéolo-condylien et le plan des axes orbitaires.

Le plan alvéolo-condylien est tangent à la face inférieure des deux condyles en arrière et à la partie médiane la plus avancée et la plus déclive du maxillaire supérieur.

Le plan des axes orbitaires, qui se définit par lui-même, est incontestablement le meilleur plan qui puisse être utilisé en crâniologie. De tout temps, les anthropologistes l'ont déclaré, mais comme ils ne connaissaient pas la technique permettant de le déterminer fidèlement, d'autres plans avaient été proposés.

Tous ceux-ci avaient la prétention très louable de se rapprocher du plan de vision.

Le plan orbitaire permet la comparaison entre tous les Vertébrés, ceux-ci ayant les yeux placés de façon à ce que leur regard puisse fouiller l'horizon avec avantage. Au repos, la direction du regard est horizontale; or, « l'axe des orbites remplace sur le crâne l'axe du

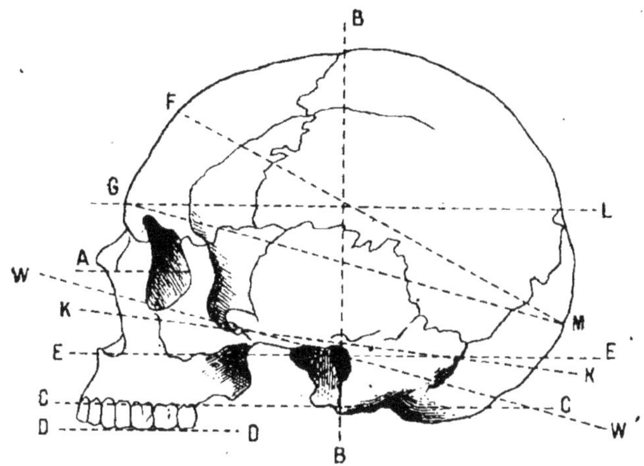

Fig. 23. — *Plans d'orientation.*

DD, Plan de mastication de Barclay. — CC, Plan alvéolo-condylien. — EE, Plan de Camper. — KK, Plan de Dumoutier. — A, Plan des axes orbitaires. — GM, Plan de Wyman. — GL, Plan d'Hamy. — BB, Plan de Busk. — WW', Plan de Virchow.

Nota. — Le plan de Ihering va du bord inférieur de l'orbite au centre du trou auditif, tandis que celui de Virchow part de la partie supérieure de ce trou.

globe orbitaire et indique, chez tous les animaux vivant à l'air libre, l'attitude naturelle de la tête. L'axe du regard correspond en arrière au trou optique et en avant au centre du pourtour orbitaire ».

Broca a eu le grand mérite de préciser le plan orbitaire, qu'on avait vainement cherché avant lui, à l'aide de l'orbitostat.

Facile à déterminer grâce à la précision des points de repère, permettant de faire des projections rationnelles et comparables entre elles, il est véritablement digne de porter le nom de plan horizontal.

Inclinaison des plans. — En comparant les angles que font les divers plans figurant sur la figure 23 avec le plan visuel, on se rend compte de la valeur respective de ces lignes d'orientation. Topinard[1] l'a nettement exposé comme on va en juger. (+ veut dire que le plan s'abaisse et — qu'il s'élève.)

Angles du plan orbitaire avec les plans ci-après :

	Moy. :	12 Auvergnats.	12 Mongols.	12 Nègres.
Alvéolo-condylien .	+ 0,8	— 0,9	+ 3,8	— 0,1
Hamy.	+ 0,9	— 1,8	+ 1,9	+ 2,7
Busk	— 1,8	— 4,7	— 0,7	+ 0,5
Mastication	+ 3,8	+ 2,8	+ 7,6	+ 1,0
Camper.	+ 4,6	+ 2,2	+ 8,8	+ 2,9
Baer.	— 6,5	— 8,8	— 5,9	— 4,6
Ihering.	— 7,9	— 9,5	— 6,9	— 7,4

Comme le fait remarquer Topinard, la conclusion saute aux yeux. Le plan alvéolo-condylien tient la première place. Celui de Camper s'abaisse; aussi lorsqu'on oriente le crâne suivant cette méthode les axes orbitaires et la tête se relèvent. C'est le contraire avec les plans de Baer et d'Ihering : ils s'élèvent

1. Topinard, p. 854.

et par conséquent leur emploi abaisse les directions

Si on considère les écarts individuels de ces plans, on s'aperçoit des erreurs qui pouvaient s'introduire grâce à leur emploi.

Angles du plan orbitaire avec les plans ci-après : Écarts individuels.

	Moy. :	12 Auvergnats.	12 Mongols.	12 Nègres.
Alvéolo-condylien.	12,6	5,7	8;6	7,4
Baer.	17,3	7,7	12,0	16,7
Ihering.	17,4	12,3	12,7	12,1
Camper.	19,6	13,8	15,6	9,7
Busk.	19,6	15,5	8,6	11,4
Mastication.	20,2	10,3	14,4	15,5
Hamy.	23,6	17,2	13,2	14,3

Dans le tableau précédent, ne figure pas le plan de Virchow, préféré des Allemands. Voici des chiffres mettant en regard le plan orbitaire et le plan de Virchow.

	100 blancs	31 nègres d'Afrique	35 jaunes	64 Néo-Calédoniens
Moyennes avec plan de Broca.	— 1°,3	— 1°,2	+ 2°,0	+ 1°,3
— — Virchow.	— 6°,4	— 4°,4	— 5°,0	— 2°,5
Maximum individuel avec plan de Broca.	+ 6	+ 6	+ 8	+ 8
Minimum individuel avec plan de Broca	— 8	— 5	— 4	— 7
Maximum individuel avec plan de Virchow.	— 2	0	+ 1	+ 3
Minimum individuel avec plan de Virchow.	—13	— 9	—10	—10

En somme, et c'est là ce qui est à retenir, le plan de Broca présente un parallélisme aussi satisfaisant que possible avec le plan orbitaire.

Le plan alvéolo-condylien s'en rapproche le plus. Donc le plan alvéolo-condylien et le plan horizontal de Broca sont les seuls que l'on puisse recommander si l'on veut obtenir des résultats vraiment précis.

§ 2. — Angles auriculaires.

Quand on a dessiné un crâne au stéréographe, on peut, ai-je dit, mener un certain nombre de lignes partant du centre auditif et aboutissant aux diverses parties de la périphérie. Ce sont les rayons auriculaires, déterminant les angles auriculaires, qui permettent d'évaluer le développement relatif des diverses régions crâniennes (faciales, frontales, pariétales, occipitales, etc.) (fig. 24).

Les angles mesurés comparativement par Broca chez les Parisiens, les Basques et les Nègres ont donné les chiffres suivants :

	Parisiens.	Basques.	Nègres.
Angle facial (point alvéolaire à p. sus-orbitaire)	51°,5	49°,6	46°,2
Angle frontal (p. sus-orbitaire à bregma)	56°,4	54°,6	54°,1
Angle pariétal (bregma à lambda)	60°,9	64°,4	66°,2
Angle occipital (lambda à opisthion)	71°,2	73°,2	72°,2

Donc la région frontale est plus forte chez les Parisiens que chez les Basques. Ceux-ci sont au-dessus des Nègres. Ces angles indiquent une particularité du crâne des Basques : le développement de la région crânienne postérieure (dolichocéphalie occipitale), ce qui distingue cette dolichocéphalie des autres dolichocéphalies européennes.

L'arc pariétal (Hervé et Hovelacque) est plus grand que l'arc frontal et que l'occipital chez les Australiens, les Papous et les Mélanésiens. Il est plus petit chez les Maoris et les Tasmaniens.

L'arc occipital est diminué chez les Malais.

Je ne parle pas de l'angle facial : d'après le tableau

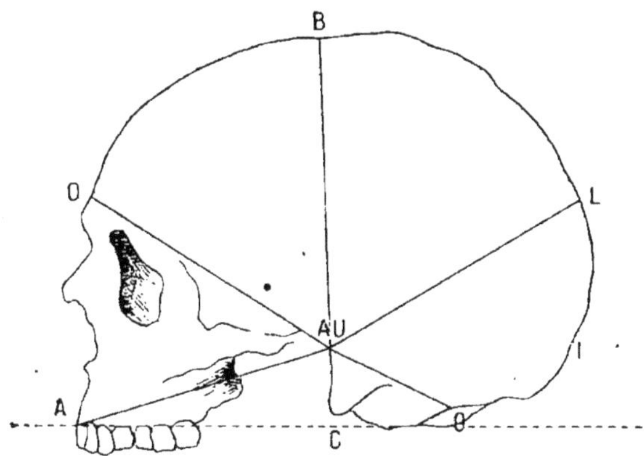

Fig. 24. — *Angles auriculaires.*

Les rayons aboutissent aux points alvéolaires A, à l'ophryon O, au bregma, etc., etc. Entre ces rayons sont compris les angles faciaux A AU O, frontal O AU B, pariétal, etc.

précédent, il est plus fermé chez le nègre, alors que chacun sait combien le massif facial est considérable dans la race noire. Cette mensuration ne donne que la hauteur faciale et ne dit rien sur son avancée, ce qui est l'important.

On peut de la même façon mener des rayons basilaires et obtenir des angles basilaires. Il est inutile de parler des recherches faites à ce sujet ; si on considère les angles basilaires dans la série animale ou dans les races, on n'arrive à aucune indication précise et à aucune conclusion intéressante.

§ 3. — Inclinaison de la base crânienne. Angle orbito-alvéolo-condylien.

Nous venons de voir que le plan alvéolo-condylien se rapproche le plus du plan horizontal. Ce plan est celui que prend le crâne, dépourvu de la mâchoire inférieure et reposant sur un plan horizontal par ses condyles et le sommet des incisives.

Examinons donc les variations angulaires que fait ce plan avec le plan orbitaire. L'angle formé par ces deux plans constitue l'*angle orbito-alvéolo-condylien.*

Si les plans prolongés se rencontrent en arrière, l'angle est ouvert en avant et est dit positif. Si la rencontre a lieu en avant et que l'angle soit ouvert en arrière, il est dit négatif. Voici quelques chiffres cités par Topinard[1] d'après Broca.

Angle orbito-alvéolo-condylien.

Quelques animaux de +47,6 (sanglier)
— à +23,4 (blaireau)

5 Singes hurleurs............	+ 24,6
1 — maki..............	+ 23,5
4 Pithéciens...............	+ 15,8

1. Topinard, p. 837.

1	Atèle	+ 13,4
4	Sajous	+ 7,2
1	Orang	+ 28,5
1	Gorille	+ 19,3
43	Hommes divers	= 0,1
16	Européens	— 1,7
4	Berbers	— 1,9
12	Auvergnats	— 0,9
5	Nègres de Nubie	— 2,2
12	Nègres africains	— 0,1
6	Mongols et Polynésiens	+ 3,3
12	Mongols	+ 3,6

Il est facile de constater que les animaux ont l'angle positif, tandis que les hommes ont l'angle négatif. Les Anthropoïdes, tout en ayant un angle peu élevé si l'on considère la série animale, ne se distinguent pas absolument du reste de cette série. Le mouton et le lion ont respectivement + 28,9 et + 23,8, chiffres identiques à celui de l'orang. Le chien (+ 24,9), le chat (+ 24) ont un angle moins ouvert que cet anthropoïde.

Si cet angle constitue un caractère zoologique assez bon, il n'a pas de caractère ethnique bien accentué. Néanmoins Godstein[1], qui dans ses premières recherches avait trouvé des résultats peu décisifs, obtint en portant ses investigations sur un grand nombre de crânes, les résultats suivants, qui sont une preuve, comme le dit justement Topinard, de la nécessité des grandes séries pour conclure.

1. GODSTEIN, octobre 1884.

Angle orbito-alvéolo-condylien (Godstein).

	Cas.	Moyenne.
Europe	100	— 1,5
Afrique	123	— 0,2
Malaisie	108	— 0,8
Mélanésie	123	+ 1,6
Asie	100	+ 2,3
Amérique du Nord	146	+ 2,9
Amérique du Sud	156	+ 3,1

§ 4. — Projections antérieures et postérieures du crâne sur un plan horizontal.

Si le crâne repose par sa face inférieure sur la planche à projections : la projection antérieure est la distance du basion au point alvéolaire, et la projection postérieure la distance du basion au point formé par la rencontre d'une perpendiculaire tangente au point le plus proéminent de la région occipitale.

Les deux projections additionnées donnent la projection totale. Celle-ci étant égale à 100, on peut y rapporter les projections antérieures ou postérieures. De plus, on peut constater les différences qui existent entre les races à ce point de vue. Wyman et Broca ont recherché ces variations ethniques. Le premier a obtenu des résultats dont la précision n'est pas parfaite en raison de l'orientation défectueuse qu'il donnait à la boîte crânienne.

Broca, adoptant le plan alvéolo-condylien, a obtenu les chiffres suivants qui expriment le rapport des projections partielles à la projection totale = 100.

	60 Européens.	35 Nègres.
Projection crânienne postérieure	52,5	50,1
— antérieure	40,9	36,1

Pour obtenir ces projections, Broca dessinait les crânes à l'aide du stéréographe.

Situation du basion et du trou occipital. — Les chiffres de Broca indiquent que le basion est plus antérieur chez l'Européen que chez le Nègre.

Topinard a heureusement complété ces recherches en s'efforçant de préciser la situation du centre du trou occipital, et non pas du basion. Pour l'obtenir, il a mesuré la longueur du trou, puis retranché la moitié de cette longueur de la projection postérieure et ajouté l'autre moitié à la projection antérieure. Voici ses résultats qui donnent avec la projection totale = 100, les projections antérieure et postérieure par rapport au centre du trou occipital sur le plan alvéolo-condylien.

	Projections antérieures.	Projections postérieures.
10 Sardes (indice céph. 74).....	59,0	41,0
10 Parisiens (indice céph. 80)...	59,8	40,2
10 Savoyards (indice céph. 89)...	61,1	38,9
10 Annamites.................	59,8	40,1
10 Maravars (Inde)............	62,2	37,8
10 Nègres de Guinée...........	60,7	39,3
10 — de Nubie............	61,3	38,7
10 — du Sénégal..........	61,6	38,4
10 — du Soudan..........	61,6	38,4
10 Papous....................	61,3	38,7
10 Néo-Calédoniens............	62,3	37,7
10 Hommes (les moins favorisés).	62,3	37,7
4 Singes cébiens.............	78,3	21,7
10 Gorilles...................	80,2	19,8
5 Pithéciens.................	83,5	16,5

On constate : 1° Que le centre du trou occipital est placé dans toutes les races humaines plus près de la partie postérieure du crâne que de la partie antérieure;

2° Que l'indice céphalique n'a pas d'influence marquée, sauf chez les Savoyards ultra-brachycéphales qui présentent un raccourcissement de leur crâne postérieur et un avancement du centre du trou occipital;

3° Que les races blanches et jaunes ont le centre du trou plus antérieur que les noires.

Mais les oscillations extrêmes de la situation du trou sont minimes (3 unités) : aussi ne saurait-on en faire un caractère de race. La comparaison avec les singes montre qu'il y a entre l'homme et les anthropoïdes un écart marqué. La situation plus postérieure chez l'anthropoïde n'a rien d'extraordinaire, étant donnée la façon dont la tête pend à l'extrémité de la colonne cervicale et le développement facial considérable.

Chez l'homme, la tête reposant en équilibre sur la colonne, et presque sans effort, on serait tenté de conclure que le trou occipital est juste à la partie médiane. Plus exactement, il faut dire qu'il est situé dans la région moyenne chez l'homme en tenant compte de certaines oscillations. Par exemple, il est situé plus en avant chez l'enfant que chez l'adulte. Chez le jeune anthropoïde il est situé plus en avant que chez l'anthropoïde adulte, de telle sorte que sa situation est à peu près la même que chez l'homme.

Une remarque encore sur les projections. Si, grâce

à elles, on peut comparer le développement respectif des différentes portions du crâne, ou l'étendue d'une partie crânienne, il est facile d'établir des divisions dans les plans antérieurs et postérieurs tels que les prenait Broca. Si, par exemple, on veut obtenir la longueur du cerveau, il faut partir en avant du métopion et on laisse ainsi la projection sus-nasale qui constitue une partie faciale.

C'est grâce à cette méthode que certains auteurs ont proposé, nous l'avons vu, d'étudier le prognathisme, ou mieux les prognathismes.

Direction du trou occipital. — Les changements de situation dont je viens de m'occuper s'accompagnent de changements de direction : les deux variations sont intimement liées, et à une situation donnée du trou occipital correspond une inclinaison également déterminée. Si le trou est postérieur, le plan est oblique en bas et en avant, s'il est situé à la région moyenne, le plan tend à l'horizontalité. Toutefois, qu'on se souvienne que les deux faits ne sont pas absolument parallèles.

Les oscillations du trou occipital méritent d'être étudiées par comparaison chez les anthropoïdes et chez l'homme. Il est également intéressant de constater les variations subies au cours du développement individuel.

Pour bien comprendre ces oscillations, reportons-nous à la figure de Manouvrier[1].

1. Manouvrier, 1.

La figure 25 représente, superposées au niveau du bord antérieur de la gouttière optique O et de la base de l'étage frontal de l'endocrâne, les profils endocrâniens d'un gorille jeune et d'un gorille adulte.

Les deux régions frontales, qui sont égales, comme nous l'avons dit précédemment, se superposent l'une à l'autre dans toute leur étendue, mais la partie posté-

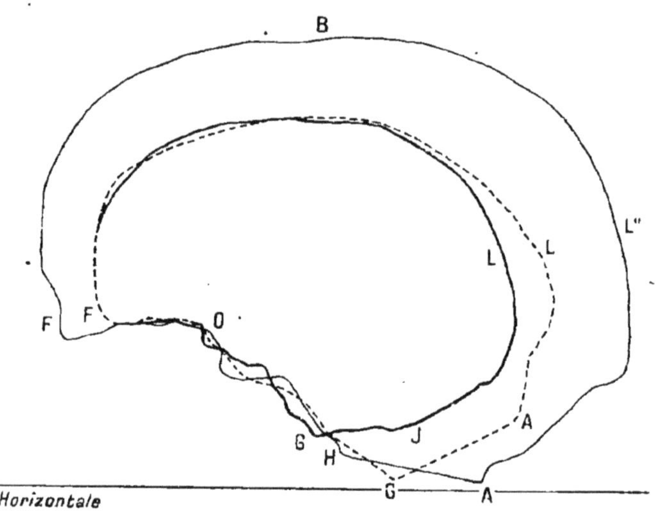

Fig. 25. — *Profils endocrâniens superposés.*

D'un gorille jeune. . . . . GJ ———

D'un gorille adulte. . . . . GA - - - - - -

D'un homme adulte. . . . . HA ————

rieure qui s'allonge chez l'adulte reporte en arrière le trou occipital. Comme en même temps la voûte occipitale et pariétale postérieure se relève, le plan du trou occipital devient plus oblique.

Le profil adulte superposé démontre que le déplacement du trou occipital dans le passage à l'état adulte est uniquement dû à l'allongement de la base crânienne et que son obliquité est due à cet allongement non suivi de celui de la voûte. Chez l'homme, dont le profil est aussi superposé, le plan du trou est moins oblique en raison de l'allongement de la voûte occipitale qui descend à la rencontre du basion en même temps que ce point s'abaisse et recule.

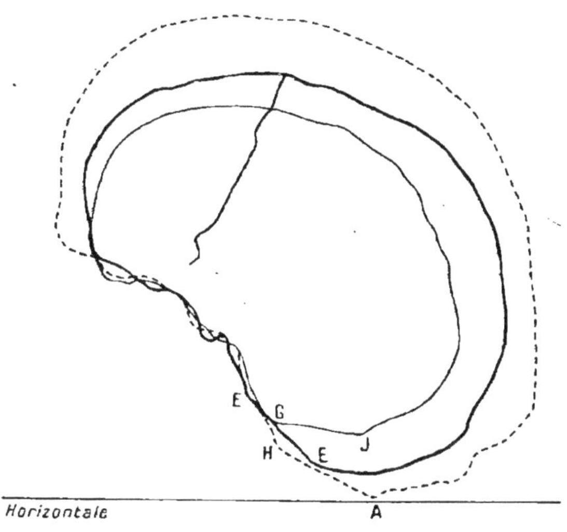

FIG. 26. — *Profils endocrâniens superposés.*

D'un enfant de 2 ans . . . . EE ————
D'un homme adulte. . . . . HA - - - - - -
D'un jeune gorille de 2 ans environ. . . . . GJ

Sur la figure 26, où se trouvent superposés un crâne d'enfant et un crâne d'adulte, on voit que le crâne humain s'agrandit dans tous les sens après l'enfance. La base du crâne s'allongeant en avant comme en arrière, on ne peut donc s'étonner que le trou occipital soit reporté en arrière sans que sa direction change beaucoup.

Cette figure permet aussi de comparer le profil endocrânien d'un enfant et d'un jeune anthropoïde.

§ 5. — Angles occipitaux.

Plan occipital. — Angles de Daubenton et de Broca.

Inclinaison du trou occipital. — Comme de juste,

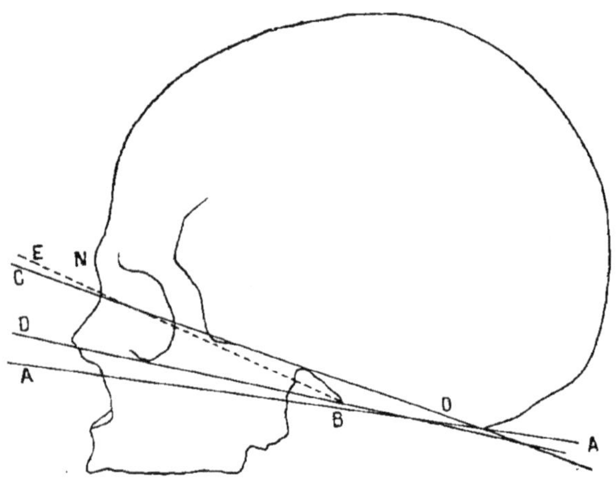

FIG. 27. — *Angles occipitaux.*

O, Opisthion. — B, Basion. — D, Bord inférieur de l'orbite. — N, Point nasal. — ABA, Plan du trou occipital. — AOD, angle occipital de Daubenton. — AOC, Angle occipital de Broca. — ABE, Angle basilaire de Broca.

de nombreux anthropologistes ont tenu à évaluer exactement l'*inclinaison du plan occipital*. Voici quelques méthodes accompagnées des réflexions nécessaires sur les angles occipitaux[1].

L'inclinaison du plan du trou occipital peut être constatée au moyen du niveau occipital de Broca : cet instrument donne la direction de la ligne passant par le basion et l'opisthion, mais mieux vaut obtenir des chiffres résultant de l'inclinaison de la ligne par rapport à une ligne fixe.

Angle occipital. — L'angle occipital fut introduit par Daubenton. Il a son sommet O sur l'opisthion et est constitué par deux plans : l'un, le plan du trou occipital, l'autre passant par le bord inférieur de l'orbite (angle AOD, fig. 27). Il peut se mesurer avec le goniomètre occipital ou sur le crâne dessiné au stéréographe. Je donne quelques résultats.

Angle occipital de Daubenton.

Chimpanzés	+ 26°,2
Orangs	+ 31°,2
Gorilles	+ 32°,5
Gibbons	+ 31°,5
Pithéciens	+ de 19°6 à 23°,8

Variations humaines.

Races blanches	de — 16° (Auvergnat)	à + 14° (Parisien)
— jaunes	de — 6° (Mongol)	à + 14° (Javanais)
— noires	de — 3° (Nègre africain)	à + 10° (Hottent.)

L'angle de Daubenton est donc parfois négatif chez l'homme; il augmente graduellement chez les

1. Topinard, p. 814 et suiv.

primates au fur et à mesure qu'on descend vers les espèces inférieures; mais on voit les races se confondre sans aucun ordre et, d'autre part, il présente des oscillations individuelles considérables. Aussi Broca substitua à l'angle de Daubenton un *autre angle occipital* dans lequel il faisait passer un plan, non plus par l'opisthion et le bord inférieur de l'orbite, mais par l'opisthion et le nasion.

Broca se rendit compte que cet angle n'était pas encore parfait, aussi proposa-t-il un *angle basilaire* (ABE, fig. 27). Le sommet de l'angle était reporté au basion et le plan supérieur allait du basion au nasion.

Angle basilaire de Broca.

Hommes...........	de	14°,3 (Slaves)	à 26°,3 (Nubiens).
Chimpanzés..........		45°,5	
Orangs................		55°,2	
Gorilles...............		53°,2	
Gibbons...............		51°,5	
Pithéciens..........	de	45°,4	à 49°

Cet angle n'est pas supérieur à celui de Daubenton et sa valeur ethnique est toujours peu marquée. Il ne faut guère s'en étonner, car la ligne naso-basilaire subit l'influence et de l'inclinaison du clivus, et des variations de l'angle sphénoïdal de Welcker, et des déplacements du basion.

Broca eut alors recours à un *troisième angle occipital* (le 4e de la série), l'*angle orbito-occipital* (AOC) qui se mesure commodément sur les dessins stéréographiques. Il est formé par la rencontre du plan du trou occipital avec l'axe orbitaire.

Je donne les chiffres obtenus par Topinard.

Angle orbito-occipital.

7 fœtus de 5 à 9 mois de conception..	+	3°,14
10 fœtus à terme........................	+	3°,10
8 enfants de 0 à 1 an..................		0°,00
15 enfants de 1 à 9 ans................	—	19°,13
11 — de 10 à 15 ans....................	—	18°,00
55 Parisiens modernes adultes...........	—	18°,20

Moyennes : Races blanches........	de — 20°,2	à 10°,1
— jaunes.........	de — 14°,9	à 3°,6
— noires..........	de — 13°,9	à —6°

Oscillations individuelles : R. blanches,	de — 35°,	à 0°
jaunes,	de — 25°,	à + 7°,5
noires,	de — 17°,	à +4°

Anthropoïdes...........	+ 32°	à + 45°
Singes divers............	+ 28°	à + 67°
Carnassiers.............	+ 63°	à + 93°

Positif chez les animaux (fig. 28), l'angle orbito-occipital est négatif dans les races humaines (fig. 29).

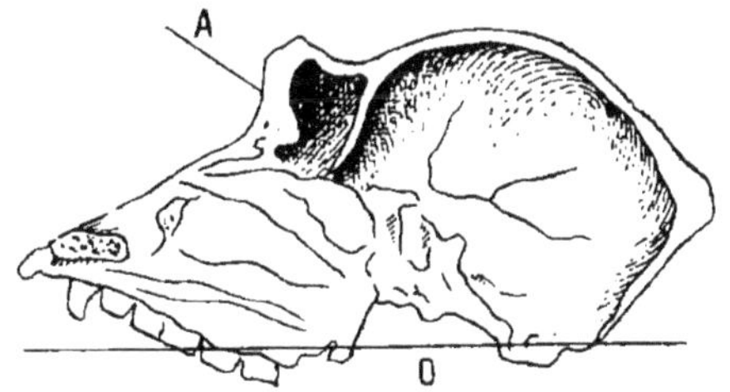

Fig. 28. — *Angle orbito-occipital positif du semnopithèque* ; 34.
(D'après Topinard.)

Toutefois chez le fœtus il est positif, pour être nul à la naissance (fig. 30) et devenir ensuite négatif. C'est vers 4 ans que l'angle adulte est acquis.

Chez les primates, le crâne étant orienté suivant le plan visuel placé horizontalement, le basion est plus

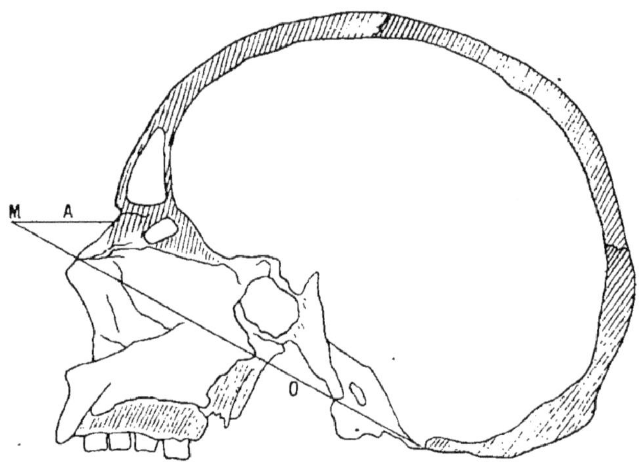

Fig. 29. — *Angle orbito-occipital d'adulte, négatif* — 23° (Topinard).

bas que l'opisthion. Chez les nègres, les microcéphales, les fœtus, les deux points sont sur un même plan horizontal.

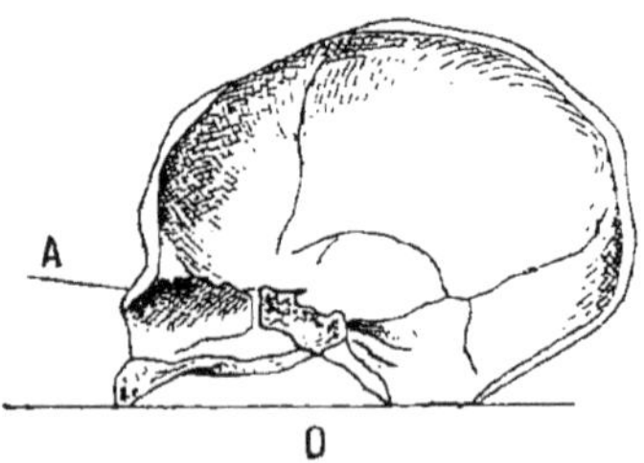

Fig. 30. — *Angle orbito-occipital d'enfant en bas âge* (+4°,5).

zontal. Chez l'adulte, le basion s'élève au-dessus de l'opisthion.

D'autre part, on s'aperçoit que toutes les races au-dessus de 14° sont européennes et que celles au-dessous sont noires.

Malgré tout, il existe encore des confusions : mais il est permis de constater que l'angle orbito-occipital est le meilleur de tous : parfait au point de vue zoologique, sa valeur ethnique est moins satisfaisante.

Broca voulait que la différence entre le fœtus et l'homme résultât de l'attitude, la marche déterminant une modification de l'inclinaison.

Les recherches de Manouvrier, indiquées précédemment, démontrent qu'il y a en outre un allongement de la base crânienne. Quant à l'influence de l'attitude, il faut, pour l'évaluer, pousser les recherches plus loin.

Les déplacements du trou occipital. — Le plan du trou occipital est constitué par deux points, le basion et l'opisthion; il était logique d'analyser les variations respectives de ces deux extrémités du plan, comme les rapports qui existent entre l'inclinaison du plan du trou occipital et l'inclinaison de parties osseuses avoisinantes.

Papillault[1] n'y a pas manqué dans son mémoire sur la base du crâne et je vais désormais m'y référer.

Tout d'abord il répond à cette question : *Dans les déplacements et les variations d'inclinaison du trou occipital, l'opisthion se déplace-t-il en réalité par rapport au basion?*

1. PAPILLAULT, 3.

Examinons le tableau suivant :

	Angle basilaire.	Angle opistho-horizontal.	Angle opistho-clivien.
Pithéciens.	49°,5	+ 35°,9	60°
Gibbons.		+ 41°,1	54°,6
Gorilles.	46°,8	+ 34°,1	55°,6
Microcéphales	29°,2	— 3°,2	59°,6
Nègres.	23°,2	— 6°,2	55°,2
20 Parisiens (hommes). . .	17°,9	— 15°,8	55°
20 Parisiens (femmes) . . .	15°,6	— 14°,8	50°,7
20 Nouveau-nés.	26°,1	— 2°,7	56°,3
2 Fœtus (4 à 5 mois). . .	30°	+ 4°,7	63°,2

Si nous considérons la troisième colonne, où se trouvent inscrites les valeurs angulaires de l'angle opistho-clivien exprimant la direction du trou occipital par rapport au clivus, on remarquera que cet angle ne subit que des variations négligeables; or, si les os s'étaient réellement modifiés et que l'opisthion se fût abaissé, cet angle devrait être inférieur chez l'homme. L'opisthion et le basion restent donc solidement fixés l'un à l'autre.

L'angle orbito-occipital, auquel Papillault donne le nom d'*opistho-horizontal*, présente des variations résultant de la flexion de la base crânienne au niveau de la selle turcique. « Entre les gorilles et les Parisiens, l'angle opistho-horizontal diffère de 49°,9 et l'angle clivo-horizontal présente entre les deux un écart de 49°,3. Je crois inutile d'insister, il devient par trop évident que les prétendus mouvements de l'opisthion sont parfaitement illusoires. »

Papillault ne pense pas que l'attitude exerce une action puissante sur la base. En effet, le pithécien qui marche toujours à quatre pattes a une inflexion à peu près égale à celle du gorille et supérieure à celle du gibbon.

Cependant, les fœtus des Vertébrés ont une inflexion très minime : leur attitude n'y est pour rien, pas plus qu'elle ne saurait influencer les variations individuelles de 20° qu'on rencontre chez l'homme. Comment alors interpréter l'angle existant chez le fœtus? Par le fait de la marche, l'enfant, comme l'adulte, a son crâne en équilibre sur le rachis. La boîte crânienne, contenant l'encéphale, repose sur les condyles, tout en débordant ceux-ci latéralement. Mais ces parties extra-condyliennes ont tendance à s'abaisser sous l'influence du poids cérébral qu'elles supportent.

Si la base est résistante, si le poids est relativement minime, l'affaissement est à son minimum; si, au contraire, la résistance osseuse est minime, si l'encéphale est pesant, l'affaissement est à son maximum.

Les anthropoïdes, les microcéphales, le fœtus sont dans la première condition. Ce dernier, plongé dans le liquide amniotique, ne ressent pas les effets de la pesanteur.

Le poids de l'encéphale peut s'accroître sans que les parties qui l'entourent en soient beaucoup influencées et le liquide exerce une véritable contre-pression qui explique le résultat paradoxal d'un fort développement encéphalique coïncidant avec une base faible, sans que celle-ci en soit infléchie.

§ 6. — Angles de la base du crâne.

Vue intérieurement, la base endocrânienne présente de grandes différences dans la série animale et même dans les différentes races. Tantôt on voit la partie médiane former une ligne rectiligne ou peu s'en faut, tantôt cette ligne se brise.

Sur les côtés, la voûte orbitaire et les rochers ont des inclinaisons variables. Étudions la direction respective de ces parties et analysons la façon dont elles se comportent les unes vis-à-vis des autres.

Une remarque tout d'abord sur la constitution de la base au point de vue mécanique : elle est formée de trois parties ou, mieux, de trois systèmes osseux unis intimement, mais pouvant néanmoins présenter des variations d'inclinaison en sens différent.

En avant se trouve le massif facial et en arrière le massif pétro-occipital. Les apophyses jugulaires de l'occipital supportent les rochers auxquels les lie la suture pétro-occipitale : ces deux parties forment un tout résistant dont les variations sont parallèles.

A. Plancher cérébral antérieur.

Angle sphénoïdal de Welcker. — Angle clivo-horizontal. Variations du clivus.

A la partie antérieure et médiane, la base du crâne fait un angle (LOB, fig. 31), ouvert en avant et en bas, dont le sommet virtuel O est constitué par la rencontre des deux lignes suivant l'une le clivus, l'autre le plancher sphénoïdal. Le sommet de cet angle est donc situé au-dessus de la selle turcique.

Angle de Landzert. — On désigne cet angle sous le nom d'angle de Landzert. Comme il est difficile d'indiquer exactement ses points de repère, Welcker l'a modifié en instituant un angle NEB dont le sommet

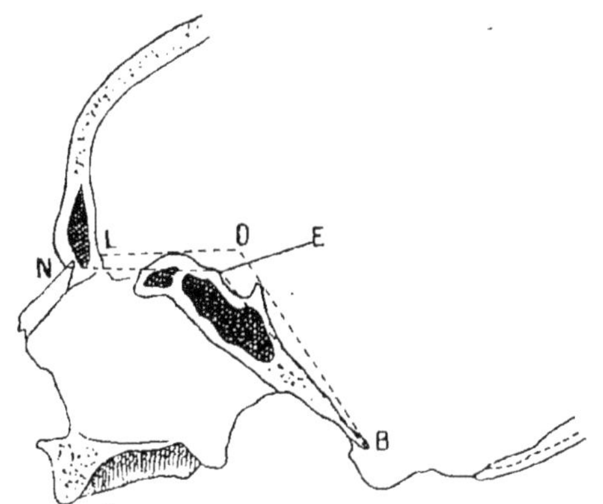

FIG. 31. — *Angles de Landzert et de Welcker* (d'après TOPINARD).

E, Éphippium. — B, Basion. — N, Nasion. — NEB, Angle de Welcker. — LDB, Angle de Landzert.

Nota. — Pour bien comprendre l'architecture de toute cette portion de la base du crâne, il suffit de se reporter à la figure 31 *bis*.

correspond à la partie médiane de la crête séparant la gouttière optique et la selle turcique (éphippium) (fig. 31 *bis*). Les branches de cet angle aboutissent, d'une part, au basion, d'autre part, au nasion. On le désigne sous le nom d'angle sphénoïdal de Welcker : il contient dans son écartement le massif facial.

Angle de Welcker. — Pour évaluer cet angle on peut utiliser un dessin fait à l'aide du stéréographe, on mène les lignes sus-indiquées, et on mesure leur écartement.

Si le crâne n'est pas ouvert, on emploie le procédé de Broca, qui repose sur ce principe que, connaissant d'une part la situation du sommet d'un triangle au-dessus de sa base et, d'autre part, la longueur de cette base, il est facile de construire un triangle et d'en mesurer les valeurs angulaires. La base du triangle de

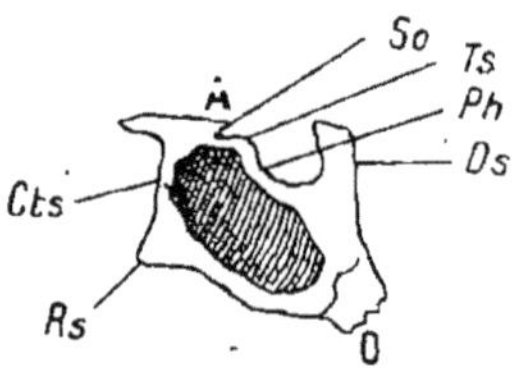

Fig. 31 *bis*. — *Coupe antéro-postérieure du sphénoïde* (Topinard).

A, Planum sphénoïdal. — *So*, Gouttière optique. — *Ts*, Ephippium. — *Ph*, Selle turcique. — *Ds*, Lame quadrilatère. — O, Occipital. — *Rs*, Bord inférieur du sphénoïde.

Welcker n'est autre chose que la ligne naso-basilaire, qu'on prend aisément et directement sur le crâne. Le sommet et sa situation par rapport à la base sont obtenus à l'aide du crochet sphénoïdal, surmontant une tige graduée qui est introduite à l'intérieur du crâne par le trou occipital. Cette tige va se mettre en contact avec la gouttière optique.

Angle sphénoïdal de Welcker (Topinard).

4	Singes hurleurs.	— 166°
3	Semnopithèques.	+ 168°
1	Mandrill.	+ 164°
1	Cébus Mico.	+ 163°
4	Anthropoïdes.	+ 167°
20	Parisiens.	+ 133°,1
22	Nègres africains.	+ 137°,4
6	Néo-Calédoniens.	+ 140°,4
2	Chinois.	+ 126°
3	Malais.	+ 135°,2
3	Noirs de l'Inde.	+ 137°,1

Cet angle est destiné à montrer le degré de la courbure mésocéphalique, autrement dit l'inclinaison respective des deux portions constituant la partie antérieure de la base crânienne, le clivus en arrière, le massif sphénoïdo-ethmoïdal en avant. Négatif chez les animaux, l'angle devient positif chez les anthropoïdes et chez l'homme. S'il permet de séparer nettement la série, il est par ailleurs incapable de classer méthodiquement les races humaines.

Variations angulaires de la base crânienne. — Les chiffres précités indiquent cependant une influence qui s'exerce sur cette partie de la base pour en modifier l'inclinaison : il est évident que la courbure diminue au fur et à mesure que la face devient plus volumineuse. Mais cette indication est insuffisante, et, comme nous allons le constater, le problème est plus complexe, car il intervient une deuxième influence, celle du cerveau, qui se combine avec la première. Ce sont ces actions qu'il faut dégager.

Sans m'attarder à passer en revue les explications de certains auteurs ayant envisagé cette question, je vais m'inspirer, pour donner une idée des variations angulaires de la base du crâne du précieux travail de Papillault[1].

Cet auteur commence par constater que le premier soin est d'établir une technique impeccable. Si l'angle de Welcker donne des résultats insuffisants, c'est d'abord en raison du choix du sommet de l'angle, qui est soumis à de fréquentes variations.

Les auteurs qui, à l'exemple de Broca, l'ont utilisé, ont bien essayé de modifier la situation du sommet de l'angle, mais ils ne sont pas parvenus à donner une fixité suffisante au niveau choisi. La gouttière optique, la selle turcique, l'éphippium, sont des points mobiles et dont les variations sont en relation avec des causes étrangères à celles qui font varier l'ouverture angulaire.

En second lieu, la ligne postérieure ne suit pas exactement l'inclinaison du clivus : elle est donc incapable d'en exprimer la vraie inclinaison. Enfin, il faut comparer cette ligne, non pas à une ligne aboutissant au nasion, mais à une ligne fixe et rationnelle. Papillault n'hésite pas à rapporter le plan du clivus au plan horizontal, et grâce à cette technique il lui a été donné d'établir rigoureusement les influences agissant sur la base crânienne. (Pour ce qui suit, consulter la fig. 32.)

1. Papillault, 3.

Inclinaison du clivus et *angle clivo-horizontal.* — Pour mesurer l'inclinaison du clivus, cet auteur a établi l'angle clivo-horizontal comme il suit.

La branche inférieure suit exactement la surface du clivus, chose extrêmement importante, puisque cette partie est en rapport avec la chorde dorsale chez le fœtus et représente la direction du rachis intra-crânien.

La branche supérieure ne correspond plus au sphénoïde ni à l'ethmoïde, mais à la ligne horizontale de Broca, comme je viens de le dire.

Citons d'abord les chiffres suivants :

Angle clivo-horizontal.

1 Cynopithèque	18°,5
2 Macaques capucins	27°,0
3 Gibbons	13°,5
2 Gorilles adultes	15°,7
1 Gorille jeune	33°,0
13 Nègres	64°,4
20 Parisiens	70°,8

Ce tableau indique donc que l'inflexion de la base exprimée par l'angle clivo-horizontal, est un caractère sériaire qui progresse à mesure que la face diminue et que le poids du cerveau augmente. Mais cette constatation ne peut s'appliquer à l'homme; elle n'est vraie que si on constate l'échelle des êtres et les différences entre les espèces.

La courbure mésocéphalique n'existe pas dès le début : les deux segments du plancher crânien, le postérieur (le clivus) homologue du rachis et contenant l'extrémité de la chorde dorsale, et l'antérieur qui supporte la vésicule cérébrale, sont dans le prolongement l'un de l'autre; mais le poids du cerveau vient produire une inflexion proportionnelle. Si on compare les individus d'une même espèce, la constatation précédente n'est plus aussi rigoureuse.

Welcker avait remarqué que les anthropoïdes

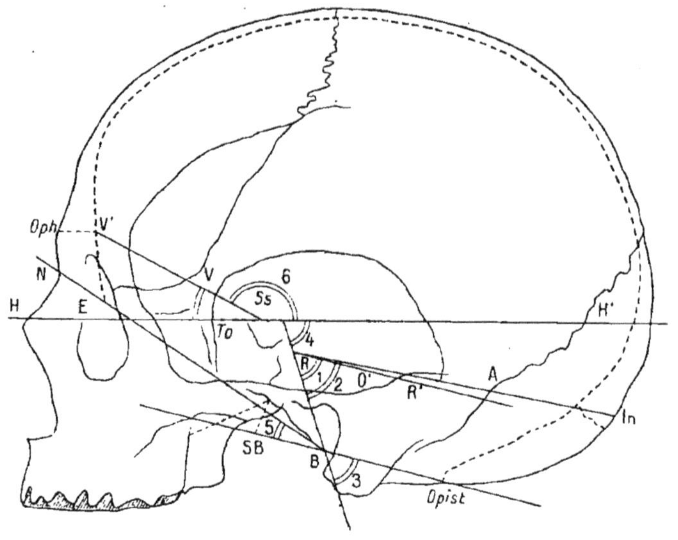

Fig. 32. — (Papillault.)

VV', Voûte orbitaire. — *To*, Trou optique. — HH', Ligne de vision. — RR', Ligne du rocher suivant la crête. — N, Nasion. — *In*, Inion. — B, Basion. — *Opist.*, Opisthion. — *Oph.*, Ophryon. — SB, Suture basilaire. — *Ss*, Suture intersphénoïdale. — Angles : 1, Pétro-clivien ; 2, Inio-clivien ; 3, Opistho-clivien ; 4, Clivo-horizontal ; 5, Basilaire ; 6, Orbito-horizontal.

jeunes avaient une courbure plus accentuée que les adultes et que c'était le contraire chez les hommes ; il estimait que cet angle représentait une différence spécifique entre l'homme et l'animal. L'angle de la selle turcique et l'angle formé par la ligne naso-basilaire et la ligne faciale, offrent des variations inverses les animaux et l'homme étant sériés suivant leur intelligence dans l'ordre suivant : l'homme, la femme, l'enfant, les jeunes anthropoïdes et les anthropoïdes adultes.

Papillault relève le côté artificiel d'une semblable classification : comment, en effet, un caractère crânien ainsi lié à l'intelligence, ne l'est-il pas avec le volume relatif du cerveau? Et comment le fœtus, dont le poids cérébral relatif est si élevé, n'est-il pas en tête de la série?

S'il est manifeste que la base crânienne est plus infléchie chez l'adulte, il est urgent de dégager l'influence du facteur qui amène cette contradiction appaparente, et Papillault a heureusement expliqué les faits en comparant l'inflexion de l'angle clivo-horizontal au développement facial.

Crânes sériés d'après leur prognathisme.

	Prognathisme.	Angle clivo-horizontal.
13 Nègres	86°,6	61°,4
6 Crânes inférieurs	90°,5	66°,3
4 Microcéphales	90°,9	62°,8
20 Parisiens ♂	91°,6	70°,8
20 Parisiens ♀	95°,5	65°,3
6 Crânes supérieurs	95°,6	61°,8
20 Nouveau-nés	99°	59°
2 Fœtus	»	60°

Comparons ces résultats à ceux du tableau précédent : il devient évident que trois facteurs influencent l'angle clivo-horizontal. Jusqu'aux Parisiens, l'angle augmente à mesure que le prognathisme diminue et que la capacité cérébrale s'accroît; mais ensuite nous voyons l'angle diminuer. Il existe donc, dans la deuxième partie du tableau, un facteur nouveau, et c'est la robustesse du crâne exprimée par le prognathisme, par son poids et par le développement des fonctions masticatoires. Cette opposition apparaît nettement avec les crânes supérieurs et inférieurs placés aux extrémités de la série, par suite de leur prognathisme :

6 Crânes inférieurs......	90°,5	66°,3
6 Crânes supérieurs.....	95°,6	61°,8

Il est clair que les crânes supérieurs présentent un moindre prognathisme, puisque leur mandibule ne représente en poids que les 72/100 du groupe inférieur, puisque la largeur maxima du maxillaire supérieur, prise au niveau du bord alvéolaire est de 61,9 pour le groupe inférieur et de 59,6 pour le supérieur, et puisque la hauteur de la courbe alvéolaire est de 54,1 chez les premiers et de 51,8 chez les seconds.

Or les crânes inférieurs ont un angle plus grand que les supérieurs, et cela par suite de la résistance de la paroi crânienne bien exprimée par le prognathisme et le développement des parties liées aux fonctions masticatrices.

Le rôle de la résistance crânienne est contrôlé par d'autres chiffres. En effet, la sériation des crânes parisiens, d'après l'angle clivo-horizontal (tableau, page 215), indique que ce sont ceux qui ont la base la plus développée, qui ont aussi l'angle le plus grand.

De plus, l'angle des six crânes supérieurs est peu différent de celui des nouveau-nés (61°,8 et 59°). Enfin, des crânes peu résistants par suite de cas pathologiques, présentent des chiffres inférieurs.

Deux rachitiques	53°,5 et 60°
Un myxœdémateux	56°,5
Moyenne.	56°,6

La moyenne de ces trois crânes est donc inférieure à celle des nouveau-nés.

Concluons donc avec Papillault que la base crânienne est comparable à un compas dont la charnière, située aux environs de la selle turcique, subit deux influences : la face d'une part, en se développant, écarte les branches qui la contiennent dans leur ouverture; le cerveau d'autre part, en se développant d'arrière en avant, appuie sur la branche antérieure et tend à l'incliner vers le bas. Ces deux actions s'équilibrent chez le fœtus, et si le cerveau cesse de s'accroître comme chez le microcéphale, les choses restent en état. Si, au contraire, le cerveau augmente de poids, ce qui est chez l'adulte, la flexion s'accentue. Mais un troisième facteur peut survenir et modifier les résultats, c'est la résistance du crâne.

B. — Plan du plancher cérébral postérieur.

Direction du rocher. — Hauteur du trou auditif.

Ce plan est formé par la tente du cervelet qui, supportant la base des hémisphères, part du sommet du rocher, s'attache au bord supérieur de cet os, suit le sinus latéral pour se terminer à l'inion. Je l'ai fait remarquer : le rocher et l'occipital forment un système solidement lié subissant les mêmes influences, et cela, grâce à leur union intime au moyen de la suture pétro-occipitale.

Cette façon de concevoir la disposition du plancher cérébral n'est pas une hypothèse et l'étude analytique des angles que font ces diverses parties et entre elles et avec le clivus, ainsi qu'avec le plan orbitaire, en sont la démonstration. Nous verrons en outre que ce plancher et le plan du trou occipital subissent, par rapport au plan de vision, de communes variations de direction.

Sur la figure 32, le plancher cérébral postérieur est représenté par la ligne RI allant du sommet du rocher à l'inion interne, et par la ligne RR' représentant la direction du rocher.

Ces lignes forment respectivement les angles *inio-clivien* et *inio-horizontal* et les angles *pétro-clivien* et *pétro-horizontal.*

Reportons-nous maintenant aux mensurations de Papillault et examinons les colonnes 2 et 6 du tableau de la page suivante.

On constate que le plan de vision forme avec le trou occipital et la ligne allant du sommet du rocher à l'inion deux angles variant parallèlement. Au fur et à mesure que la base crânienne se coude au niveau de la selle turcique, les angles inio-horizontal et opistho-horizontal, d'abord positifs, deviennent négatifs chez les Parisiens pour redevenir positifs chez le nouveau-né.

Le plan du trou occipital et le plan du plancher céré-

	Angle basilaire.	Angle opistho-horizontal.	A. Ligne naso-basilaire ou horizontale.	Angle opistho-clivien.	Angle inio-clivien.	Angle inio-horizontal.	Différence.
Pithéciens	49°,5	+35°,9	13°,6	60°	54°	+29°,9	— 6°
Gibbons	»	+41°,1	»	54°,6	51°	+37°,5	— 3°,6
Gorilles	46°,8	+34°,1	12°,7	55°,6	50°,8	+29°,3	— 4°,8
Microcéphales	29°,2	— 3°,2	32°,4	59°,6	71°	+ 8°,2	+11°,4
Nègres	23°,2	— 6°,2	29°,4	55°,2	57°,7	— 3°,6	+ 2°,5
20 Parisiens ♂	17°,9	—15°,8	33°,7	55°	59°,5	—11°,3	+ 4°,5
20 Parisiens ♀	15°,6	—14°,6	30°,2	50°,7	57°	—8°,3	+ 7°,7
20 Nouveaux-nés	23°,1	— 2°,7	25°,8	56°,3	61°,8	+ 2°,7	+ 5°,5
2 Fœtus 4 à 5 mois	30°,0	+ 4°,5	25°,5	63°,2	75,°5	+14°,7	+12°,3

bral postérieur varient donc dans le même sens. Si, au contraire, on considère les variations des plans passant par l'inion et le trou occipital par rapport au clivus (colonnes 4 et 5, tableau, page 221), on s'aperçoit que les angles restent à peu près fixes.

Néanmoins les oscillations de l'angle inio-clivien sont plus accentuées. Papillault remarque que cela est naturel, puisque les causes des variations, l'action des hémisphères, sont communes. Cette action doit se faire sentir avec plus de force sur l'inion que sur l'opisthion. Aussi chez les microcéphales, l'angle inio-clivien atteint-il 71°, alors que l'angle opistho-clivien n'est que de 59°,6 parce que la diminution du poids cérébral n'a pas exercé son influence habituelle. On peut faire le même raisonnement à propos du fœtus, dont le cerveau ne pèse pas sur l'inion, soutenu qu'il est par le liquide amniotique.

Chez l'adulte qui a marché, l'attitude peut donc exercer une influence, mais cette influence se produit surtout à la partie postérieure, sur l'occipital, et nullement sur l'inflexion de la base crânienne. Les parties latérales sont soutenues par le massif du rocher, mais la partie iniaque est moins résistante. De plus, elle déborde largement les condyles et subit fortement l'influence du poids cérébral.

J'ajoute qu'à cet effet passif se joint un effet actif : la traction musculaire et ligamenteuse. Un sujet, pour regarder, doit constamment modifier l'inclinaison de son plan visuel et c'est le rôle des muscles puissants situés à la partie postérieure. Ils agissent sur la partie postérieure et un rôle actif s'ajoute au rôle passif signalé à l'instant.

Inclinaison du rocher. — L'inclinaison du rocher subit, comme il a été dit, les mêmes variations que le plan du trou occipital et que la ligne de l'inion. Le tableau suivant (voir page 224) met les angles formés par le rocher en regard des angles inio-clivien, inio-horizontal et clivo-horizontal.

On le voit, l'extrémité externe du rocher s'élève et s'abaisse pour les mêmes motifs que l'inion et l'opisthion.

Comme ces points, il se relève chez les primates : les angles des plans par rapport à l'horizontale sont positifs, ou autrement dit, le plancher des hémisphères est relevé aussi bien postérieurement que latéralement.

Au contraire, chez le nègre, l'obliquité est nulle, c'est-à-dire que les plans de la vision et du plancher cérébral sont parallèles; chez les Parisiens, l'angle devient négatif en raison de l'abaissement du plan cérébral.

Chez le microcéphale se montre le maximum des angles pétro et inio-cliviens : ce qui s'explique en raison de la petitesse de leur cerveau. De même, on trouve un minimum chez les crânes supérieurs.

6 Crânes infér.,	ang. : inioclivien	58°,8	ang. : pétroclivien	62°,2
6 Crânes supér.	—	48°,5	—	51°,5

Les figures schématiques 33, 34, 35, d'après Papillault, montrent les variations du plan cérébro-postérieur chez l'anthropoïde, le nègre et un crâne peu résistant.

Un fait pathologique vient confirmer, pour ainsi

	Angle inio-clivien.	Angle pétro-clivien.	Angle inio-horizontal.	Angle pétro-horizontal.	Angle clivo-horizontal.
Pithéciens	54°	50°,8	+29°,9	+26°,6	24°,1
Gibbons	51°	50°,8	+37°,5	+37°,3	13°,5
Gorilles	50°,8	62°,8	+29°,3	+41°,3	21°,5
Microcéphales	71°	71°,2	+ 8°,2	+ 8°,3	62°,8
Nègres	57°,7	64°	— 3°,6	+ 2°,5	61°,4
Parisiens ♂	59°,5	57°	—11°,3	—13°,9	70°,8
Parisiens ♀	57°	55°,2	— 8°,3	—10°,6	65°,3
Nouveau-nés	61°,8	64°	+ 2°,7	+ 4°,9	59°
Fœtus	75°,5	65°,2	+14°,7	+ 4°,5	60°

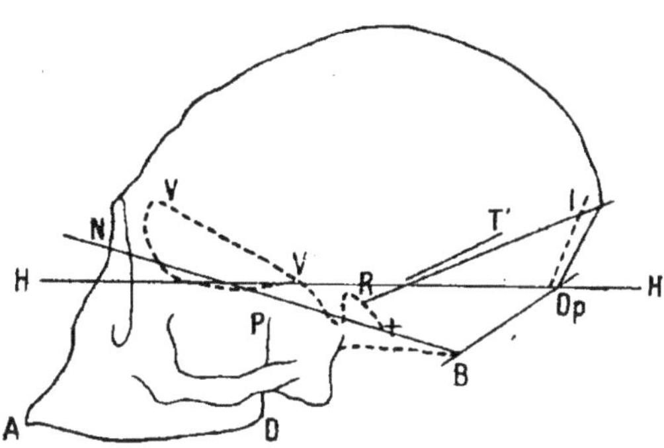

FIG. 33. — *Type d'anthropoïde.*

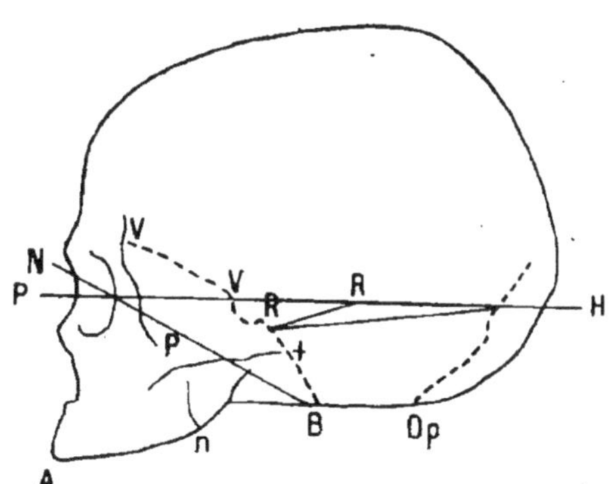

FIG. 34. — *Type de nègre.*

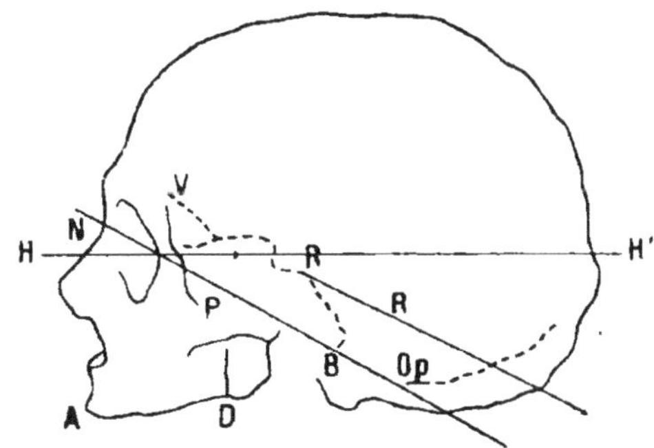

FIG. 35. — *Type de crâne peu résistant (rachitique).*

13.

dire expérimentalement, le mécanisme de l'influence cérébrale et de l'attitude. Avec un poids cérébral, normal ou non, coïncidant avec une mollesse considérable du tissu osseux, nous voyons l'attitude exercer son influence au maximum.

	Angle inio-clivien.	Angle pétro-clivien.	Angle opistho-clivien.
Rachitique	52°	49°,5	51°
Mazarin	35°	34°	26°
Crétin des Batignolles	40°	25°	31°,5
Acromégalique	20°	25°,5	22°

J'ai présenté un myxœdémateux où le basion et le trou auditif coïncidaient[1].

Sur les crânes normaux, la hauteur du trou auditif s'abaisse en même temps que l'inclinaison du rocher diminue.

		Angle pétro-clivien.	Hauteur du trou auditif.
20 Crânes masculins,	10 les moins obliques.	63°,1	13mm,9
	10 les plus obliques.	50°,9	11mm,3
20 Crânes féminins,	10 les moins obliques.	59°,5	13mm,3
	10 les plus obliques.	50°,8	11mm,0

Par ailleurs, si la base est résistante, la hauteur du trou auditif est plus accentuée. Le tableau suivant met en regard le prognathisme, l'inclinaison du rocher et la hauteur du trou auditif : celle-ci diminue au fur et à mesure que le prognathisme et la résistance faciale diminuent.

1. Paul-Boncour, 6.

Crânes sériés suivant leur prognathisme décroissant.

	Prognathisme.	Angle pétro-clivien.	Trou auditif.
13 Nègres.	86,6	64°	14mm,5
6 Crânes inférieurs	90,5	62°,2	14mm,5
4 Microcéphales	90,9	70°,2	9mm,8
20 Parisiens ♂	91,6	57°	12mm,6
20 Parisiens ♀	95,5	55°,2	12mm,4
6 Crânes supérieurs	95,6	51°,5	10mm

Les microcéphales font exception, mais n'oublions pas que leur crâne est petit dans toutes les dimensions.

Situation du trou auditif externe par rapport au basion. — Ces variations normales et pathologiques montrent combien l'interprétation des influences s'exerçant sur la base du crâne est délicate. En effet, l'affaissement de l'occipital est à la fois le résultat d'un excès de poids cérébral, caractère de supériorité et d'une faiblesse osseuse pathologique, caractère d'infériorité.

Il est donc puéril de vouloir utiliser la crâniométrie pour en tirer des indications psychologiques sans posséder au préalable une connaissance profonde des lois de la mécanique crânienne!

En effet, les hauteurs crâniennes au-dessus du trou auditif et au-dessus du basion qu'on assimile parfois sur le vivant, sont loin d'être équivalentes; si le rocher s'abaisse, le trou auditif se rapproche du basion. Chez les deux crânes de Mazarin et du crétin des Batignolles, en raison de l'abaissement de l'angle pétro-clivien, le trou auditif se trouve à 2 millimètres au-dessous du basion par suite de la moindre résistance osseuse.

Les oscillations ne se font pas seulement dans le sens vertical, mais encore dans le sens horizontal.

Papillault[1] ayant dessiné au stéréographe un grand nombre de crânes (48 hommes, 39 femmes), obtient les résultats suivants.

Situation du trou auditif.

			Écart. mm.			Écart. mm.
A. En avant du basion :						
moyenne	21	hommes	2,71	17	femmes	2,52
maximum		—	7		—	7
B. En arrière du basion :						
moyenne	19	—	3,57		—	2,46
maximum		—	8,7		—	6,0
C. Coïncidant	8	—	0,00		—	0,0

Ces mesures sont prises sur des crânes normaux. On peut juger de l'exagération qui se produirait sur des crânes rachitiques! Qu'on remarque enfin que ces oscillations dépendent du basion qui subit par rapport au reste du crâne un déplacement absolu.

1. Papillault, 1, p. 71.

CHAPITRE VII

MAXILLAIRE INFÉRIEUR

Son développement. — Les dents. — La forme et le poids de la mandibule. — Angles mandibulaires. — Angle symphysien. Mensurations.

Son développement, son évolution. — Nous avons vu en étudiant le développement du crâne que la branche postérieure du premier arc branchial forme le cartilage de Meckel. Il apparaît dès le premier mois de la vie intra-utérine et il a la forme d'un fer à cheval à concavité postérieure dont les deux extrémités aboutissent aux régions auriculaires. Ce cartilage fut dénommé par Serrès « maxillaire inférieur temporaire », et c'est lui en effet qui représente la première ébauche de cet os. Mais son rôle dans l'ossification et la valeur qu'il faut lui attribuer ont été très diversement interprétés.

Pour les uns (Meckel, Magitot et Robin, Brock, etc.), il n'entre pas dans la constitution du maxillaire inférieur et, ne jouant qu'un rôle momentané de soutien, il disparaît entièrement, par résorption. Pour les autres (Kœlliker, Masquelin, Jubin, etc.), il subit des phénomènes d'ossification partielle et contribue réellement à la formation de l'os. Les recherches récentes de Herpin[1] permettent de préciser les conditions d'ossification du maxillaire.

Dans la plus grande partie de son trajet, le cartilage de Meckel n'est pas en rapport immédiat avec la substance osseuse; celle-ci apparaît en pleine substance conjonctive, à une petite distance de la face externe du cartilage de Meckel. Celui-ci guide le processus d'ossification, mais disparaît presque entièrement par résorption, et ce n'est qu'accessoirement, dans la région de la symphyse, qu'il est envahi directement par le phénomène de l'ossification. Le maxillaire inférieur présente, en somme, le type de l'ossification directe ou métaplastique. Plus tard, sauf l'accroissement en épaisseur qui s'explique par l'existence d'un périoste, dans toutes les autres dimensions l'accroissement se fait par intussusception, par accroissement interstitiel.

Dès le début du développement, la substance osseuse prend la disposition d'une gouttière longitudinale ouverte en haut, et sans subdivisions. Puis des épaississements apparaissent sous forme de saillies verticales autour des germes dentaires, formant ainsi les alvéoles, et c'est toujours entre la première molaire et la canine, puis entre celle-ci et la deuxième incisive que les rudiments de cloison se réunissent en premier lieu (Robin et Magitot).

1. Herpin, 1.

L'accroissement du maxillaire est proportionnel à celui des germes dentaires, aussi en résulte-t-il un manque de parallélisme dans le développement de la portion alvéolaire et de la portion squelettique, la première augmentant plus rapidement parce qu'elle est sous l'influence directe de l'évolution des dents. C'est ce qu'ont nettement établi les travaux de Herpin et les recherches de Madeleine Pelletier[1].

Il n'y a pas de correspondance, écrit cette dernière, entre la longueur de la branche montante et la longueur du bord alvéolaire; un maxillaire à muscles puissants et à branche montante large peut fort bien présenter un bord alvéolaire petit, ou *vice versa*. Or, comme la croissance de la branche montante en largeur est fonction directe du développement de masticateurs, il semble bien que les lois qui président au développement en longueur du bord alvéolaire doivent être indépendantes de l'action des muscles. La portion squelettique du maxillaire inférieur diminuant très sensiblement avec l'évolution phylogénétique, tandis que la portion dentaire diminue beaucoup moins vite, il en résulte que les races auront un bord alvéolaire d'autant plus grand par rapport à la portion squelettique qu'elles seront plus évoluées. Le fait se traduit dans les races inférieures par la présence d'un espace de longueur variable séparant la cinquième molaire de la branche montante, diastème post-molaire ayant une valeur positive de + 4 millimètres en moyenne chez les nègres et les Néo-Calédoniens, tandis que pour les

1. MADELEINE PELLETIER, 1, p. 537.

races européennes il est représenté par un nombre négatif, — 4 millimètres en moyenne.

En somme, la longueur de la portion alvéolaire est directement proportionnelle au volume des dents et son accroissement est parallèle à l'éruption de celles-ci; mais sur l'arc alvéolaire il y a lieu de distinguer deux portions: la portion antérieure, occupée par les dents temporaires ou leurs germes, qui constitue à elle seule tout l'arc alvéolaire du nouveau-né et qui ne présente pas d'intérêt au point de vue de l'accroissement de l'os, puisque les vingt dents permanentes de devant prennent exactement et verticalement la place des dents temporaires (Mies, Siffre); et, d'autre part, la portion postérieure occupée par les grosses molaires et qui est l'objet d'un accroissement considérable au cours duquel les organes logés dans la branche montante trouvent une place sur le bord libre de la branche horizontale (Herpin).

Quant au corps du maxillaire, il évolue, comme les autres organes, sous l'impulsion de deux ordres de forces : les unes ataviques qui tendent à maintenir une forme acquise, forme qui fut à un moment donné la mieux adaptée à la fonction; les autres dues à la fonction elle-même qui, variant dans le cours de l'évolution, tend à transformer l'organe pour en obtenir le maximum de rendement possible (Herpin).

Dents. — Chez l'homme, la date d'apparition des dents temporaires, puis permanentes, peut se résumer commodément par le tableau suivant qui se passe aisément de plus longs commentaires (fig. 35 *bis*).

Le volume des dents de l'homme, considéré par

rapport à celui de son corps, est plus petit que chez les singes. Laissant de côté les incisives et les canines, le volume des molaires et des prémolaires de ces animaux est plus considérable, eu égard à la longueur de la partie faciale du crâne[1]. L'indice dentaire de

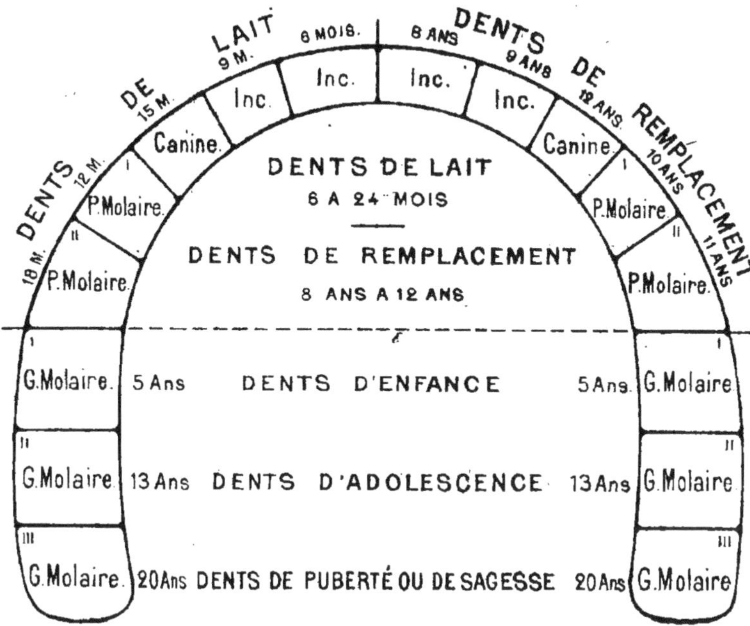

Fig. 35 *bis*. — *Schéma de l'éruption dentaire* (d'après Auvard).

Flower, c'est-à-dire le rapport centésimal de la longueur totale de la rangée des molaires et des prémolaires à la longueur de la ligne naso-basilaire, est toujours plus grand chez les anthropoïdes que chez l'homme.

1. J. Deniker, 1.

Quant à la disposition des dents, on remarque chez les singes un intervalle que l'on appelle diastème, entre les canines et les incisives latérales à la mâchoire supérieure, et entre les canines et les premières molaires à la mâchoire inférieure. Ces vides reçoivent à chaque mâchoire la partie saillante de la canine opposée.

La différence dans la forme des dents, si prononcée pour les canines, est moindre pour les incisives et les molaires. Toutefois cette différence tend à s'accentuer avec le développement de la civilisation. Ainsi le manque de cinquième tubercule aux molaires inférieures a été constaté plus souvent dans les races européennes que chez les races inférieures. La dent de sagesse paraît être en évolution régressive; dans les races blanches surtout, cette dent est presque toujours plus petite que les autres molaires, le nombre de ses tubercules est réduit à trois au lieu de quatre ou cinq; très souvent à la mâchoire inférieure elle reste dans son alvéole et ne perce jamais[1].

Forme de la mandibule. — La forme de l'arcade dentaire est également différente chez l'homme et chez les anthropoïdes; elle tend chez lui vers la forme elliptique ou parabolique, tandis que chez les singes elle affecte la forme d'un U (Deniker).

On comprend l'intérêt que présente l'étude du maxillaire inférieur, puisqu'il peut être considéré comme représentant le développement de l'appareil

1. Deniker, 1.

digestif, de même que le fémur représente l'appareil locomoteur, ou le poids général du squelette. Aussi chez les grands carnassiers, la mandibule est-elle énorme, car alors elle est non seulement un organe servant à la mastication, mais aussi une arme offensive pour s'emparer de la proie, et défensive à l'égard des autres prédateurs. Au contraire, elle diminue rapidement à mesure que l'on avance dans la phylogénèse, tant d'une façon absolue que par rapport au poids ou à la capacité crânienne, ainsi qu'on peut le voir à propos de l'indice crânio-mandibulaire. Les variations ethniques du maxillaire inférieur sont encore fort importantes et susceptibles de fournir des indications précieuses. Au fur et à mesure que nous descendons vers les races inférieures, la mandibule devient plus trapue, plus forte, plus massive, la branche montante large et redressée, les apophyses d'insertion de l'angle plus nettes, et la saillie mentonnière s'efface, tandis que le bord alvéolaire, plus long, tend à s'élargir en arrière : la diminution progressive de la fonction chez les races civilisées expliquant fort bien chez elles la diminution de ces caractères (Herpin).

D'un sexe à l'autre, déjà, les variations sont notables; dans toutes les races, les mesures de longueur principales de la mandibule excèdent, chez l'homme, d'un demi-centimètre à un centimètre les mêmes mesures chez la femme. Chez elle les proportions de l'os sont plus graciles, les apophyses d'insertion moins développées, les impressions musculaires moins nettes ou complètement effacées ; tous caractères qui tendent à donner à la région mandibulaire une forme arquée, plus harmonieuse que l'angle net présenté par les sujets fortement musclés[1].

Poids. — Examinons maintenant en détail, et séparément, les principaux caractères de la mandibule et les mesures les plus communément employées à sa définition.

Le poids de la mandibule[2] s'élève en même temps que le poids des fémurs dans une même race.

Le poids relatif de la mandibule comparé au poids des fémurs = 100 varie en raison inverse de ce dernier poids, dans une même race.

Le poids de la mandibule est plus petit absolument, mais un peu plus grand relativement au poids du fémur, chez la femme que chez l'homme. Ce qui s'explique par le moindre développement du système locomoteur chez cette dernière, tandis que le développement de l'appareil digestif varie dans de moindres proportions.

Le poids de la mandibule est plus grand relativement au poids du corps, chez l'enfant que chez l'adulte. Enfin, dans la race blanche, il est évident qu'une certaine quantité d'assassins ont un maxillaire plus pesant que celui des honnêtes gens.

Le poids mandibulaire est plus élevé absolument et relativement au poids du squelette chez les nègres que chez les Européens.

Ces faits ressortent des pesées suivantes de Manou-

1. Herpin, 1.
1. L. Manouvrier, p. 12.

vrier qui sont ordonnées suivant le poids croissant des fémurs.

	Poids du fémur.	Poids de mandibule.	Rapport.
14 Squelettes européens :			
7 premiers.	721	83,4	11,5
7 derniers.	945,3	100,0	10,5
20 Squelettes nègres.			
7 premiers.	669,7	98,8	14,0
7 suivants.	823,1	106,4	12,9
6 derniers.	1024,0	119,1	11,6
1 Nain français.	287	69	24,0
1 Géant.	1700	180	10,5

Mensurations. — Je donne les mesures qui peuvent être prises sur une mandibule.

Largeur bicondylienne : de l'extrémité d'un condyle à l'autre.

Largeur bigoniaque : d'un gonion à l'autre.

Largeur mentonnière : d'un trou mentonnier à l'autre.

Hauteur symphysienne : du point symphysien au point médian de l'arcade alvéolaire.

Hauteur molaire : hauteur du corps prise immédiatement en avant de la branche montante.

Longueur de la branche : du gonion au bord supérieur du condyle.

Largeur de la branche : distance minima du bord antérieur au bord postérieur de la branche, en plaçant la glissière perpendiculairement au bord postérieur.

Chorde gonio-symphysienne : gonion au point symphysien.

Chorde condylo-coronoïdienne : de l'extrémité interne

du condyle au sommet de l'apophyse coronoïde.

Angle mandibulaire : donnant l'inclinaison du bord postérieur de la branche montante sur le bord inférieur du corps de l'os.

Angle symphysien : donnant l'inclinaison de la ligne symphysienne sur le plan du bord inférieur du corps.

Variations mandibulaires. — J'ai parlé précédemment du prognathisme en général et du prognathisme inférieur. Il ne faudrait pas ranger sous ce nom ce pseudo-prognathisme inférieur décrit par Galippe, en vertu duquel le maxillaire inférieur se trouve projeté en avant, les incisives inférieures passant en avant des incisives supérieures.

Ce prognathisme est un stigmate de dégénérescence héréditaire, facile à constater dans certaines familles, les Habsbourg en particulier, et chez certaines espèces animales, bouledogues, bœufs nâtos. Chez les prognathes inférieurs, l'angle du maxillaire est généralement obtus, mais la cause réside plutôt dans un rétrécissement de la base du crâne, produisant l'anomalie décrite sous le nom de voûte palatine ogivale. La courbe du maxillaire supérieur arrive à s'inscrire dans celle de l'inférieur, qui présente d'autre part une croissance exagérée de toutes ses parties (Herpin).

Angle symphysien. — L'étude de l'angle symphysien considéré isolément permet de mesurer le prognathisme de la mâchoire inférieure; à défaut de la projection en avant ou en arrière du menton par rapport à l'horizontale, il la montre en sens inverse par rapport au plan inférieur de la mandibule (Topinard). La présence d'un menton, c'est-à-dire d'une petite surface triangulaire plus ou moins saillante au-dessus du bord inférieur de la mâchoire, a été donnée comme un caractère de l'espèce humaine ; ayant été reconnue variable, on put même en faire un caractère de race.

Si, en effet, la tête étant en rectitude, la base du crâne horizontale, on mène une verticale par le bord alvéolaire au niveau de l'incisive médiane, on constate que la symphyse du menton chez l'Européen fait en avant de cette ligne une saillie très nette ; chez l'Arabe elle est faible, la symphyse étant presque verticale ; chez le nègre (Madagascar), elle tend plutôt à s'éloigner de cette verticale, et à se tenir en arrière, prenant ainsi une direction oblique inverse de celle de l'Européen (Herpin). Si l'on s'en rapporte aux chiffres obtenus par Renard, on constate que l'angle symphysien qui est de 66° chez les Auvergnats et de 70° chez les Gréco-Latins, s'élève jusqu'à 82° chez les nègres d'Afrique, 85° chez les Néo-Calédoniens, et 87° chez les Néo-Hébridiens.

Si l'on descend la série, on voit cette tendance s'accentuer de plus en plus chez les singes et bien davantage chez les divers mammifères. L'obliquité est telle chez certains (lémurs, lapins), que les dents émergent du bord inférieur du maxillaire (fig. 36).

On voit par la régularité des variations de l'angle symphysien que c'est là un excellent caractère crâniométrique, susceptible de donner les indications les plus précieuses.

A remarquer aussi que dans la race blanche la ligne symphysienne[1] est fuyante à l'époque fœtale

1. Le Double. 1. p. 316.

et qu'elle se redresse avec les progrès de l'âge. Donc,

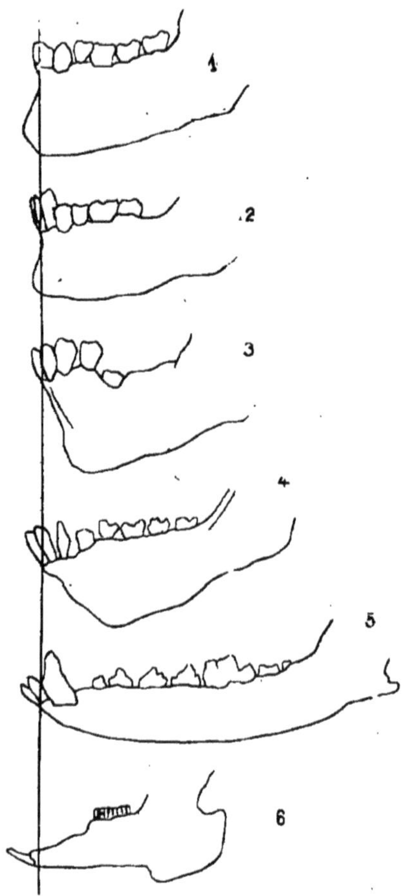

Fig. 36. — *Série de maxillaires inférieurs montrant les différences de directions de la symphyse.*

1, Français. — 2, Arabe. — 3, Malgache. — 4, Cercopithêque. — 5, Chien. — 6, Lapin.

(A. Herpin. —*Évolution de l'os maxillaire inférieur*, p. 46.)

chez le blanc, l'angle symphysien reproduit au début

un type simien; il égale à la naissance l'angle de la mâchoire de la Naulette, et atteint chez les enfants de 4 à 5 ans un chiffre égal à celui des races inférieures, pour obtenir 55° chez un adulte. Le tableau suivant de Merejkowsky[1] établit ces faits :

Singes inférieurs	121°,0	
5 Gorilles jeunes	112°,2	
15 Gorilles adultes	105°,3	
9 Orangs adultes	104°,2	
13 Fœtus humains	100,°6 à 110°	
15 Nouveau-nés	93°,5	
9 de 0 à 1 an	88°,4	
9 de 1 à 4 ans	73°,2	(Races infér.)
6 de 4 à 8 ans	69°,2	
Adultes	55°	

Angle mandibulaire. — Cet angle qui mesure l'inclinaison du bord postérieur de la branche montante sur le bord inférieur du corps de l'os, sans avoir la valeur du précédent, n'en a pas moins une importance assez grande.

C'est un caractère essentiellement physiologique, en ce sens qu'il varie considérablement avec l'âge et le sexe. Chez le fœtus, les deux parties composantes sont presque dans le prolongement l'une de l'autre, faisant au neuvième moi (tab eau de Herpin) un angle de 138°. Puis il diminue régulièrement jusqu'à l'âge adulte où il atteint son minimum, aux environs de 120°. Peu à peu, ensuite, sa valeur s'accroît pour arriver à peu près chez le vieillard, avec la chute des

1. Merejkowsky, 1. p. 159.

dents, aux mêmes dimensions que chez le fœtus (fig. 37).

Chez la femme, cet angle est toujours plus élevé que chez l'homme, fait concordant avec tant d'autres caractères crâniométriques qui la rapprochent de l'enfant.

Les variations ethniques de l'angle mandibulaire

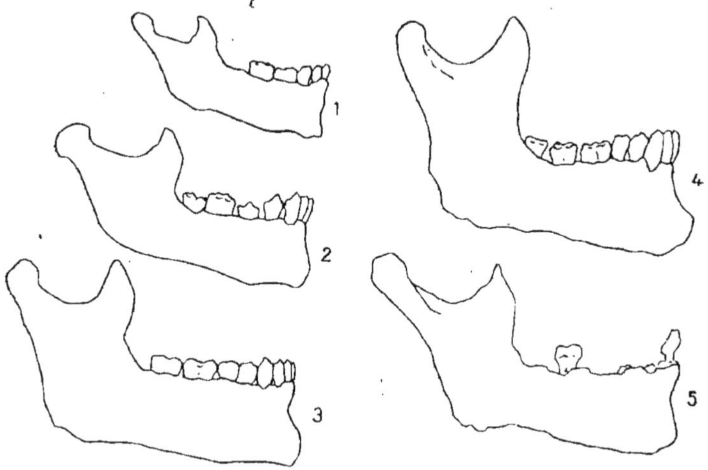

Fig. 37. — *Maxillaire inférieur aux divers âges.*
1, Garçon de 2 ans. — 2, Jeune fille, 13 ans. — 3, Jeune homme, 18 ans. — 4, Adulte homme, 40 ans. — 5, Vieille femme, 70 ans.
(Herpin. — *Évolution de l'os maxillaire inférieur*, p. 32.)

ou goniaque sont moins nettes et moins bien différenciées. Les valeurs trouvées par Renard vont de 110° chez les Néo-Calédoniens jusqu'à 121° chez les Méditerranéens, et les mensurations de Herpin mettent en haut de l'échelle un Caraïbe avec 139° et au dernier échelon un Esquimau avec 94°. Les nègres d'Afrique et les Méditerranéens ont une même valeur, et celle-ci est dépassée de beaucoup par les Berbers et les Altaïques. Tout ce qu'on peut dire, c'est qu'elle semble augmenter légèrement en passant des races inférieures aux Européens : le fait que chez les Mélanésiens cet angle oscille aux environs de 102°, chez l'Esquimau de 94°, et va jusqu'à 100° chez les jeunes gorilles semblerait indiquer tout au moins une tendance générale dans ce sens; mais il ne semble pas que cette seule valeur angulaire puisse renseigner sur l'origine d'un maxillaire considéré isolément[1].

VARIATIONS INDIVIDUELLES. — Parmi les variations individuelles fort nombreuses que l'on peut signaler dans la morphologie du maxillaire inférieur, et dont quelques-unes ont un caractère atavique très net, tel que le conduit mental médian qui ramène aux Rongeurs, il faut remarquer particulièrement l'existence d'une apophyse angulaire, dont le type se retrouve chez les Lémuriens. Signalée pour la première fois par Sandifort, elle fut étudiée par un grand nombre d'auteurs et en particulier par Le Double[2] qui l'a vue coïncider avec des muscles masticateurs très puissants aussi bien qu'avec des maxillaires atrophiés. Il a constaté son existence dans toutes les races, dans les deux sexes et à tous les âges.

L'apophyse angulaire, chez l'homme, est une saillie située sur le sommet de l'angle du maxillaire inférieur; elle peut être dirigée en dehors ou en bas, parfois c'est une éversion en dehors de toute la région angu-

1. HERPIN, 1.
2. LE DOUBLE, 1, p. 307 et suiv.

laire. Elle existe seule ou associée à d'autres saillies situées sur le bord inférieur ou sur le bord postérieur du maxillaire; elle est rare à l'état d'isolement; associée aux autres saillies on la trouve dans 50 p. 100 des cas dans les races européennes. Elle correspond à l'apophyse angulaire des Carnassiers, des Lémuriens; elle apparaît comme une variation atavique de cette apophyse qui représente elle-même la saillie postérieure de l'os articulaire des Oiseaux, Crocodiliens, Chéloniens. Les autres saillies voisines de l'angle sont directement liées à l'existence de puissantes insertions musculaires (Dieulafé et Herpin).

Avant de terminer l'étude du maxillaire inférieur, il est nécessaire de dire quelques mots des expériences d'Anthony[1] qui montrent que les muscles masticateurs ne régissent pas seulement l'évolution du maxillaire inférieur, mais exercent également leur influence sur le développement de la boîte crânienne et de l'encéphale.

Ayant supprimé chez de jeunes chiens le muscle temporal d'un côté, il remarqua un accroissement beaucoup plus grand du crâne et de l'encéphale du côté opéré.

Il en tira cette conclusion que la présence des temporaux pourrait bien être un obstacle au développement du crâne qui serait alors inversement proportionnel à celui de l'appareil masticateur; l'augmentation de volume de l'encéphale dans la série animale serait due à la régression progressive de cet appareil.

1. Anthony, 1.

Ainsi se comprendrait le développement considérable de l'encéphale chez l'homme, parallèle à la diminution progressive du maxillaire inférieur, à mesure que l'appareil masticateur ne servant plus à la préhension ou à la défense voyait se réduire sa fonction.

CHAPITRE VIII

POIDS DU CRANE — SON ÉPAISSEUR — SON VOLUME

§ 1. — Poids du crâne.

Variations. — Indices : crânio-cérébral, crânio-fémoral et crânio-mandibulaire.

Les variations. — Si l'on considère le poids absolu du crâne, en se basant, bien entendu, sur des moyennes, on constate, comme on devait s'y attendre *a priori*, que les influences physiques les plus diverses jouent un rôle, à la vérité très inégal, dans ses fluctuations.

Le sexe d'abord doit être noté, le poids d'un crâne féminin étant toujours sensiblement inférieur à celui du crâne masculin correspondant ; puis vient la race, le poids moyen étant d'autant plus élevé que la race est de plus haute, de plus forte stature, tandis que dans une même race la taille n'influe que très peu, si l'on considère seulement la longueur du corps sans tenir compte des autres dimensions.

Quant à l'âge, en dehors de la période de développement, il n'a qu'une importance très minime, car si le poids du crâne diminue chez certains vieillards par atrophie, il augmente chez d'autres par éburnation. Il n'est pas non plus possible d'établir un rapport entre la valeur intellectuelle et le poids de la quatrième enveloppe de l'encéphale; ainsi s'exprime Topinard, et les moyennes citées par Manouvrier[1] donnent un résultat sensiblement égal, qu'il s'agisse de Parisiens quelconques, d'hommes distingués ou d'assassins.

Enfin, pour citer des chiffres précis, le poids du crâne, d'après les recherches de Broca, est en moyenne de 618 grammes pour les Parisiens masculins du XIIe siècle, et de 644 grammes pour les modernes; il est de 674 grammes pour les crânes des Catacombes d'une époque intermédiaire.

Mais toutes ces constatations brutales n'ont de valeur qu'autant qu'elles sont interprétées, et que, rapprochées d'autres faits, elles peuvent servir de base à l'établissement d'indices bien définis d'où se dégageront des lois. Voyons donc quels sont ces indices, et ce qu'ils nous apprendront.

Les différents os, dit Manouvrier[2], doivent présenter un développement plus ou moins étroitement lié à celui des parties molles avec lesquelles ils sont en rapport, et plus ou moins étroitement lié, par suite, au développement des fonctions de ces parties

1. Manouvrier, **13**.
2. Manouvrier, **14**, p. 663.

molles. D'après cette idée parfaitement rationnelle et conforme aux données de l'anatomie, le poids du crâne devrait être en rapport plus ou moins étroit avec le poids de l'encéphale; le poids de la mandibule devrait être lié au développement des organes digestifs et des fonctions de nutrition en général; le poids du fémur au développement des organes actifs de la locomotion et de la sustentation du corps, c'est-à-dire de la force mécanique en général.

Or, ceci étant admis et confirmé en effet par l'observation, on comprend quel intérêt présenteront les chiffres établissant les rapports de poids qui existent entre le crâne, d'une part, et d'autre part l'encéphale, le fémur et la mandibule, rapports qui constituent les indices crânio-cérébral, crânio-fémoral, crânio-mandibulaire.

Indice cranio-cérébral. — Le poids du crâne n'est pas fonction de la seule masse organique; il dépend à la fois de la capacité crânienne et de l'étendue et de l'épaisseur des os; et si ce dernier facteur est bien sensiblement proportionnel à la masse organique, le premier, qui est de beaucoup prépondérant, est en rapport avec le poids de l'encéphale. Il est vrai de dire que le poids de l'encéphale lui-même varie, d'une façon très générale, parallèlement à la taille, mais toutefois ses variations sont sous la dépendance d'influences tout autres : le degré d'activité intellectuelle et les sollicitations à cette activité venues du dehors.

L'indice crânio-cérébral rend compte de l'importance de chacun de ces deux facteurs, et donne la valeur de la capacité crânienne par rapport au poids du crâne : c'est le rapport du poids cérébral à la capacité crânienne = 100.

Indice crânio-cérébral (Manouvrier).

1° Races et sexes :

Parisiens modernes...	70 hommes	41,37	30 femmes	40,1
Européens..........	14 —	43,7		
Hindous (castes inf.).	20 —	42,0		
Nègres.............	20 —	45,4		
Oualofs............	11 —	48,2	6 femmes	45,9
Néo-Calédoniens.....	22 —	48,2	16 —	43,0

2° Microcéphales :

5.......... 46,3 à 72,0

3° Anthropoïdes :

4 adultes..... 98,6 à 179,7
2 jeunes..... 60,4 (moy.)

4° Adultes de diverses tailles :

14 Squelettes européens :

7 + légers 38,5
7 + lourds 48,9

20 Squelettes nègres :

7 + légers 43,3
7 moyens 45,2
6 + lourds 48,1

5° Nain : 1 m. 04 = 44,1 ; — géant : 2 m. 10 = 64,2.

6° Age :

Nouveau-né..............	14,5 à 12,0
3 ans....................	19,7
8-15.....................	20,3 à 34,8
Adultes..................	41

Si l'on compare cet indice dans les deux sexes, on voit, ainsi que l'ont montré les recherches de Manouvrier, qu'il est plus élevé chez l'homme que chez la femme, c'est-à-dire que chez la femme le facteur capacité crânienne intervient plus que chez l'homme dans la constitution du poids du crâne, ou, en d'autres termes, que le poids relatif du cerveau de la femme est plus élevé que celui de l'homme. Les travaux entrepris par Mad. Pelletier[1] sur une race de petite taille, outre qu'ils corroborent entièrement ces résultats, prouvent que cette différence entre les sexes doit être rapportée à une inégalité de stature. Les individus petits et grêles ont, comme les femmes, un cerveau et par conséquent une capacité crânienne proportionnellement plus grande que les individus de forte stature.

Les variations de l'indice crânio-cérébral suivant l'âge ne sont pas moins intéressantes. En effet, il n'y a pas parallélisme absolu entre le développement du corps et celui de l'encéphale. Le développement de ce dernier atteint son maximum ou à peu près, bien avant que la masse organique n'atteigne le sien. Un jeune homme de 18 ans, qui est loin encore d'avoir terminé son développement somatique, a déjà atteint le maximum d'encéphale qu'il doit avoir. Papillault a, du reste, donné de ce fait une explication très vraisemblable.

Toutes les cellules, dit-il en substance, se régénèrent et se multiplient, sauf les cellules nerveuses; il faut donc que dès la naissance l'individu ait dans son

1. MADELEINE PELLETIER, **2**, p. 514.

cerveau le nombre de cellules qu'il doit avoir. On se rend compte alors de l'énorme développement de la tête par rapport au corps, chez le fœtus et le jeune enfant. Manouvrier avait aussi expliqué le poids relatif supérieur de l'enfant par une provision nécessaire de substance cérébrale. Ce qui se développerait plus tard, ce seraient les fibres, ces liaisons des cellules entre elles, substrata des liaisons de nos états de conscience.

De ceci il résulte que, puisque le développement organique n'ajoute que peu de chose au poids du crâne résultant d'une capacité crânienne donnée, les adolescents doivent avoir un poids crânien très approché de celui des adultes, et c'est ce qui a lieu en effet.

En somme, si l'on classe suivant une échelle descendante les rapports de la capacité crânienne au poids du crâne, on obtient la série suivante :

Anthropoïdes	Homme.
Microcéphales	Femme.
Races inférieures	Enfant.
Races supérieures	

Si, d'autre part, on étudie ce rapport dans des séries de crânes adultes de même sexe et de même race, on constate que le poids du crâne n'augmente que légèrement avec la capacité crânienne, et réciproquement ; et que ce rapport s'élève régulièrement des plus grands crânes aux plus petits, pour diminuer régulièrement des crânes les plus légers aux crânes les plus lourds.

En résumé, ainsi que l'ont établi les travaux de Manouvrier[1], un indice crânio-cérébral élevé est géné-

1. Manouvrier, 15.

ralement en rapport avec une capacité crânienne ou un poids encéphalique relativement faibles par rapport au développement squelettique. Ce faible développement relatif indique lui-même soit une taille absolument forte, soit un développement intellectuel inférieur. Mais cet auteur a signalé en même temps que ces relations générales des variations du poids du crâne sont très fréquemment troublées par des influences inconnues qui viennent compliquer la signification des indices. Comme l'angle facial de Camper, lit-on dans la thèse de Papillault[1], l'indice crânio-cérébral est très satisfaisant lorsqu'il s'agit de comparer entre elles des espèces très différentes, telles que le gorille et l'homme, ou bien des cas individuels très éloignés l'un de l'autre. Mais lorsque les différences à mesurer sont plus faibles, les causes d'erreur peuvent être assez puissantes pour enlever toute valeur à la mesure employée.

Aussi Mac Curdy[2] a-t-il été amené à chercher dans le squelette de la tête une quantité quelconque, susceptible de représenter la masse totale du squelette mieux que ne le fait le poids du crâne, et à cet effet il étudia deux nouveaux indices : l'indice céphalo-cérébral, ou rapport du poids crânien et du poids mandibulaire réunis, à la capacité crânienne = 100; et l'indice mandibulo-cérébral, ou rapport du poids de la mandibule à la capacité crânienne. Le poids de la mandibule, bien que variant lui aussi sous des influences multiples, présente pourtant les avantages

1. G. Papillault, 1.
2. Mac Curdy, 1.

suivants, que fait ressortir Manouvrier : 1° d'être très indépendant du développement céphalique ; 2° d'échapper plus ou moins à certaines causes accidentelles d'augmentation du poids du crâne ; 3° d'être par là même plus étroitement lié à la masse du corps. En sorte que, pris isolément ou ajouté à celui du crâne, il doit donner une indication moins défectueuse sur le développement relatif de l'encéphale que la comparaison de la capacité crânienne au seul poids du crâne.

Indice cranio-fémoral. — Cet indice sert à faire connaître le rapport du poids du squelette, ou du poids du fémur qui le représente, au poids du crâne, afin de délimiter la partie de ce poids qui se rapporte à la masse organique, de celle qui est due à la capacité crânienne.

On peut en déduire les lois suivantes : alors que le poids absolu du crâne, ainsi que nous l'avons vu, est moins élevé chez la femme que chez l'homme, cette proposition est absolument renversée si l'on considère le poids du crâne relativement au poids du reste du squelette. Différence sexuelle que l'on peut exprimer en disant que chez l'homme la somme des fémurs pèse plus que le crâne, tandis qu'au contraire elle pèse moins chez la femme.

Mais le crâne est également plus lourd, par rapport au reste du squelette, chez les hommes de petite stature que chez les hommes de forte stature. Autrement dit : le rapport du poids du crâne au poids du squelette = 100 augmente avec ce dernier poids. On peut démontrer par le calcul que là aussi cette influence de sexe n'est autre qu'une influence de taille. La plupart des caractères sexuels secondaires, du reste, ne résultent que de la différence sexuelle de la masse du corps[1]. Si la femme a un crâne plus lourd que son fémur, ce n'est pas en tant que femme, mais en tant qu'être plus grêle, dont les tissus musculaires et osseux sont moins développés que ceux de l'homme.

Enfin le crâne est d'autant plus lourd, par rapport au reste du squelette, que l'individu est plus jeune. La constatation analogue que nous avons faite à propos de l'indice crânio-cérébral permet de conclure que l'accroissement du poids du crâne est moins rapide que celui du poids de l'encéphale, mais qu'il est plus rapide que celui du fémur. Le premier fait montre la dépendance du poids du crâne par rapport au développement général du système osseux; le second montre la dépendance du poids du crâne par rapport au développement de l'encéphale.

L'étude des variations de l'indice crânio-fémoral permet, avec Manouvrier, d'établir la série suivante :

Enfant.
Femme.
Homme. Individus de faible stature.
Individus de grande et forte taille.

En somme, il résulte de cette comparaison que si le poids du crâne est proportionnel au poids du fémur, ce rapport n'est pas rigoureusement direct. Le crâne augmente quand le fémur augmente, mais il augmente beaucoup moins que lui. Cela parce que :

1° Ce qui, dans le poids du crâne, est en rapport

1. Manouvrier, 13.

direct avec le poids du fémur, correspond à une quantité très petite;

2° Parce que le rapport indirect que présente l'augmentation du poids du fémur avec celle du poids du crâne par l'intermédiaire de la capacité crânienne n'est pas en proportion égale[1]; plus clairement, si le fémur augmente de n, la capacité crânienne augmente de $n - x$.

En dernier lieu, il importe de noter que l'importance du crâne dans le squelette est moins grande chez les gorilles que dans l'espèce humaine, en dépit de l'appoint considérable qu'apporte au crâne chez ceux-là le grand développement des os de la face, et en dépit de la brièveté de leur membre inférieur.

Indice cranio-mandibulaire. — Ainsi que nous venons de le voir, plus les êtres sont avancés dans la phylogénèse, plus le crâne prend d'importance, et en même temps plus la mandibule diminue. Chez les grands carnassiers, la mandibule est énorme; la boîte crânienne, au contraire, est de volume minime, car ce qui chez eux correspond à ce qu'on appelle chez l'homme le crâne, est occupé en grande partie par les maxillaires supérieurs et les cavités de l'olfaction. Chez l'homme, au contraire, la plus grande partie du crâne correspond à la boîte crânienne, et les cavités olfactives ainsi que les maxillaires supérieurs sont relativement peu développés.

L'indice crânio-mandibulaire sert à rendre compte de cette variation de la mandibule par rapport au

1. Mad. Pelletier, 1.

crâne[1]. Ce que nous venons de dire des carnassiers montre déjà que la valeur de cet indice est très approximative; car si chez l'homme, les cavités nasales et les maxillaires supérieurs sont peu développés relativement, il n'en est pas moins vrai qu'on les pèse avec la boîte crânienne et qu'alors ce n'est pas à cette dernière seule qu'on compare la mandibule. Pourtant les lois qui ont déjà été trouvées par son aide montrent que l'anthropologie a eu raison de le conserver.

Puisque le crâne augmente, avons-nous dit, tandis que la mandibule diminue, avec le développement phylogénétique, il s'en suit que l'indice crânio-mandibulaire doit décroître avec lui. Aussi Manouvrier, qui a calculé les valeurs de cet indice pour les différentes races humaines et les anthropoïdes, a trouvé que chez ces derniers, il est beaucoup plus élevé que chez l'homme, et que, dans toute l'espèce humaine, il est beaucoup plus fort dans la race noire que dans la race blanche. Comparant aussi les sexes, il a constaté que l'homme avait un indice plus élevé que la femme.

La série qu'il a obtenue est résumée dans ce tableau :

7 Nouveau-nés	4,1		
6 Enfants 6 mois à 8 mois	5,4	à 11,3	
16 Parisiens adultes	31,4	13 Parisiennes	12,8
11 Finnois	13,75		
Races mêlées hommes	14,4	femmes	13,3
14 Indiens mexicains	14,57		
26 Assassins français	14,78		
Hindous (castes inférieures)	14,8	femmes	14,3

1. Madeleine Pelletier, 1.

22 Nègres masculins.........	15,69	
17 Autres nègres............	16,79	
22 Néo-Calédoniens..........	16,08	femmes 15,61
2 Microcéphales............	2,26 à 25,0	
4 Anthropoïdes	40,4 à 46	

Les observations de Mad. Pelletier sur une série de squelettes japonais sont pleinement d'accord avec ces données, et peuvent se résumer ainsi : Dans les deux sexes, l'indice est plus élevé que celui des Européens. Quant à l'élévation plus grande de l'indice chez les hommes, par rapport aux femmes elle s'explique de la même façon que l'indice crânio-fémoral.

Le poids relatif du cerveau étant plus élevé chez la femme, comme il l'est chez les individus petits et grêles, la capacité crânienne et par suite le poids du crâne s'en trouvent augmentés; or, comme les mêmes causes ne font pas augmenter la mandibule, il en résulte que nécessairement l'indice s'abaisse.

Chez les adolescents, l'indice est inférieur aussi à celui des adultes. Il fallait s'y attendre, après ce que nous avons dit plus haut de la précocité plus grande du développement du crâne par rapport à celui du reste du squelette. De même, en effet, que le fémur augmente beaucoup plus que le crâne après la vingtième année, la mandibule se développe, elle aussi, tandis que le crâne n'augmente plus que faiblement, car la mandibule, comme le fémur, correspond à peu près à la masse organique, et augmente avec elle.

§ 2. — Épaisseur du crâne.

L'épaisseur du crâne présente des variations considérables suivant le point envisagé. Les différents os qui le composent sont en effet formés de deux tables : l'une interne, appliquée à la surface de l'encéphale et se moulant plus ou moins exactement sur les contours de celui-ci; l'autre externe, donnant insertion à des muscles soit par de larges surfaces rugueuses, soit par des crêtes ou des apophyses, et dépendant en somme du système locomoteur.

Mais ces deux lames sont loin d'être parallèles; tantôt elles sont en contact, comme au centre de l'écaille du temporal, où elles semblent se réduire à une seule lame; tantôt elles s'écartent, et une couche variable de diploé ou de sinus s'interpose entre elles. Aussi, bien que le crâne indique la forme générale de l'encéphale, cette inégalité d'épaisseur fait qu'il n'exprime aucun des détails qu'on remarque sur sa périphérie, et elle rend par conséquent illusoire toute théorie qui, comme celle de Gall, voudrait préjuger du développement particulier des divers lobes cérébraux par les reliefs de leur enveloppe osseuse.

Malgré les inégalités d'épaisseur parfois très brusques des parois crâniennes, on peut dire que l'épaisseur de la voûte va en augmentant du frontal vers l'occipital jusqu'à la ligne courbe supérieure de cet os. En moyenne elle est de 5 millimètres : elle diminue quand on descend vers les régions temporales, où elle se réduit à 2 ou 3 millimètres. Au niveau de la protubérance occipitale, elle est de 10 millimètres à l'ordinaire, et quelquefois de 15. Cette épaisseur diminue légèrement dans les points correspondant aux sinus et aux sillons vasculaires[1].

La base présente des points d'une minceur extrême, telles les fosses cérébelleuses et sphénoïdales au fond desquelles les deux tables se sont fusionnées en une lamelle compacte, mince et transparente. Sur d'autres points, rocher, corps du sphénoïde, apophyse basilaire, l'épaisseur atteint 2 à 3 centimètres : sur le rocher la lame compacte reste assez épaisse, tandis qu'elle s'amincit beaucoup sur le corps du sphénoïde et sur l'apophyse basilaire.

Si maintenant nous envisageons non plus des points particuliers, mais l'épaisseur moyenne ou générale du crâne, nous voyons que celle-ci varie dans le même sens que le poids du crâne, dont elle est, comme nous l'avons dit, l'un des facteurs, et que, comme lui aussi, elle varie suivant le poids général du squelette. Mais, tandis que le poids du crâne suit les variations de l'encéphale, il en est tout autrement de l'épaisseur[2].

En effet, tandis que la précocité du développement cérébral entraîne un accroissement pondéral relativement rapide, plus l'accroissement de l'encéphale est rapide, plus faible est l'épaisseur des parois osseuses, en raison de l'excès de pression qu'elles supportent. En fait, il est certain qu'à l'âge de 20 ans environ, époque où l'encéphale atteint son développement presque complet, l'épaisseur du crâne est en-

1. Poirier. I, p. 228.
2. Manouvrier. II.

core assez faible. Or, le volume de l'encéphale ne s'accroissant plus que très faiblement, et d'autre part le poids du crâne continuant à s'accroître beaucoup, d'autant plus que l'ensemble du système osseux est plus développé, il en résulte que l'épaisseur s'accroîtra d'autant plus, soit absolument, soit relativement à la capacité crânienne, que le système osseux atteindra un plus grand développement.

Toutefois, il existe une partie de l'encéphale dont le développement dépend non plus de la taille, mais des fonctions cérébrales. Plus cette partie sera développée dans l'encéphale, et plus cet encéphale sera volumineux relativement à l'épaisseur de la boîte crânienne. Ainsi à poids égal du squelette, les races et les individus plus intelligents auront une épaisseur crânienne moindre[1].

En somme, la grande loi qui régit l'épaisseur du crâne est que, partout où la pression est augmentée, l'os tend à s'amincir, et là où la pression diminue, la paroi s'épaissit[2]. Les formes pathologiques même donnent une éclatante confirmation de cette règle. Dans la microcéphalie, le cerveau atrophié ne se dilate pas et par suite ne dilate pas la cavité crânienne, mais en même temps il n'exerce aucune pression sur l'endocrâne; aussi le tissu osseux parfaitement sain continue à s'accroître. La croissance interstitielle des parois crâniennes n'est pas limitée par la pression intra-crânienne, de là son épaisseur parfois inusitée. C'est ainsi également que, dans tous les cas

1. Manouvrier, **11**.
2. G. Paul-Boncour, **4**.

où un hémisphère est atrophié, la paroi correspondante est augmentée d'épaisseur.

Dans l'hydrocéphalie, au contraire, où la pression intra-crânienne est à son maximum, les parois sont extrêmement minces[1].

Rappelons, en terminant, les rapports qui existent entre l'indice cubique et l'épaisseur du crâne, et que nous avons signalés à propos de celui-ci.

§ 3. — Volume et capacité du crâne. Indice cubique.

L'étude du volume du crâne nécessite quelques mots sur la façon dont il s'accroît. Nous avons vu comment il se forme, se développe et s'ossifie pendant les premières phases de la vie; après la naissance, ce développement comprend deux périodes d'accroissement bien limitées. La première, qui va jusqu'à la septième année, et à la fin de laquelle le corps de l'occipital, le trou occipital, le rocher et la lame horizontale de l'ethmoïde se trouvent avoir atteint leurs dimensions définitives[2]. La deuxième, qui commence à la puberté, est marquée par le développement du frontal, l'élargissement du crâne tout entier, et se prolonge jusqu'à trente ou trente-cinq ans en moyenne, mais parfois beaucoup plus. Le jeu des sutures facilite d'abord singulièrement le développement du crâne, et l'on peut dire d'une façon générale que les sutures restent ouvertes pendant tout le

1. G. Paul-Boncour, 2 et 3.
1. A. Nicolas, 1.

temps que l'encéphale s'accroît, ou a quelques chances encore de s'accroître chez les individus (Topinard). Mais ce n'est pas la seule voie par laquelle se fait l'accroissement des os, et les expériences de Gudden[1] ont montré que la croissance interstitielle joue un rôle aussi grand. Enfin, il semble que la cavité puisse encore s'agrandir de dedans en dehors par le frottement et la pression du contenu du crâne, et par l'apport des molécules osseuses dans le renouvellement nutritif.

A ces deux périodes d'accroissement fait suite une période sénile, caractérisée par l'ankylose, dernier terme de la synostose, et dont les stigmates principaux sont l'atrophie, siégeant surtout au niveau des pariétaux ou, beaucoup plus rarement, l'hypertrophie.

Trois circonférences, d'une part, et trois diamètres, de l'autre, conduisent à un aperçu du volume extérieur du crâne. Les circonférences : horizontale maximum, verticale ou antéro-postérieure, et transverse, donnent, lorsqu'on prend leur valeur moyenne, en les additionnant et en divisant la somme par 3, une quantité qui ne répond à aucune valeur réelle, mais qui permet d'apprécier le rapport des volumes des crânes; elle ne fournit toutefois sur la capacité réelle qu'une notion très vague, car elle est trop sous la dépendance des variations de forme de la boîte crânienne.

Indice cubique. — Les diamètres fournissent des données plus intéressantes encore. Broca, ayant me-

1. B. Gudden, 1.

suré sur un certain nombre de crânes les diamètres antéro-postérieur maximum, transverse maximum, et basilo-bregmatique, trouva que le produit de ces trois diamètres multipliés l'un par l'autre donne en centimètres cubes le volume d'un solide un peu supérieur au double de la capacité interne du crâne[1]. Divisant ensuite la moitié de ce produit par la capacité crânienne obtenue par le cubage, il trouva comme moyenne d'une nombreuse série le nombre 1,12, qu'il nomma indice cubique. On comprend que ce nombre étant donné, il suffit, pour obtenir la capacité d'un crâne, de multiplier l'un par l'autre les trois diamètres énoncés, et de diviser la moitié du produit par l'indice 1,12. Mais naturellement la capacité ainsi obtenue n'est qu'approximative.

Manouvrier ayant repris la question[2] constata que ce rapport empirique varie suivant la forme du crâne, mais surtout suivant l'épaisseur relative des parois, épaisseur qu'il peut servir à indiquer jusqu'à un certain point. En opérant suivant les instructions de Broca, il trouva que l'indice cubique est en moyenne de 1,14 chez les Parisiens, de 1,08 seulement chez les Parisiennes, de 1,18 chez les nègres, de 1,20 chez les Australiens, etc. Ces chiffres indiquent certainement, dit-il, que l'épaisseur relative moyenne des parois du crâne est plus grande chez les races inférieures que chez nous.

Les recherches nouvelles de Madeleine Pelletier[3]

1. Broca. **2**, p. 253.
2. L. Manouvrier. **16**.
3. Mad. Pelletier. **3**, p. 188.

indiquent que les rapports de l'indice au poids du crâne sont en raison inverse l'un de l'autre. En second lieu, les diamètres extérieurs croissent comme l'indice cubique, tandis qu'au contraire la capacité réelle décroît avec cet indice. En général, les crânes à indice faible sont des crânes légers, à diamètres petits et à capacité grande, répondant au type que l'on a appelé supérieur, parce qu'il est caractérisé par la prédominance du développement de l'encéphale sur le développement somatique. Et inversement les crânes à indices forts sont des crânes inférieurs.

Donc, l'indice cubique peut non seulement servir à évaluer la capacité des crânes que l'on ne peut pas cuber, mais encore il pourra être pris comme moyen de comparer les crânes au point de vue sériaire, soit dans les différentes races, soit dans les diverses catégories sociales d'une même race. Il peut dans ce cas, comme moyen de comparaison, se montrer supérieur à la capacité absolue.

Capacité cranienne. — La mensuration extérieure du crâne ne donnant qu'une idée très peu exacte de sa capacité intérieure, ainsi que le déclara Broca lui-même, il est bien plus simple de mesurer directement la capacité crânienne. Non seulement, dit-il ailleurs, la comparaison des capacités crâniennes équivaut à celle des cerveaux eux-mêmes, mais elle donne à quelques égards plus de sécurité que les pesées cérébrales.

Les procédés proposés pour accomplir cette opération de cubage sont très nombreux. Le plus ancien et le plus simple est le jaugeage au moyen de l'eau, mais il présente de telles difficultés qu'il fut rapidement abandonné. On employa ensuite diverses graines, le millet, la moutarde blanche, puis le sable de mer, les perles de verre, etc.; toutes ces substances ne donnèrent que des résultats peu satisfaisants. Enfin, Morton préconisa le plomb de chasse, et Broca ayant reconnu la supériorité de cette matière établit une méthode uniforme, basée sur l'emploi d'un outillage fixe et d'un procédé invariable. Il est en effet de toute nécessité d'adopter une technique rigoureusement constante, car la forme et la hauteur des vases employés pour mesurer le volume du plomb, la vitesse, la régularité, la direction de l'écoulement et le tassement mécanique dans les vases, la longueur et le diamètre du goulot des entonnoirs sont autant de causes qui provoquent des variations de volume.

La capacité crânienne étant ainsi connue, Manouvrier[1] a constaté par expérience directe que, pour obtenir le poids probable de l'encéphale, il suffisait de multiplier la capacité par 0,87. La capacité se prête donc aux mêmes études que le poids de l'encéphale, qu'elle représente, et l'on peut étudier ses variations suivant les âges, les sexes, les individus, les professions, les milieux et les races.

En réalité, dit Gustave Le Bon[2], les variations sont beaucoup plus élevées qu'elles ne le paraissent quand on se borne à comparer des moyennes. Dans une même race elles sont très considérables. La pesée de cent cerveaux parisiens du sexe masculin a montré que

1. Manouvrier. **15**.
1. Gustave Le Bon, **1**, p. 310.

leur poids variait entre 1.000 et 1.700 grammes. Le cubage d'un nombre égal de crânes du même sexe a montré que le volume de ces crânes variait entre 1.300 et 1.900 centimètres cubes. En confondant ensemble toutes les races et tous les sexes, on reconnaît que la capacité peut normalement varier du simple au double.

Examinons en quelques mots les principales de ces variations.

Variations dans le temps. — De l'examen d'un nombre suffisant de crânes du XIIe siècle, Broca avait conclu en 1861 à une augmentation sensible de la capacité crânienne. Aujourd'hui, l'interprétation des chiffres obtenus est plus réservée. En principe, cependant, dit Topinard, et en s'appuyant sur les lois de la physiologie, on peut admettre que le crâne tend plutôt à s'accroître jusqu'à une certaine limite, par le progrès et la généralisation de l'intelligence.

Variations suivant les races. — Assez peu élevée chez les races inférieures, la capacité grandit chez les races jaunes pour acquérir sa valeur maxima dans les races blanches. Au plus bas degré de l'échelle humaine se trouvent les Australiens (1.347 c.c., Broca); au milieu, les nègres de l'Afrique Occidentale (1.430 c.c., Broca); enfin, au sommet les Européens (Parisiens contemporains, 1.558 c.c., Broca), parmi lesquels il convient de citer les Auvergnats qui tiennent le premier rang (1.598 c.c., Broca).

Variations suivant le sexe. — Le sexe a une influence considérable sur le poids du cerveau. La femme a un cerveau beaucoup moins lourd que celui de l'homme, pesant de 5 à 15 % en moins[1], et cette infériorité subsiste à poids égal, à âge égal et à taille égale. Une différence sexuelle analogue se remarque d'ailleurs chez les anthropoïdes.

Variations suivant la taille. — La taille a une influence sur le volume du crâne et le poids du cerveau, mais cette influence est minime; toutefois il est évident que la capacité croît, toutes choses égales d'ailleurs, avec la taille. C'est ainsi que la capacité d'un Parisien de 2 m. 10 de hauteur, cité par Topinard, s'élevait à 2.000 centimètres cubes.

Variations suivant l'âge. — D'après ce que nous avons dit du développement de l'encéphale, il est facile de conclure à l'accroissement de la capacité crânienne : Welcker, en Allemagne, a donné de cet accroissement le tableau suivant[2] :

	Hommes.	Femmes.
Nouveau-né..........	400 cc.	360 cc.
A 2 mois...........	540	510
A 1 an.............	900	850
A 3 ans............	1080	1010
A 10 ans............	1360	1250
De 20 à 60 ans........	1450	1300

Variations individuelles. — La moyenne approximative, calculée par Topinard, de la capacité crânienne chez les Européens, est de 1.560 centimètres cubes pour les hommes, et de 1.375 centimètres cubes pour

1. L. Manouvrier, 17.
2. Kuhff, 1.

les femmes. Au-dessus de 1.800 centimètres cubes, on doit soupçonner une anomalie du crâne, l'hydrocéphalie; au-dessous de 1.150 centimètres cubes commence la microcéphalie qui peut réduire parfois la capacité jusqu'à 300 centimètres cubes.

La capacité crânienne des aliénés, de certains criminels, et surtout celle des hommes célèbres ou distingués, paraît être légèrement supérieure à la moyenne de leur race.

On peut donc conclure en disant que, pour les races comme pour les individus, les variations de la capacité crânienne sont sous la dépendance de deux facteurs très inégaux : la taille ou le poids du corps dans une certaine mesure, mais surtout les inégalités intellectuelles. Toutes choses égales d'ailleurs, il y a un rapport remarquable entre le développement de l'intelligence et le volume de l'encéphale.

LIVRE II

TÊTE SUR LE VIVANT

CHAPITRE PREMIER

GÉNÉRALITÉS — CÉPHALOMÉTRIE

Considérations générales. Céphalométrie sur le vivant. — L'examen de la tête sur le vivant occupe à juste titre une place importante dans la science anthropologique. A la vérité, les mensurations ainsi pratiquées ne possèdent pas la rigueur et la précision de celles obtenues sur le crâne, mais en revanche[1] on peut les multiplier, et le grand nombre d'observations compense largement les erreurs individuelles dues aux difficultés du mode opératoire. En outre, en mesurant les têtes sur le vivant, on a l'avantage de connaître le sexe, l'âge approximatif et la provenance exacte des individus, tandis qu'avec les crânes, dans la plupart des cas, un ou plusieurs de ces renseignements font défaut.

Les mesures de la tête sont très nombreuses, mais il en est peu qui par la constance et la netteté des points de repère puissent être réellement considérées comme utiles. Laissant de côté l'examen particulier des régions, œil, oreille, nez, etc., que nous étudierons dans les chapitres suivants, on peut diviser en trois classes les mesures qui se rapportent à la forme générale de la tête : mesures angulaires, mesures des courbes, mesures en ligne droite.

La principale des mesures angulaires est celle de l'angle facial : on y attachait jadis une grande importance, considérant le prognathisme, ou le degré de saillie de la région maxillaire, comme un caractère d'infériorité, etc. Aujourd'hui on en est revenu. Malgré les nombreux instruments inventés (double équerre, instrument de Harmand, goniomètre de Jacquard, etc.), on ne peut parvenir à une grande précision dans les mesures angulaires. La seule que l'on puisse prendre avec une exactitude suffisante, grâce au goniomètre facial médian de Broca, est celle de l'angle de Cuvier, formé par une ligne allant, soit de la glabelle, soit du point intersourcilier jusqu'au point alvéolaire, et par une autre ligne partant de l'orifice auditif externe et aboutissant au point alvéolaire. Cet angle permet d'apprécier le prognathisme total et le prognathisme alvéolaire; mais les variations qu'il présente sont trop faibles (3° à 4°) de race à race pour pouvoir constituer un caractère distinctif. Le prognathisme des lèvres projetées en avant et formant la saillie du museau, qui donne une expression si caractéristique au profil de certains nègres ou Australiens, n'est pas exprimé par cette mesure et n'est soumis qu'à l'appréciation individuelle, car il ne peut être en général mesuré d'aucune façon.

Parmi les mesures des courbes de la tête, les principales sont celles de la circonférence horizontale avec ses deux portions, antérieure et postérieure, dont les limites se trouvent au point sus-auriculaire, c'est-à-dire dans la dépression qui se place au-devant de l'insertion de l'hélice du pavillon de l'oreille. On a aussi exagéré la valeur de cette mesure en disant que les hommes à intelligence développée avaient la circonférence plus grande que les hommes sans culture intellectuelle. Les observations comparatives de Broca, faites sur des internes et des infirmiers, semblaient accréditer cette assertion, mais elles n'ont pas été confirmées, et la taille paraît avoir une influence décisive sur la grandeur de la tête.

Les mesures de la tête et de la face en ligne droite sont plus nombreuses et plus importantes que celles des angles et des courbes.

Diamètres céphaliques. — Les principales dimensions crâniennes à mesurer sur le vivant sont les suivantes (J'utilise pour toutes ces données l'excellent article de M. Manouvrier sur la céphalométrie anthropologique.) :

1° *Diamètre antéro-postérieur maximum* de la glabelle à la partie postérieure occipitale. Une pointe du compas étant fixée sur la glabelle, on recherche avec l'autre pointe le maximum d'écartement.

2° *Diamètre antéro-postérieur métopique :* Point de repère antérieur au milieu du front entre les bosses frontales; point de repère postérieur le plus éloigné.

3° *Diamètre transverse maximum* obtenu en promenant les pointes du compas d'épaisseur dans tous les sens au-dessus et en arrière des oreilles pour obtenir le maximum d'écartement.

Il faut tenir le compas bien horizontalement et pour cela se guider sur la ligne des yeux.

4° *Diamètre biauriculaire :* Pointes du compas appliquées symétriquement en avant et en haut du tragus, en avant et en bas de l'insertion antérieure du pavillon de l'oreille.

5° *Diamètre vertical sus-auriculaire :* Hauteur du crâne au-dessus du trou auditif. Cette hauteur se mesure facilement avec la toise.

6° *Largeur frontale minimum :* Sur la ligne sus-orbitaire limitant un plan tangent à la portion antérieure des orbites.

7° *Longueur totale du visage :* Du bord antérieur de la chevelure à la pointe du menton.

8° *Distance de l'ophryon au point alvéolaire.*

9° *De l'ophryon au point nasal.*

10° *Hauteur du nez du point nasal au point sous-nasal* (situé à la rencontre des narines avec la lèvre supérieure) sans déprimer la peau.

11° *Distance du point sous-nasal à la fente buccale,* c'est la hauteur de la lèvre supérieure.

12° *Hauteur de la muqueuse bilabiale,* c'est-à-dire la hauteur de la partie rouge des lèvres.

13° *Distance de la fente buccale au point médian* du pli limitant en bas la lèvre inféreure.

14° *Distance de ce pli à la pointe du menton.*

15° *Largeur interoculaire*, d'une caroncule à l'autre.

16° *Largeur bioculaire externe :* Entre les extrémités externes des deux plis palpébraux.

17° *Largeur du nez :* Maxima sur les ailes du nez.

18° *Longueur de la fente buccale* d'une commissure à l'autre.

19° *Largeur mandibulaire* d'un gonion à l'autre.

20° *Longueur du grand axe* de l'oreille.

21° *Largeur maxima de l'oreille* perpendiculairement au grand axe.

22° *Largeur des quatre incisives supérieures et des deux médianes.*

A l'aide de ces mensurations on calcule certains indices. Parmi ceux-ci l'indice céphalique est particulièrement intéressant.

Le tableau (page 123) contient les indices céphaliques sur le vivant : on n'a qu'à s'y reporter pour juger des variations ethniques.

Comparaison de l'indice céphalique sur le crane et sur le vivant. — Nous avons vu dans un chapitre précédent la valeur que l'on doit attribuer à cet indice d'une façon générale et l'excellent caractère de race qu'il constitue. Mais doit-on lui accorder la même importance sur le vivant, et peut-il, lorsqu'il est pris dans ces conditions, être rigoureusement comparé à l'indice pris sur le crâne?

Les recherches les plus récentes permettent de répondre affirmativement à la première question, car elles ont montré la fixité que présente l'indice céphalique dans les limites d'une race donnée. Mais le second point a suscité de longues et nombreuses controverses, et n'est peut-être pas encore élucidé d'une manière absolue.

C'est Broca le premier qui, en 1868, tenta d'établir le rapport existant entre l'indice céphalique pris sur le crâne ou sur le vivant, et il proposa pour le premier le nom d'indice crâniométrique, et d'indice céphalométrique pour le second. La conclusion de ses recherches fut que tout indice céphalique sur le vivant doit être abaissé de deux unités pour correspondre à celui du crâne.

Mais plus tard Topinard[1], reprenant les mêmes expériences, constata ce qui suit. Les variations des différences en + sur le diamètre antéro-postérieur du vivant s'étendent de 1 à 8 millimètres, celles en + sur le diamètre transverse, de 1 à 9 millimètres, et celles en + ou en — sur l'indice céphalique de — 1,68 à + 2,01. Le diamètre transverse sur le vivant est en moyenne de 6/10e de millimètre plus grand que l'antéro-postérieur, ce qui indique déjà que l'indice céphalique sera un peu plus élevé sur le vivant, mais d'une quantité réellement insignifiante. En somme, les premières expériences faites par Broca étaient défectueuses, et par là même les résultats qu'il obtint furent faussés. On doit donc comparer les deux indices directement et sans aucune réduction; sur un nombre suffisant de sujets, les deux indices sont semblables.

Ces conclusions furent loin d'être universellement acceptées. M. Houzé[2] intervint à son tour dans le

1. Topinard, 2.
2. Houzé, 1.

débat, et il apporta de valables arguments pour établir une opinion tout autre. Les mesures de Broca furent prises non sur le vivant, mais sur le cadavre, et les précautions qu'il observa, d'agir sur des têtes coupées depuis vingt-quatre heures, l'éloignaient des conditions du vivant, au lieu de l'en rapprocher. Une tête dans ces conditions laisse écouler non seulement les liquides infiltrés, mais encore le sang qui s'échappe par les troncs vasculaires béants, ce qui diminue énormément l'épaisseur des tissus.

Pour lui, il compara successivement le vivant et le crâne, et reconnut que les différences sont dues au diamètre transverse du vivant qui dans 20 cas dépasse de 8 millimètres le diamètre crânien, tandis que le diamètre antéro-postérieur céphalique n'est supérieur que de 5 millimètres au diamètre crânien. Les variations du diamètre antéro-postérieur vont de 2 millimètres minimum à 8 millimètres maximum; celles du diamètre transverse vont de 4 millimètres minimum à 14 millimètres maximum. L'indice céphalique du crâne est donc inférieur de deux unités à l'indice du vivant. Pour pouvoir comparer rigoureusement l'indice céphalométrique avec l'indice céphalique du crâne, il faut retrancher à celui-là 2,21.

Enfin, il est d'autres anthropologistes, tels que Mantegazza et Weisbach qui préconisent la réduction de trois unités. En présence de ces opinions divergentes, Topinard[1] revenant sur la rigueur de ses premières affirmations conclut que dans l'état actuel de la science il faut comparer les vivants avec les vivants

1. Topinard, 3, p. 376.

et les crânes avec les crânes, et donner toujours séparément les indices qui s'y rapportent; mais il avoue qu'il a une secrète tendance à croire qu'un jour la science conclura qu'il faut réduire. En tout cas, cette réduction conditionnelle ne saurait porter que sur des moyennes, et jamais sur des cas individuels.

A priori, ainsi que le dit Deniker, la tête à l'état vivant devrait avoir un indice un peu plus fort que le crâne, les muscles de la région temporale étant plus épais que ceux de la région sus-occipitale et frontale. Aussi d'une façon générale peut-on admettre la différence de deux unités entre les indices du crâne et du vivant, et l'on peut les comparer en ajoutant deux unités à l'indice des crânes, ou en les retranchant de l'indice du vivant.

Parmi les mesures de la tête en ligne droite, il en est encore quelques-unes qui méritent d'être citées. Telles sont : la hauteur totale de la tête (projection sur un plan vertical), la largeur de la face (entre les arcades zygomatiques), et les différentes « hauteurs » de la face, dont le rapport à la largeur constitue l'indice facial. Ce dernier est loin d'exprimer, aussi bien que l'indice céphalique le fait pour la tête, la forme de la face, à cause de l'irrégularité de celle-ci et du manque d'entente entre les anthropologues pour les « hauteurs ». Néanmoins on distingue d'après ces mesures les faces allongées ou leptoprosopes, les faces courtes ou chamæprosopes, et les faces moyennes, méso ou orthoprosopes[1].

Enfin, il est encore un point qui mérite d'attirer un

1. J. DENIKER, *loc. cit.*

instant l'attention à propos des mesures obtenues sur le vivant, c'est le manque de fixité de certains points de repère correspondants sur le crâne et sur la tête. On a cru d'abord, par exemple, que le bregma, ou le point de rencontre de la suture coronale et de la sagittale sur le crâne correspond sur la tête au point le plus proéminent de la ligne qui passe d'un point sus-auriculaire à l'autre dans le plan perpendiculaire au plan horizontal; mais les recherches rigoureuses de Broca et de Ferré ont montré que ce point est toujours en avant du bregma d'une quantité variable suivant les sexes et les individus. La correspondance du tourbillon des cheveux avec le lambda, ou le point de rencontre sur le crâne des sutures sagittale et occipitale, n'est pas non plus rigoureusement démontrée. Il est ainsi quelques questions, dans ce domaine, que de nouvelles recherches parviendront seules à élucider.

En terminant ce bref exposé, et avant d'aborder directement l'étude des caractères distinctifs et particuliers de chaque région, et des variations selon les races, il faut insister sur l'intérêt que présente cette connaissance, puisque c'est sur de tels caractères physiques bien déterminés, couleur de la peau, nature des cheveux, couleur des yeux, etc., que l'on peut baser les grandes et essentielles divisions du genre « Homo »[1].

1. Deniker. 2.

CHAPITRE II

VARIATIONS DES MUSCLES DE LA TÊTE

La connaissance des variations des muscles du crâne et de la face, question si intéressante, mais qui demande de si minutieuses et patientes recherches, est relativement nouvelle, et c'est depuis quelques années seulement que l'étude en a été méthodiquement entreprise.

Sans vouloir entrer dans la description détaillée de chacune de ses parties, ni faire dans l'anatomie comparée une incursion qui nous entraînerait hors des limites de cet ouvrage, nous nous contenterons de résumer à propos des principaux muscles les variations les plus instructives, et de tenter d'en extraire quelques vues générales en ce qui concerne les races.

Les variations individuelles sont fort importantes, car, ainsi qu'il est naturel, les muscles de la face chez les individus vigoureux participent au développement de la musculature générale. Aussi les variations ethniques, bien autrement intéressantes pour l'anthropologie, peuvent-elles, dans certains cas, être masquées par celles-ci. Chudzinski[1], qui s'est particulièrement attaché à mettre en lumière les variations suivant les races, ayant mesuré avec soin l'étendue des muscles et leurs insertions, avoue qu'elles sont beaucoup plus variables dans une même race que d'une race à l'autre. On serait donc en droit de se demander si les moyennes ne reflètent pas davantage l'influence individuelle que le type ethnique[2]. Toutefois il n'est pas impossible de dégager de l'ensemble des faits un certain nombre de lois générales, ainsi que nous le verrons tout à l'heure.

Abordons auparavant l'étude individuelle des muscles les plus importants.

Peaucier. — Le peaucier qui dans la plupart des Mammifères et des Oiseaux double toute l'enveloppe tégumentaire à laquelle il imprime en se contractant des mouvements qui débarrassent les poils et les plumes des corps étrangers, se cantonne, dans l'espèce humaine, à la région cervico-faciale[3]. Grâce à la mobilité extrême du membre supérieur et à la transformation de son extrémité distale en un merveilleux organe de préhension et de tact, il n'est plus, en effet, nécessaire chez l'homme.

Je laisse de côté les variations individuelles pour ne signaler que les variations ethniques. Chudzinski constata d'une façon générale le développement considérable du peaucier chez les Nègres, ce muscle rem-

1. Chudzinski. 1.
2. Papillault. 5.
3. Le Double. 3.

plaçant parfois le risorius par ses faisceaux supérieurs. Ces derniers forment encore deux petits muscles transversaux, l'occipito-mastoïdien et le parotido-mastoïdien, qui représenteraient, d'après certains auteurs, la portion nuchale du peaucier. Le risorius est plus superficiel et se distingue très nettement du peaucier, auquel on a parfois voulu le rattacher.

Frontal. — Le frontal offre, suivant les individus et suivant les races, des différences sensibles dans son épaisseur et dans sa couleur. Chudzinski a constaté que les muscles frontaux étaient très rouges, absolument comme les autres muscles striés de l'économie, et le muscle occipito-frontal très épais, chez divers nègres et certains mongoloïdes. Chez deux Néo-Calédoniens il trouva le frontal limité en haut par un arc festonné, et les fibres du temporal superficiel s'engagaient sous son bord externe qu'elles prolongeaient jusqu'à l'arcade zygomatique; il retrouva également cette conformation du frontal chez les gorilles. La surface du frontal, d'après cet auteur, atteint son maximum de développement dans la race jaune, et son minimum dans la race noire; la race blanche tient le milieu entre les précédentes.

Occipital. — Le muscle occipital est plus épais et plus coloré que le frontal, surtout dans la race noire. Pour Le Double, l'union de l'auriculaire postérieur et de l'occipital est assez fréquente. Chudzinski a remarqué que chez les sujets de races de couleur, les faisceaux les plus antérieurs de l'occipital allaient se fixer sur le pavillon de l'oreille. D'après lui, la surface de ce muscle est plus large chez les noirs, un peu moindre chez les blancs, et au minimum chez les mongoloïdes.

Pyramidal. — Le pyramidal, antagoniste du frontal, ainsi que l'ont montré Sappey, Duchenne de Boulogne, etc., présente parfois une union telle sur la ligne médiane qu'il semble ne former qu'un seul muscle. Les variations de forme sont également très nombreuses. Pour Chudzinski, le pyramidal n'aurait pas la même forme dans toutes les races : il aurait la forme d'un trapèze dans la race blanche, et d'un triangle à sommet supérieur dans les races noires et jaunes. Le Double a en effet constaté cette disposition chez quelques nègres.

Le *transverse du nez* peut être uni à son origine au muscle canin ou à l'élévateur commun de l'aile du nez et de la lèvre supérieure. Il se continue presque toujours avec les fibres postérieures et externes du myrtiforme[1]. Chez un nègre, Chudzinski l'a trouvé s'insérant accessoirement à l'apophyse montante du maxillaire supérieur. Dans les races de couleur, dit-il, le transversaire du nez a toujours une insertion osseuse au voisinage du muscle myrtiforme.

Orbiculaire et Myrtiforme. — Suivant Chudzinski, le myrtiforme acquiert son maximum de développement chez les nègres d'Afrique. La forme caractéristique des lèvres des nègres est en grande partie due au développement excessif des muscles myrtiformes

1. Le Double, 3.

et de l'orbiculaire des lèvres. Chez eux, la moitié supérieure de ce dernier muscle est très remarquable; elle s'avance presque jusqu'à la base du nez en se renversant sur les autres muscles et surtout sur les myrtiformes. Quelques millimètres séparent à peine la demi-circonférence de ce muscle de la base du nez. Ajoutant à cela les gros faisceaux musculaires qui convergent vers la commissure des lèvres, on aura l'explication de cet aspect charnu qui caractérise les lèvres du nègre.

L'orbiculaire des lèvres est également très fort et très épais chez les Anthropoïdes. Il est parfois inséparable du myrtiforme.

Les *élévateurs superficiels et profonds* de la lèvre supérieure sont intimement unis dans les races de couleur, et leurs limites respectives sont purement artificielles. L'élévateur commun de la lèvre supérieure et de l'aile du nez a des connexions avec le frontal et l'orbiculaire des paupières. Chez quelques sujets il a même des rapports intimes avec le pyramidal ou le canin.

Le *grand zygomatique*, prodigieusement développé dans les races de couleur, dit Chudzinski, est plus éloigné du conduit auditif externe dans la race blanche que dans la race noire, et plus encore dans la race jaune. Ce développement insolite contribuerait pour beaucoup à déterminer cette tuméfaction de la pommette qui est propre aux nègres.

On observe parfois la fusion du grand et du petit zygomatique. Ces deux muscles étant solidaires, les anomalies de l'un ressemblent beaucoup aux anomalies de l'autre : quand l'un est fort, l'autre est grêle; quand il n'y en a qu'un, il est large, épais, et parfois bifide à l'une de ses extrémités[1].

Le *risorius de Santorini* manque assez souvent; il peut être très fort ou rudimentaire, large ou étroit. Chudzinski a noté, dans les races de couleur, le grand développement du risorius, qu'il a vu entrer en connexion avec l'orbiculaire des paupières, le muscle occipital, les zygomatiques et le triangulaire des lèvres. Il est légitime de croire qu'il varie autant chez les Anthropoïdes que chez l'homme.

Le *triangulaire des lèvres* est, d'après Chudzinski, plus fort et plus coloré dans les races de couleur que dans la race blanche. Il en est de même des *carrés du menton*, que cet auteur a trouvés entrecroisés sur sa ligne médiane et recouvrant la plus grande partie du menton, comme cela s'observe chez les singes. Les fibres paraissaient finir sur la peau de la lèvre inférieure, juste sur la ligne qui sépare la peau de la muqueuse. On les trouve souvent aussi en continuité avec le peaucier.

Les muscles principaux de la mastication, le *temporal* et le *masséter* présentent naturellement un moindre développement chez l'homme que chez les Anthropoïdes. De tous les Mammifères, quelques Tardigrades exceptés, c'est l'homme dont les muscles destinés à mouvoir les mâchoires ont le moindre développement, et les surfaces d'insertion de ces muscles le moins d'étendue. Non seulement chez les Anthropoïdes toute la surface latérale du crâne sert d'insertion aux fibres du muscle temporal, le muscle

1. Le Double, 3.

masticateur par excellence, mais encore sur la ligne médiane de la tête du mâle se dresse une crête forte, haute, qui permet à ces fibres de se multiplier. Aussi l'élévation de la ligne temporale, l'étendue de sa courbe, et son rapprochement de la ligne médiane sont-ils, dans le groupe humain, un caractère d'infériorité. Sur certains crânes préhistoriques de la Floride et sur des crânes de Néo-Calédoniens modernes, les deux lignes, distantes normalement de 8 à 10 centimètres cubes, n'arrivent à s'écarter que de 2 centimètres[1]. Tout cela a déjà été dit.

C'est chez les Rongeurs que le *masséter* atteint son maximum de développement. Il est très fort aussi chez les Carnassiers. Chez l'homme il atteint un volume considérable dans certaines races noires d'Océanie (Chudzinski). C'est lui qui, très épais, donne à la physionomie de quelques individus l'expression d'énergie brutale qui la caractérise. Car ici, comme pour les autres muscles, en général, les variations individuelles peuvent être considérables.

Il existe souvent chez l'homme des connexions entre le ptérygoïdien externe, le temporal et le masséter, connexions justifiées par ce fait que ces muscles dérivent, au point de vue embryogénique, d'une masse musculaire commune. Ces connexions constituent d'ailleurs l'état normal chez divers Mammifères.

Les muscles de l'oreille et de l'œil ainsi que ceux de la langue, du voile du palais et du pharynx, nous arrêteront moins longtemps, en raison du petit nombre de variations ethniques signalées par les auteurs.

1. Le Double. 3.

Notons seulement, à propos des muscles de l'œil, que Chudzinski trouva sur un nègre de la Guadeloupe l'orbiculaire des paupières très épais et très large, descendant jusqu'au trou sous-orbitaire. Le ligament palpébral externe varie de même suivant les sujets : tantôt il est très gros, tantôt difficilement appréciable. Le même anatomiste pense que par la largeur de la partie externe de l'orbiculaire des paupières, la race jaune se placerait en tête des autres races; viendrait ensuite la race noire et en dernier lieu la race blanche.

On a signalé un certain nombre de cas de mobilité du pavillon de l'oreille chez l'homme; mais ce sont là des anomalies purement individuelles, et ne possédant aucun caractère ethnique. On peut seulement remarquer que Cuvier et Chudzinski ont vu sur des nègres l'auriculaire supérieur remonter jusqu'à la crête temporale des pariétaux. D'après ce dernier auteur, l'auriculaire supérieur atteint son maximum de largeur chez les nègres, et son minimum chez les blancs.

De cette étude où nous avons passé en revue les variations musculaires les plus intéressantes et les plus constantes, si l'on peut dire, il nous reste à dégager des lois et des indications générales. Nous emprunterons à Le Double[1] la plupart des considérations qui suivent.

L'union plus intime et le développement plus marqué constituent les deux malformations les plus communes des muscles faciaux. Ce sont des anoma-

1. Le Double, 3.

lies réversives. Les singes inférieurs ne possèdent pour toute la face qu'un seul muscle qui est une dépendance du peaucier ; aussi leur mimique stéréotypée ne varie-t-elle que dans son intensité. Chez les Anthropoïdes, la séparation est plus complète pour les muscles situés au-dessus de la bouche, mais d'autres causes, telles que la consistance de la peau et l'insertion des muscles faciaux sur la lèvre supérieure, s'opposent à ce que la face reflète les impressions.

Si l'on s'en tient aux recherches de Cuvier et Laurillard, de Hamy, Chudzinski et Popowsky, c'est le nègre qui, dans les races humaines, a les muscles faciaux les plus grossiers, les plus épais. Chez la majorité des nègres, dit Chudzinski, les muscles peauciers profonds de la tête sont beaucoup plus fusionnés que ceux de la race blanche. En outre, chez les hommes noirs il se développe des faisceaux supplémentaires qui se rendent surtout à la commissure des lèvres. En même temps, chez les sujets noirs, dans les endroits où la lèvre reçoit les insertions des fibres musculaires, elle s'épaissit au point de simuler la dureté du tissu fibro-cartilagineux.

Le tissu adipeux interposé entre les couches musculaires et même sous la peau des nègres est plus ferme, plus abondant et plus coloré que chez les individus de la race blanche. Enfin les aponévroses des régions faciales et crâniennes des nègres sont beaucoup plus résistantes et plus épaisses.

Dans la race jaune, les muscles peauciers de la tête ont un développement intermédiaire entre celui des blancs et celui des noirs. Cependant ils se rapprochent davantage de ces derniers, soit par leurs caractères généraux et par la vigueur de leurs fibres musculaires, soit par la fusion de leurs faisceaux. Il faut ajouter à cela que leur coloration est plus foncée. Les Peaux-Rouges de l'Amérique du Sud et une Cynghalaise auraient des muscles se rapprochant plutôt de ceux de la race blanche, c'est-à-dire plus pâles, moins épais, et surtout plus différenciés.

Mais il faut répéter que les agents contractiles de la face varient non seulement suivant les races, mais encore, dans chaque race, suivant les individus. Parmi les hommes appartenant à la race blanche, ce sont, sans conteste, ceux doués d'une intelligence inférieure dont les muscles faciaux se rapprochent le plus de ceux du noir, autrement dit de ceux des Anthropoïdes.

Il est indubitable que plus l'intelligence s'élèvera et plus les sensations et les pensées seront compliquées et parfaites, plus la mimique faciale sera expressive, car les moteurs faciaux devront être divisés et mieux en contact avec la peau. Si le système de Gall paraît mal fondé, ainsi que nous l'avons dit, il n'en est pas ainsi du système physiognomonique de Lavater. En raison de l'insertion des muscles faciaux à la peau, à laquelle leurs fibres terminales sont en quelque sorte identifiées, la contraction fréquemment répétée d'un ou de plusieurs de ces muscles imprime à la longue au tégument du visage des plis ou rides qui persistent même après la cessation et dans l'intervalle des contractions qui les ont déterminés.

Enfin, une dernière question à résoudre serait la suivante. Les séparations qu'on trouve anormalement entre le frontal et le pyramidal par exemple, alors que déjà les expériences électro-physiologiques témoignent que ces muscles en état de fusion apparente normalement sont antagonistes, séparations, qui constituent des anomalies évolutives, seront-elles plus tard la règle pour les autres faisceaux similaires de la face? L'avenir nous l'apprendra[1].

1. Le Double, 3.

CHAPITRE III

COULEUR DE LA PEAU

Il y a peu de choses à dire sur les différences dans la nature et la structure de la peau du corps en général et de la tête en particulier, suivant les races. Nous verrons seulement tout à l'heure à propos des diverses variétés de cheveux que le mode d'implantation du poil et la forme du follicule qui lui donne naissance offrent quelques modifications suivant qu'il s'agit du Nègre ou de l'Européen. On a signalé cependant la dureté et l'épaisseur du derme et le velouté de la peau chez le nègre; cette dernière qualité est due probablement à la profusion et au volume des glandes sébacées qui accompagnent les poils. Bischoff a fait une observation intéressante sur la rareté relative des glandes sudoripares (qui se trouvent dans l'épaisseur du derme) chez les Fuégiens: mais des études comparatives à ce sujet n'ont pas été poursuivies sur d'autres races[1].

1. Deniker. 1.

Par contre, la coloration est beaucoup plus importante. La distribution du pigment, qui donne la coloration à la peau, aux cheveux, à l'iris varie beaucoup suivant les races, et constitue un des bons caractères distinctifs. Le pigment est accumulé principalement dans les couches les plus profondes du corps muqueux de Malpighi, mais on le rencontre aussi en petite quantité dans la couche cornée et même dans le derme. Suivant les races, les granulations microscopiques du pigment, d'un brun uniforme, sont très inégalement distribuées autour du noyau dans les cellules, auxquelles elles donnent les tons les plus variés, depuis le jaune pâle jusqu'au brun sombre presque noir. « Comme le pigment existe dans toutes les races et dans toutes les parties du corps, c'est donc à sa plus ou moins grande accumulation dans les cellules qu'est due la coloration de la peau et de ses dérivés. De plus, il faut ajouter, pour certaines races du moins, la combinaison de couleur que donne avec le pigment à la peau le sang des vaisseaux vu par transparence[1]. »

A la naissance, toutes les parties de la peau sont entièrement constituées dans toutes les races, mais le pigment chez celles qui doivent en avoir beaucoup est encore peu abondant. Chez l'Européen, la peau est d'un rose vif à ce moment, comme soufflée et exubérante de santé; les capillaires sont très injectés; cependant elle est jaunâtre en dessous (Bouchut). L'excès de coloration sanguine disparaît au bout de un à trois jours, et l'enfant devient terreux. Chez le nègre, la coloration initiale a été l'objet de discussions : la

1. Deniker, 1.

vérité est que le nègre n'est pas noir à la naissance, mais d'un rouge sombre ou livide, très différent du rose vif de l'Européen. Le pigment n'est visible qu'en certains points (pourtour des ongles, mamelon, origine du cordon), puis il se développe peu à peu. Il en serait de même dans les races jaunes. La matière pigmentaire augmente également de l'enfance à l'âge adulte; en allant vers la sénilité, si les cheveux blanchissent et les yeux s'éclaircissent, il n'en est pas de même de la peau qui, sous l'influence de causes diverses, présente au contraire une augmentation de pigment[1].

Dans la plupart des races, les femmes paraissent avoir la peau plus claire que les hommes; en cela comme sous beaucoup d'autres rapports, elles se rapprochent des enfants.

Au point de vue physiologique, on doit distinguer deux sortes de pigmentation : l'une propre à la race, à la famille; l'autre qui augmente et diminue avec l'exposition à l'air des parties, avec la saison, le climat, la région, l'état de santé, et que l'on peut appeler le pigment supplémentaire ou accidentel.

C'est dans les races moyennes, c'est-à-dire à un premier degré dans les races brunes d'Europe, et à un second degré dans les races jaunes, que l'influence des conditions extérieures : saisons, climats, etc., est le plus sensible. Il suffit de quelques jours pour qu'un brun de France prenne une teinte chaude bronzée uniforme, d'un bel aspect, sans que la peau en souffre. Cette différence profonde avec le blond, chez lequel, la disposition à la pigmentation étant très

1. TOPINARD, 1, p. 315.

faible, ces effets seront peu prononcés ou très dissemblables, la peau brûlée par le soleil devenant rouge et comme tuméfiée, est certainement l'un des meilleurs caractères distinctifs entre les deux races. Les Hollandais et les Portugais, transportés dans le même pays tropical, seront affectés tout différemment. Dans les races jaunes, le pigment se développe d'une façon accidentelle avec une intensité considérable. Mais il y a des différences remarquables entre elles; chez les unes l'action de l'air pousse à une coloration noir olive, par exemple chez les Indo-Chinois et les Malais; chez les autres elle donne une nuance noire briquetée ou rouge sombre, comme chez les Guâranis ou les Fuégiens[1].

Du reste, dans un même groupe de population, soumis aux mêmes influences, on peut observer les plus grandes variations. Tout individu possède en quelque sorte une formule de réaction qui lui est propre; il est par ses ancêtres un métis de races diverses, et peut posséder un caractère de la race blonde ou brune par la façon dont sa peau se comporte au soleil, sans présenter les autres caractères plus démonstratifs de cette race.

Enfin, il est des variations pathologiques, congénitales ou accidentelles, qui mériteraient d'être citées. Elles peuvent être par défaut, par excès, ou par perversion; mais leur étude n'est pas, à proprement parler, du ressort anthropologique, et je me borne, étant obligé de me limiter, à ce qui intéresse la distinction des races.

1. Topinard, 1.

Il est nécessaire, pour opérer avec une rigueur suffisante, d'établir une classification bien stable de toute la gamme de nuances qu'offrent les différents peuples. Afin d'éviter l'arbitraire dans la désignation des couleurs, les anthropologistes se servent de tableaux chromatiques dans lesquels les échantillons des principales variantes des couleurs sont marqués par des numéros.

Dans ce but, Broca[1] construisit un tableau à trente-quatre nuances qui est aujourd'hui presque universellement adopté, et qui pouvait également s'appliquer à la peau et aux cheveux. Plus tard, Topinard, à l'exemple des Anglais qui avaient jugé que les échantillons regardant les cheveux méritaient d'être séparés, proposa une simplification qui, tout en concordant encore avec le tableau de Broca, ne comprenait plus que dix nuances principales. C'est cette nomenclature que nous allons ici résumer, d'après Deniker.

D'abord, parmi les Blancs, il existe deux nuances : 1° le blanc pâle (pale white en anglais) et 2° le blanc rosé (florid ou rosy en anglais), propres aux Scandinaves, aux Anglais, aux Hollandais, etc. Puis : 3° le blanc basané (brownisch white), propre aux Espagnols, Italiens, etc.

Dans les races dites Jaunes, on peut reconnaître également trois variétés de couleur : 4° jaune pâle (yellowish white), terreux, couleur graine de froment, comme par exemple chez certains Chinois; 5° jaune épais (yellow, olive), couleur du cuir neuf des valises, par exemple chez la plupart des Indiens de l'Amé-

1. Broca, 3.

rique du Sud, chez les Polynésiens, les Indonésiens; 6° le jaune brun (dark yellow brown, dark olive) ou couleur feuille morte chez certains Américains, chez les Malais, etc.

Dans les races à peau foncée, il faut distinguer au moins quatre nuances : 7° brun rougeâtre ou couleur cannelle (red, copper coloured), comme par exemple chez les Bedjas, chez les Niam-Niam et les Pheuls; 8° brun couleur chocolat (reddisch brown, chocolate), comme chez les Dravidiens, les Australiens, certains nègres et Mélanésiens; 9° brun très foncé (sooty black), et enfin 10° noir (coal black, black), par exemple chez différentes populations nègres.

Il paraît donc facile d'établir pour la coloration de la peau des observations suffisamment concordantes et stables. Mais quelle est la valeur de ce caractère? Est-il assez typique dans ses diverses formes pour tenir le premier rang et être préféré à tout autre? Les variations naturelles qu'il présente chez les individus de toutes races, ses nombreuses anomalies pathologiques, sont défavorables à cette prétention.

Il faut reconnaître, avec Topinard[1], qu'il n'est pas de caractère qui se laisse si facilement modifier par les croisements. Trois ou quatre types de couleur se dessinent nettement dans l'esprit, mais entre eux se disposent une foule d'intermédiaires qui empêchent de découvrir la moindre démarcation pratique. Entre les sortes de cheveux comme entre les groupes de l'indice nasal, il y a des traces de saut. Ici, en résumé, l'arbitraire est poussé à son comble; tout est laissé à

1. Topinard, 1, p. 332.

notre tact, à notre vision. Si l'on s'en tenait à la considération de la couleur, il faudrait avouer que la légitimité des trois grandes divisions des races en blanche, jaune, et noire, et surtout de la quatrième, la rouge, serait assez suspecte. La division de Virey, en blancs et noirs, s'impose cependant, quoique dans la seconde soient confondus des nègres et des noirs aux cheveux droits. Quant aux races jaunes, réunies ou non aux rouges, si nous sommes en droit de les maintenir, c'est grâce à l'indice nasal ou aux cheveux, mais certainement pas à cause de leur couleur.

La couleur de la peau ne doit donc pas être le caractère initial d'une classification des races, mais à titre accessoire et comme caractère confirmatif, elle mérite de conserver son importance.

Nous avons dit que les téguments de la face présentent quelques caractères particuliers. En effet, chez le Blanc tout au moins, la finesse et la transparence de la peau, sous laquelle court un riche réseau capillaire, produisent ces carnations chaudes qui sont comme un signe de race : en même temps ce réseau capillaire, facilement congestionné, traduit parfois les émotions les plus fugitives. De plus, ces qualités de la peau font que c'est sur elle qu'ont le plus de prise les agents extérieurs, soleil, air vif, et qu'ainsi la figure et la nuque sont les premières parties du corps sur lesquelles se produit, lors de l'existence au grand air, cet accroissement de pigmentation désigné sous le nom de hâle.

Enfin, il est certaines colorations, passagères ou permanentes, qui n'appartiennent qu'à certaines régions de la face. Telle est la tonalité noir bleuâtre qui se remarque parfois sur la paupière inférieure, et qui constitue ce que l'on appelle les yeux cernés. A ce propos, M. Blanchard[1] remarque que certains sujets présentent un maquillage naturel imitant cette teinte plombée qui donne au regard de certaines femmes une morbidesse si attirante.

De nombreuses explications ont été proposées pour ces faits, qui sont d'observation courante. Mais ce sont là des variations individuelles sur lesquelles je ne puis m'appesantir.

1. BLANCHARD, 1.

CHAPITRE IV

LA BOUCHE ET LES LÈVRES

A. Bloch[1] a consacré à cette question un travail patiemment documenté et auquel nous emprunterons textuellement une grande partie des considérations qui suivent.

Au point de vue anatomique, l'on comprend dans la constitution des lèvres non seulement la partie rosée extérieure de la bouche, mais encore, pour la lèvre supérieure, toute la surface cutanée et profonde qui l'entoure, jusqu'à la base du nez, au milieu, et jusqu'au sillon naso-labial, de chaque côté; tandis que, pour la lèvre inférieure, la limite se trouve au niveau du sillon transversal mento-labial. A leurs extrémités, les deux lèvres se réunissent pour former les commissures de la bouche. Ainsi délimitées, elles représentent, dans leur ensemble, une région bien circonscrite, au-devant des arcades dentaires dont elles suivent la direction. En arrière, elles sont atta-

1. Bloch. 1.

chées par la muqueuse au rebord alvéolaire de chaque mâchoire, et, dans leur épaisseur, elles renferment un appareil musculaire compliqué, qui est plus ou moins épais suivant les races.

La partie rosée constitue ce qu'on appelle le bord libre des lèvres, et c'est d'elle seule qu'il est question généralement dans la description des différents types humains. Mais, au point de vue anthropologique, il faut aussi tenir compte de la partie cutanée de ces organes, car elle varie en étendue suivant les races et suivant les individus, principalement à la lèvre supérieure. Laissant de côté la description morphologique des lèvres, qu'on trouvera dans tous les traités d'Anatomie, rappelons que Broca[1] recommande de constater si les lèvres sont grosses, moyennes ou fines, et droites ou renversées.

Topinard, après avoir insisté sur le prognathisme des lèvres, proposa la classification suivante : petites, moyennes, fortes, très fortes et retroussées.

Mais entre le volume et la direction des lèvres, il est indispensable, au point de vue anthropologique, d'étudier également leur coloration, et nous avons donc à examiner : 1° les dimensions; 2° la coloration.

Dimensions des lèvres. — Les dimensions comprennent : 1° la hauteur; 2° la longueur; 3° l'épaisseur.

Hauteur. — La hauteur de la lèvre supérieure est la distance qui la sépare de la base du nez, sur la ligne

1. Broca, **3**.

médiane, depuis la limite de la peau et de la muqueuse; pour la lèvre inférieure, c'est la distance depuis la limite de la peau et de la muqueuse jusqu'au sillon mento-labial. Quant au bord libre, il peut se rattacher à la troisième des dimensions, l'épaisseur.

La hauteur de la lèvre supérieure est de la plus grande importance, car elle constitue, si elle s'ajoute à d'autres signes distinctifs, un caractère de race qui peut faire reconnaître immédiatement un type déterminé. Ainsi, chez les Anglais du type blond, cette lèvre est très étendue en hauteur, et cela provient en partie de ce que la face est très allongée, leptoprosope; mais cette hauteur plus grande est assez persistante pour l'observer encore chez les Anglais du type brun, et même chez ceux qui n'ont pas la face très allongée.

Toutefois, ce caractère anthropologique n'est pas particulier aux Anglo-Saxons, car il se rencontre aussi sur des races exotiques. Ainsi une variété de Mandingues se distingue par là des autres nègres, et les Japonais du type fin ont également la lèvre supérieure très élevée.

Longueur. — Si l'on mesurait chaque lèvre à part, au niveau de la ligne de séparation de la peau et de la muqueuse, l'on trouverait une différence en faveur de la lèvre supérieure, qui est plus saillante et qu forme une courbe ondulée, plus allongée que la lèvre inférieure. Mais en général on se borne à prendre la longueur de la ligne de contact des deux organes rapprochés, c'est-à-dire la longueur de la fente buccale.

On sait que la grandeur de la bouche présente des variations notables suivant les races. Son maximum a été observé chez les Australiens où elle est de 66 millimètres; chez les autres peuples océaniens, cette étendue oscille entre 59 et 51 millimètres; chez les Javanais, elle est de 49 millimètres; chez le Nègre, elle est de 51 à 52 millimètres[1]. Chez l'Européen, d'après les chiffres de Testut, elle est en moyenne de 53 millimètres chez l'homme, et de 47 chez la femme[2]. D'une façon générale, elle est plus petite chez la femme que chez l'homme; mais il existe pourtant des races où c'est tout le contraire. Ainsi, chez la Soudanaise et chez l'Australienne, les lèvres sont fréquemment, d'après Weisbach, plus longues et en même temps plus épaisses que dans le sexe masculin.

Les grandes bouches paraissent se rencontrer plutôt chez ceux dont la face est large (chamœprosope), tandis que les bouches moyennes ou petites sont en corrélation avec une face allongée; mais le rapport n'est pas constant, comme aussi il n'y a pas de relation fixe entre la grandeur de la bouche et les dimensions de la cavité buccale, ou le développement des arcades dentaires.

Épaisseur. — Les lèvres sont moins épaisses à leur bord adhérent qu'à leur bord libre, mais c'est l'épaisseur du bord libre qui importe le plus en anthropologie. On peut, d'après A. Bloch, les diviser en minces, moyennes, épaisses, volumineuses, sans s'oc-

1. Henri Weisgerber, 1.
2. Testut, 1.

cuper de la qualification de droites ou de retroussées, car la direction est le plus souvent en rapport avec l'épaisseur même de l'organe. D'ailleurs, même dans la race blanche, les lèvres ne sont pas absolument droites; la lèvre inférieure est toujours un peu renversée, sans quoi le sillon mento-labial n'existerait pas, et la lèvre supérieure fait presque toujours une légère saillie en avant, au niveau de sa partie médiane.

Lèvres fines. — Ce sont des lèvres dont la muqueuse est à peine visible, à la lèvre supérieure, car la lèvre inférieure est toujours plus épaisse. Elles se remarquent particulièrement dans la race blonde européenne bien que l'on puisse y rencontrer souvent des lèvres de grosseur moyenne, et elles sont ordinairement en corrélation avec un nez leptorhinien.

Lèvres moyennes. — Ce sont celles dont la muqueuse est plus arrondie et plus visible que dans les cas précédents. Le chiffre moyen est de 8 à 10 millimètres, d'après Sappey, pour le bord libre de la lèvre supérieure chez l'adulte, et de 10 à 12 millimètres d'après Testut (pour les deux lèvres). Elles se rencontrent principalement dans les diverses races blanches, caucasique, sémitique, etc. Cependant nous les voyons aussi dans des races jaunes : chez les Japonais, chez les Coréens, etc.; mais il importe de faire remarquer que c'est seulement dans la variété appelée « le type fin » de ces diverses races que l'on trouve des lèvres de grosseur moyenne, et même des lèvres minces, car l'autre variété, qui est « le type grossier », possède, au contraire, des lèvres épaisses qui font partie de la division suivante. Dans le type fin, japonais ou coréen, les lèvres moyennes se relient également à un nez moins large et plus saillant que dans le type grossier où il est mésorhinien et aplati.

On retrouve également des lèvres moyennes dans des races à peau brune ou rouge. Ainsi les Pheuls sont généralement décrits comme ayant un nez fin et des lèvres minces. Chez les anciens Égyptiens, il existait deux variétés distinctes, un type fin et un type grossier, le premier ayant des lèvres fines ou de grosseur moyenne, et le deuxième des lèvres épaisses, ainsi qu'il est facile de s'en assurer par l'examen des peintures et des sculptures de l'époque.

On sait l'importance que Lavater attribuait dans son système physiognomonique à la forme et à la disposition des lèvres; ces idées qui ont été reprises depuis ne sont pas à l'abri de toute critique.

Lèvres épaisses. — Entre les lèvres de grosseur moyenne et les lèvres épaisses, la transition est brusque; aussi peut-on les reconnaître facilement. On peut considérer comme lèvres épaisses celles dont la muqueuse du bord libre est fortement visible à l'extérieur et plus ou moins renflée ou boursouflée. L'on remarque, en outre, que ces sortes de lèvres n'ont pas la même forme que les lèvres moyennement fortes des races blanches. En effet, par suite de l'épaississement, les diverses ondulations de la lèvre supérieure sont moins manifestes et souvent aussi la fossette médiane est moins excavée.

Il y a cependant des cas où la lèvre supérieure peut être épaisse sans que la muqueuse du bord libre soit très visible à l'extérieur; ce sont ceux dans lesquels le bord libre regarde en bas et en avant, de telle sorte qu'il reste partiellement caché en arrière. Dans ce dernier cas aussi, la muqueuse paraît moins retroussée que dans le cas précédent.

C'est ordinairement sur les deux lèvres à la fois que porte l'augmentation de volume. On a remarqué cependant que, dans certaines races, parmi lesquelles on cite les Todas, les indigènes du Chili et les Esquimaux, la lèvre inférieure est plus forte que l'autre, et plus renversée.

Ajoutons que la longueur des lèvres est ordinairement en rapport avec leur épaisseur, ce qui fait que souvent la bouche paraît fendue jusqu'aux oreilles.

Les lèvres épaisses se rencontrent exclusivement dans les races colorées, jaunes, rouges ou noires, et si nous les voyons parfois dans les races blanches, ce n'est qu'à titre d'anomalie. Dans le croisement d'une de ces races avec la race blanche, les lèvres restent épaisses chez les métis, malgré la finesse de ces organes chez l'un des ascendants.

Lèvres volumineuses ou lippues. — Ce sont des lèvres très obliques, dont la muqueuse se retrousse fortement en haut, et se renverse en bas en formant un bourrelet proéminent. Elles appartiennent spécialement à la race nègre africaine, et elles sont non seulement plus épaisses, mais encore plus saillantes que dans les races précédentes.

Il existe, en outre, au niveau des commissures labiales, une sorte d'empâtement résultant, suivant M. Hamy[1], d'une disposition particulière des muscles

1. Hamy, 2.

latéraux de cette région, qui sont plus ou moins fusionnés chez le nègre, tandis qu'ils sont isolés chez le blanc. Mais en disant que les lèvres volumineuses et saillantes sont spéciales aux nègres africains, il ne s'en suit pas qu'elles doivent y avoir la même conformation chez tous sans exception. Là aussi, comme dans toutes les autres races humaines, il y a des variétés dans lesquelles les lèvres sont moins épaisses.

Dans le croisement du nègre avec le blanc, ou d'un métis avec le blanc, les lèvres restent souvent épaisses, et alors même que d'autres caractères anthropologiques les rapprochent plus du type blanc que du type noir.

On rencontre quelquefois dans la race blanche des individus porteurs d'une sorte de lèvre supérieure double. C'est une anomalie dans laquelle la muqueuse interne est renversée en dehors et se présente au-dessous du bord libre, en formant un bourrelet transversal qui lui est parallèle, et d'un volume apparent parfois aussi considérable que celui de la lèvre elle-même. Ce bourrelet, visible surtout quand les lèvres s'allongent, n'est pas toujours congénital; il peut aussi être acquis, ainsi que cela se remarque chez certains musiciens, joueurs de cor, de cornet à piston, etc.

Coloration du bord libre des lèvres. — Il existe normalement diverses colorations que l'on peut classer de la manière suivante : 1° rosée; 2° bleuâtre-violacée; 3° noire ou brune.

Coloration rosée. — Les vaisseaux capillaires du bord libre des lèvres sont beaucoup plus nombreux que dans la partie cutanée de l'organe, et c'est cette vascularisation plus riche, jointe à la situation superficielle du muscle orbiculaire, qui donne à la lèvre sa couleur rosée; mais la rougeur de la muqueuse peut être plus ou moins vive suivant la quantité d'hémoglobine, et suivant l'état de la circulation du sang. Avec l'âge, le réseau vasculaire se modifie, et chez le vieillard le bord libre des lèvres n'est plus rouge, mais plutôt livide.

Couleur bleuâtre-violacée. — Cette couleur est due à la pigmentation du bord libre des lèvres par le même pigment qui colore la peau et le système pileux, mais cette pigmentation labiale ne se remarque, à l'état normal, que dans les races qui ne sont pas blanches. On la constate particulièrement dans certaines races jaunes, comme chez les Japonais, les Malais, les Annamites.

La pigmentation occupe ordinairement les deux lèvres à la fois, mais elle peut aussi se localiser uniquement sur chacune d'elles. La différence de coloration entre ces sortes de lèvres et celles qui sont toutes noires ou brunes est sans doute en rapport avec la quantité de pigment contenue dans la muqueuse labiale, et avec la présence de ce pigment soit dans l'épithélium, soit dans le chorion.

Il ne faut pas confondre les lèvres pigmentées bleuâtres avec les lèvres naturellement rosées qui ont été tatouées, ainsi que le pratiquent les femmes de la Nouvelle-Zélande.

Couleur noire ou brune. — Lorsque la peau est absolument noire, comme chez les nègres africains, le bord libre des lèvres est noir également, et la pigmentation labiale se confond à peu près avec celle de la peau environnante. Lorsque la peau est d'un noir luisant, comme vernissée, ainsi que cela se remarque chez les Oualofs, la pigmentation du bord libre des lèvres est encore noire, mais d'une couleur mate qui se détache nettement sur ce vernis cutané.

Pourtant, l'on sait que les noirs n'ont pas tous les lèvres pigmentées, et les ont même souvent d'une couleur rosée qui jure sur le noir de la peau environnante, mais souvent aussi leurs lèvres restent légèrement pigmentées, ce qui les fait paraître brunâtres.

Quand la peau est brune ou bronzée, la couleur des lèvres peut encore rester toute noire, malgré la diminution du pigment cutané, ainsi qu'on l'observe parfois chez les Nubiens : chez les mulâtres le fait est très fréquent. Tantôt, chez ces derniers, les deux lèvres à la fois conservent leur coloration foncée, tantôt l'une d'elles seulement est noire, pendant que l'autre est rosée, ou légèrement brunâtre; et alors c'est la lèvre inférieure qui, la première, perd son pigment; mais toujours la pigmentation labiale ne se remarque que sur des lèvres qui sont épaisses.

En résumé, les dimensions et la couleur des lèvres constituent des caractères anthropologiques d'une grande importance.

Pour la grosseur, elles peuvent servir de guide, comme l'indice nasal sur le vivant. En effet, les lèvres fines ou moyennes sont comparables au nez leptorhinien; — les lèvres épaisses au nez mésorhinien; — les lèvres volumineuses au nez platyrhinien.

Sauf les exceptions précitées, les premières appartiennent aux diverses races blanches; les deuxièmes aux diverses races jaunes, rouges et noires; les troisièmes aux races nègres africaines.

On peut faire encore une dernière remarque. Si la grosseur des lèvres est en corrélation avec la largeur du nez sur le vivant, il ne faut cependant pas en conclure que l'indice nasal peut suffire dans l'étude des différents types humains, car il arrive aussi, comme nous l'avons vu, que des lèvres épaisses coïncident avec un nez relativement mince. Il était donc nécessaire de faire une description, en outre des dimensions, et bien que les lèvres soient des organes trop délicats et trop mobiles pour être mesurées avec justesse, l'on pourrait néanmoins établir un indice pour chaque lèvre ou plutôt un indice buccal analogue à l'indice nasal.

Cet indice buccal serait donc le rapport centésimal de l'épaisseur totale des lèvres avec la longueur de la bouche[1].

1. A. Bloch, 1.

CHAPITRE V

LE FRONT ET LES POMMETTES

Le front forme la partie supérieure du visage, constituée par la partie antérieure du crâne, recouverte des téguments. Il est séparé de la face proprement dite par les arcades sourcilières, et s'étend de la naissance des cheveux à la ligne passant par les deux sourcils. La hauteur du front est la ligne droite déterminée en haut par la naissance des cheveux sur la ligne médiane, et en bas par l'ophryon.

Les parties molles qui recouvrent le frontal étant d'une épaisseur peu considérable, on peut utiliser, comme sur le crâne sec, le diamètre frontal minimum, entre les crêtes temporales qui font saillie sous la peau pour déterminer la largeur du front.

Ce diamètre, dénommé frontal minimum par Broca, mériterait mieux, ainsi que le fait remarquer Topinard[1], l'appellation de diamètre frontal inférieur. En effet, ce n'est que dans les races blanches que les

1. Topinard, **1**, p. 690.

crêtes temporales, après leur point de contact avec le bord externe de l'apophyse orbitaire, s'élèvent en s'écartant de plus en plus. Dans les autres races, au contraire, surtout chez les Mélanésiens, elles restent parfois parallèles ou même vont en se rapprochant. C'est un acheminement vers ce qu'on observe chez les singes anthropoïdes et autres : le point le plus rapproché entre les deux crêtes temporales, au lieu d'être en bas du front peut ainsi se trouver à 1, 2, 5 centimètres et plus au-dessus; il peut même se trouver au delà de la suture coronale que les crêtes temporales franchissent.

Quant au diamètre frontal supérieur, qui donnerait la vraie largeur du front, et fournit sur le crâne de précieuses indications, il est sur le vivant à peu près inutilisable, à cause du manque de point de repère précis. Une fois sur vingt, dit Topinard[1], le doigt sent avec un peu d'habileté la crête temporale, mais où l'arrêter en haut? Une fois par hasard on présume suffisamment l'endroit où est le stéphanion, c'est-à-dire où la suture coronale croise cette crête. C'est, dans l'immense majorité des cas, une mesure absolument abandonnée à la sagacité de l'opérateur. Dès lors, elle est plus dangereuse qu'utile; on peut la prendre pour soi, mais on n'ose jamais compter sur celle qu'auront prise les autres.

Le diamètre vertical est plus instructif, bien que la ligne d'implantation des cheveux, très variable suivant les individus, et détruite par la calvitie, fournisse souvent un point de repère discutable. On peut dire

1. TOPINARD, 1, p. 984

cependant que la hauteur du front forme d'une manière générale le tiers de la hauteur totale de la tête. Il est plus bas chez les Européens que chez les Jaunes, et surtout que chez les Nègres; plus bas chez la femme que chez l'homme. Il est vrai que ce que le nègre gagne sur le front, il le perd sur la division immédiatement inférieure de la face, de la racine à la base du nez, de même que ce que la femme perd sur le front, provient en partie de son gain sur les cheveux (Topinard).

En général, il est difficile d'exprimer la forme du front et d'en donner une idée mathématique; cependant, c'est un caractère important qui suffit quelquefois pour diagnostiquer la provenance d'un individu. La forme du front est partagée en deux plans réunis à angle plus ou moins obtus au niveau des bosses frontales. Celles-ci peuvent être hautes ou basses, saillantes, effacées, ou confondues exceptionnellement sur la ligne médiane, et leur influence sur la forme et la hauteur du front est considérable. Les bosses les plus effacées se rencontrent sur les microcéphales, les crânes néanderthaloïdes, et les Néo-Calédoniens. Les bosses frontales sont plus saillantes chez la femme, qu'il s'agisse des Parisiens ou des Nègres de Nubie qui se distinguent déjà par leur front bombé. Enfin, les fronts les plus bombés se trouvent dans l'acrocéphalie et la scaphocéphalie.

Le développement cérébral ne paraît pas, contrairement aux idées généralement reçues, présenter un rapport réel avec la hauteur et la surface du front. Le volume de l'encéphale, comme nous l'avons vu, ne varie que de 100 centimètres cubes en moyenne de l'Européen au nègre ordinaire, ce qui, réparti sur le tout, ne donne qu'un bien faible accroissement à appliquer aux variations de longueur de sa limite antérieure. Ce qui pourrait exercer une influence réelle sur le front, c'est plutôt la forme brachycéphale ou dolichocéphale, celle-ci chassant en avant et en arrière ce que la première concentre en largeur[1]. L'enfant a le front plus développé que l'adulte, la femme plus que l'homme. Le maximum de front se rencontre dans les cas pathologiques comme l'acrocéphalie, la scaphocéphalie et l'hydrocéphalie, dans bon nombre de cas de métopisme, et enfin plus souvent chez le nègre que chez le blanc.

En somme, le front est à étudier, moins pour les caractères physiologiques qu'il pourrait donner relativement aux lobes cérébraux qu'il recouvre, que pour ses caractères purement morphologiques d'ordre esthétique ou empirique servant à la distinction des races. Il ne fournit aucun caractère sériaire[2].

Le front fuyant, qui présente cet aspect lorsque les deux plans qui le composent se réunissent à angle très ouvert, se rencontre chez les microcéphales, le crâne de Néanderthal, les Océaniens. Le front fuyant du Néanderthal n'a pas été étudié sur un nombre suffisant de pièces authentiques pour qu'on puisse, en se basant sur lui, dire que ce type humain ancestral soit par là inférieur.

La situation des bosses frontales par rapport à la glabelle, dont Topinard a commencé l'étude, est

1. Topinard, 1. p. 877.
2. Topinard, 1. p. 940.

donnée par leur projection verticale et leur projection horizontale. On a ainsi trouvé, par exemple, que les Auvergnats ont les bosses frontales très élevées et très postérieures, tandis que les Nubiens les ont très basses et très antérieures. Mais on ne peut encore tirer de ces faits aucune conclusion suffisamment générale.

Somme toute, on peut dire qu'un front large, plein, s'inclinant très légèrement en arrière, décrivant une courbe ample au niveau des bosses frontales, médiocrement élevées, puis se portant rapidement en arrière caractérise le type européen bien constitué[1].

Pommettes. — Les pommettes, dit Topinard[2], sont la preuve immédiate de l'impossibilité d'exprimer certains caractères par des mesures. Elles sont rebelles à la division en types figurés. La photographie elle-même ne les rend pas, ou en fausse souvent l'aspect par le jeu capricieux de la lumière à leur sommet. Il propose pourtant un procédé qui consiste à chercher le point culminant des pommettes en regardant de côté, comme fait Welcker pour les bosses frontales et pariétales, d'abord dans un sens, puis dans un autre, et à marquer à l'encre ou au crayon dermographique l'endroit de l'entrecroisement des deux convexités. Dans cette opération, de même que dans la suivante, où l'on applique les pointes du compas, il ne faut qu'effleurer la peau. C'est un point cutané et non un point osseux, les yeux seuls le déterminent. On serait certain, de cette manière, que la mesure est bien

1. Henri Weisgerber, **2**.
1. Topinard, **1**, p. 996.

l'expression du caractère que l'on voit et qui frappe.

En effet, si la mesure exacte de la forme et de la disposition des pommettes présente les plus réelles difficultés, c'est pourtant là un caractère essentiellement remarquable, qui détermine en partie la forme générale de la face et qui est parfois suffisamment tranché pour paraître réellement typique. L'excès de développement transversal dans la région moyenne de la face qu'Isidore Geoffroy-Saint-Hilaire désignait du nom d'eurygnathisme, est partiellement caractérisé par l'écartement des os malaires. A ce type appartiennent les Esquimaux, les Chinois, les Kalmouks, les Indo-Chinois, les Malais, et à un moindre degré quelques-unes des races américaines. Au type inverse appartiennent l'Arabe et le Méditerranéen.

« La part que prennent les os malaires à la fois à l'élargissement de la face à ce niveau et à son aplatissement, coïncidant cependant avec une saillie des pommettes qui pourrait bien être plus apparente que réelle, est assez difficile à expliquer. Ces os sont relativement petits, grêles et bas dans les races blanches, et au contraire gros, heurtés et hauts dans les races jaunes[1]. » Mais les exceptions sont nombreuses, et la clef du problème n'est peut-être pas là. Assurément, l'apophyse malaire du maxillaire en s'unissant à l'os malaire joue un rôle considérable dans le phénomène de la saillie des pommettes. La ligne allant obliquement de l'angle inféro-externe de l'orbite au bord inférieur de l'os malaire s'abaisse chez les Européens,

1. TOPINARD, 1, p. 925.

se relève dans les races jaunes, et tient le milieu, en général, dans les races nègres.

« En somme, la saillie et l'écartement des pommettes dans les races jaunes tient à des causes multiples. Ce que les yeux constatent sans qu'il soit possible de donner de règle pour le déterminer, c'est que le haut de la face est aplati, affaissé, le bas comme rempli, et que le bord antérieur de l'os malaire est plus avancé, par rapport au plan tangent à la racine du nez et à sa base, dans les races jaunes que dans les races noires et blanches[1]. »

Sans vouloir entrer dans le détail de mensurations qui ne peuvent avoir de valeur précise que sur le crâne dépouillé de ses parties molles, on peut dire que les caractères des pommettes se réduisent à trois : « leur écartement, leur hauteur et leur saillie, ce dernier mot comprenant les pommettes massives. Un bord orbitaire saillant fait croire à des pommettes massives, hautes, etc.; une fosse canine décharnée, un creux sous-malaire exagère leur relief, l'aplatissement seul du visage donne des illusions. Il n'est pas de caractère, dans ses nuances moyennes, qui trompe plus facilement, et qui aurait besoin d'être plus rigoureusement défini et formulé ».

Du reste, ces trois caractères offrent des degrés nombreux. « A une extrémité de l'échelle sont les pommettes excessives des Esquimaux et de certaines populations de l'Asie; puis viennent les pommettes hautes et fortes d'une partie des Indiens des deux Amériques et de toute cette population bigarrée qu'on a appelée

1. Topinard, 1, p. 996.

turque, et qui sont données comme une preuve de sa parenté avec les Mongols »; puis les prétendues pommettes saillantes des Lapons et des Finnois, sur lesquelles on n'est pas édifié avec assez de précision; enfin les pommettes hautes des Auvergnats et de toutes les races celtiques. Mais la distinction entre toutes ces nuances, qui ne sont pas appuyées sur des mensurations rigoureuses, est encore à peu près impossible.

A l'autre extrémité de la série sont les pommettes effacées, petites ou fuyantes, des races européennes du Nord.

CHAPITRE VI

L'ŒIL ET L'ORBITE

L'étude de l'œil, cet organe qui offre des variations ethniques et individuelles si étendues et si importantes, doit, pour être claire, être divisée en deux parties bien distinctes. L'une s'occupe de la forme et de la disposition de l'œil dans son ensemble, en y comprenant les paupières, l'autre s'occupe spécialement de la pigmentation de l'iris, et accessoirement de celle de la sclérotique.

Mais il faut auparavant redire quelques mots de l'orbite et des régions orbitaires, bien qu'à vrai dire, les caractères descriptifs de ces régions appartiennent plutôt au crâne qu'à la tête sur vivant ; mais la connaissance parfaite du plan osseux est nécessaire pour comprendre les variations que peuvent présenter les parties molles.

Au-dessous du front, dit Topinard[1], d'une fosse zygomato-temporale à l'autre, se présente l'une des

1. Topinard, 1, p. 943.

zones les plus caractéristiques de la face. Elle se décompose en trois régions, l'une sus-orbitaire, l'autre interorbitaire, la troisième orbitaire proprement dite. Nous citons intégralement ce qu'il y a de plus important à y étudier d'après cet auteur :

« 1° Sur la ligne médiane la glabelle, tantôt effacée, tantôt constituée par une bosse arrondie ou ovale, tantôt formée par la confluence des deux arcades sourcilières plus ou moins marquées, laissant au-dessus une concavité ou un V plus ou moins ouvert.

2° Sur les côtés, les arcades sourcilières qui se continuent en dedans avec la glabelle, et se terminent en dehors, vers le tiers externe de la région sus-orbitaire. Leur développement est généralement parallèle à celui de la glabelle. Elles sont à leur maximum en Europe chez les types de Néanderthal, et assez développées dans la race celtique. Elles sont considérables aussi chez les Mélanésiens, y compris les Australiens, et au contraire à leur minimum dans toutes les races jaunes, auxquelles il faut rattacher sous ce rapport les Négritos et les Andamans. Les nègres d'Afrique tiennent plutôt des races jaunes par les arcades sourcilières, particulièrement les Boschimans; cela fournit le caractère distinctif le plus précieux pour distinguer d'une manière générale le nègre d'Afrique du nègre d'Océanie. Les Polynésiens, de même que les races américaines principales, rentrent par là dans les races jaunes.

Les arcades sourcilières, comme la glabelle, sont très réduites ou nulles chez la femme et surtout chez l'enfant.

3° Les os propres du nez, dont l'étude détaillée a

été faite d'une façon méticuleuse à des points de vue divers, depuis leur soudure en un seul os, qui est un caractère d'infériorité, jusqu'à leur longueur ou brièveté, et leur forme en sablier ou en quadrilatère.

En outre de la forme particulière des deux os propres dans un même plan, il y aurait à relever l'angle saillant en avant qu'ils font habituellement entre eux, les deux surfaces de rencontre continuant celle des apophyses montantes des maxillaires supérieurs. Ce caractère qui présente deux formes opposées, l'une plus ou moins en toit, l'autre plus ou moins aplatie, reflète le caractère analogue que le nez dans sa totalité donne sur le vivant. » Nous y reviendrons donc à ce propos.

« 4° L'intervalle orbitaire qui reflète la plupart des caractères des os propres, et dont le caractère général réside dans sa largeur soit absolue, soit à comparer à l'une des largeurs voisines de la face. » Des mensurations de Broca il résulterait que cette largeur interorbitaire est au maximum chez les Auvergnats et présente son minimum chez les Esquimaux, mais on devrait en conclure aussi que chez les races jaunes elle est plutôt petite. Ce fait, en contradiction avec l'observation courante et positive, provient, d'après Topinard, d'une erreur dans le choix du point de repère.

Les orbites, qui viennent ensuite, fournissent un grand nombre decaractères qu'on peut réduire à cinq :

La profondeur des orbites, que Broca mesurait de la cloison osseuse qui limite le trou optique en dehors, au bord supérieur orbitaire, en suivant une ligne parallèle à peu près au plafond de l'orbite. Le maximum de profondeur se rencontra chez les Esquimaux, avec 57 mm. 7, et le minimum chez les Basques espagnols, avec 47 millimètres[1].

Le second caractère est le degré de fuite en arrière du bord externe de l'ouverture orbitaire par rapport à son bord interne. Sous le nom d'angle naso-molaire, M. Flower a donné une mesure qui l'exprime assez bien. Cet angle est plus ouvert dans les races jaunes; il l'est moins chez les nègres d'Afrique, et moins encore chez les Européens.

Le troisième caractère est la direction du grand axe de l'ouverture orbitaire qui est régulièrement un peu oblique en bas; mais cette inclinaison varie.

Le quatrième est la forme des orbites, que l'on peut dire rondes, quadrilatères, rectangulaires, etc. En général, les orbites rondes correspondent à un grand indice orbitaire, tandis que les orbites à angles droits nets coïncident avec la disposition inverse.

Le cinquième est l'aire de l'ouverture orbitaire, que Broca obtenait approximativement en multipliant l'un par l'autre les deux diamètres. Mais la comparaison absolue dans les différentes races n'est pas légitime, à cause des grandes variations du volume du crâne. On peut cependant noter que les femmes ont l'aire de l'orbite plus petite.

Le dernier caractère est fourni par l'indice orbi-

1. Comme l'ont montré les recherches de L. Weiss, il n'y a aucune corrélation entre la forme du crâne (dolicho ou brachycéphale) et cette profondeur. Par contre, elle paraît être en rapport avec la forme de la face : les chamæprosopes (faces larges) ont l'orbite plus profonde que les leptoprosopes (faces longues).

taire (Broca, 1874) qui exprime le rapport de la largeur à la hauteur de l'ouverture extérieure de l'orbite. Tel que le comprend Broca, il varie avec l'âge et le sexe, et même dans certaines races, comme les races jaunes en général, suivant le développement des sinus frontaux et de ce qui les accuse extérieurement, la glabelle et les arcades sourcilières.

Les races jaunes ont les indices les plus élevés, les Australiens et les Tasmaniens les indices les plus faibles. Les Européens en général occupent une situation intermédiaire, et, d'après Flower, à peu près exactement le milieu de l'échelle[1]. L'indice orbitaire est également indépendant de la forme du crâne, mais se trouve en rapport avec celle de la face : d'une manière générale les faces longues, étroites, ont les orbites hautes, tandis que les faces larges et courtes ont les orbites basses.

Les orbites contiennent le globe oculaire, les muscles propres à le mouvoir et l'appareil lacrymal destiné à maintenir constamment humide la face antérieure de l'œil; on y trouve en outre, en arrière du globe oculaire, une masse de tissu cellulo-adipeux qui tend à faire saillir celui-ci, mais dont les variations ne paraissent pas avoir une grande importance, au moins comme caractère ethnique.

Bien qu'on ait prétendu que le globe de l'œil était plus gros chez le Nègre que chez l'Européen, et qu'il était aplati dans le même sens que le crâne, il ne semble pas que ce caractère puisse entrer dans la spécification d'un groupe ethnique donné.

1. Topinard, **1**, p. 954.

La position des globes oculaires dans les orbites ne paraît pas non plus varier sensiblement. Leur enfoncement et leur saillie apparente dépendent de l'accentuation plus ou moins grande des arcades sourcilières, et surtout de la proéminence de l'espace interoculaire, dont la disposition, avons-nous vu, dépend de celle des os propres du nez. C'est par suite de l'aplatissement de ces parties que les races jaunes paraissent avoir les yeux à fleur de tête. De même la petitesse de certains yeux n'a d'autre cause qu'une réelle étroitesse de la fente palpébrale. C'est encore l'ouverture palpébrale qui détermine la forme dite en amande des yeux de certaines Juives et femmes de la race Méditerranéenne.

La conjonctive présente chez les Nègres des divers types une vascularisation beaucoup plus prononcée que dans les races pâles; sa teinte est jaunâtre, sans doute par suite de la présence d'une certaine quantité de pigment. A l'angle interne de l'œil, cette muqueuse donne naissance à un repli semi-lunaire qui est la trace phylogénique de la membrane clignotante, dont l'origine remonte jusqu'aux Sélaciens, en passant par les Reptiles. A peine sensible chez l'homme blanc, elle est plus accentuée chez les Nègres et les Esquimaux; chez l'orang elle recouvre la caroncule lacrymale. Ce n'est donc pas à proprement parler un caractère de race, mais bien plutôt d'évolution[1].

Les paupières et l'ouverture qu'elles circonscrivent, surtout si l'on y joint la saillie sourcilière et celle de l'espace interoculaire, l'épaisseur et la longueur des

1. Fauvelle, 1.

cils, la forme et l'aspect des sourcils, offrent des différences ethniques marquées, mais la mobilité de cet ensemble doublé de muscles presque continuellement en contraction rend la description et la comparaison très difficile. Aussi n'y a-t-il guère que deux formes d'yeux bien connus : l'œil européen, qu'il est inutile de décrire, et l'œil caractéristique des races jaunes.

Celui-ci, en effet, appelé généralement œil mongol, présente seul des caractères assez tranchés pour permettre une description utile. Dans sa forme parfaite il se caractérise ainsi : il est petit, oblique, sa commissure externe est effilée et comme pincée, sa commissure interne est masquée par une bride verticale saillante, ses deux paupières sont comme bouffies, et la supérieure semble dédoublée transversalement. Par l'un ou l'autre de ces caractères et à des degrés divers, il se rencontre dans la plupart des races dites jaunes, mais est très souvent insensible, et peut manquer totalement chez des individus offrant tous les autres traits de ces races.

La petitesse de l'œil est le premier et le plus répandu de ses caractères. Il atteint un degré extraordinaire dans quelques cas, l'œil semble cligner en permanence et fuir la lumière, et pour en reconnaître la couleur, il faut écarter les paupières. Cette petitesse, ou, pour parler juste, celle de l'ouverture palpébrale peut être rattachée le plus souvent à diverses causes : au rapprochement prématuré vers la commissure externe des deux bords palpébraux, à la bride qui masque la commissure interne, et au boursouflement de la partie des paupières avoisinant leur bord libre qui couvre le globe en modifiant la forme de l'ouvertu palpébrale et en la contournant[1]. Il en résulte que la fente palpébrale, au lieu d'avoir la forme d'une amande, a plutôt celle d'un triangle scalène, ou d'un petit poisson dont la tête correspondrait à l'angle interne[2].

Quant à la bride de l'angle interne, elle est formée par un repli falciforme qui cache plus ou moins la caroncule et se prolonge parfois assez loin en bas. Ces deux dispositions qui se rencontrent assez souvent chez les enfants de toutes les races, à titre de caractère transitoire, coïncident jusqu'à un certain point avec le peu de développement du système pileux en général chez les peuples où elles représentent un caractère permanent ; et remarquons que, chez les Européens, la boursouflure et le renversement de la paupière (entropion) peuvent devenir une cause de maladie (trichiasis), à cause précisément de la croissance des cils[3].

Parfois la boursouflure ne s'étend que sur la partie externe de la paupière : on a alors une variété de l'œil mongoloïde à ouverture palpébrale triangulaire, très fréquente chez les Finnois orientaux, et chez les populations Turco-tatares.

Un autre caractère de l'œil mongol vrai est l'obliquité ; celle-ci est parfois plus apparente que réelle, en ce sens qu'il suffit avec les doigts d'étendre la peau pour la faire disparaître. Quand elle est réelle, elle consiste en ce que l'angle externe de l'œil se trouve

1. TOPINARD, **1**, p. 1000.
2. DENIKER, **1**, p. 93.
3. DENIKER, **3**.

situé plus haut que l'angle interne. Cette disposition tiendrait à l'insertion élevée du ligament palpébral externe sur le crâne, comme l'a montré Régalia[1]. Elle ne porte parfois, du reste, que sur un seul des deux yeux et correspond à une asymétrie plus ou moins accusée dans toutes les races. L'horizontalité des deux yeux, chez l'Européen, n'est jamais parfaite : de même l'une des commissures de la bouche se relève souvent et l'un des sillons naso-buccaux est plus profond et plus oblique. C'est une exagération de cette asymétrie qui se produit dans les races jaunes; à cela s'ajoutent le relèvement de la commissure externe, une certaine contorsion du bord palpébral supérieur, et enfin un relèvement de l'extrémité externe des sourcils. Toutes ces conditions tendent à augmenter et à exagérer à première vue une obliquité qui serait parfois peu sensible par elle-même.

On a voulu expliquer l'obliquité de l'œil mongol par celle des orbites, rien ne le permet; les axes des orbites ne présentent pas de différences sensibles dans les races jaunes, blanches, ou nègres; ils s'abaissent, en règle générale, à leur extrémité externe, les deux orbites formant entre elles un angle obtus ouvert en bas; mais ils ne se relèvent dans aucune race et chez aucun individu. Tous ces points ont été discutés.

La longueur de l'ouverture palpébrale, assez facile à obtenir, fournit quelques chiffres intéressants. Elle atteint, d'après Topinard[2], son maximum chez les Fidjiens et les Kalmouks, et son minimum chez les

1. Régalia, 1. Voir la discussion page 6.
2. Topinard, 1, p. 1003.

Parisiens et les Belges; malheureusement les moyennes citées portent sur des chiffres peu importants.

La largeur interoculaire, d'une caroncule à l'autre, présente des variations plus étendues. Elle paraît plus petite chez la femme dans les différentes races, et ici ce sont les Moïs et les Annamites qui viennent en tête de l'échelle, tandis que les Parisiens ferment encore la marche.

Coloration. — Abordons maintenant la seconde partie de cette étude de l'œil, sa pigmentation.

Dans l'iris[1], la pigmentation revêt un caractère particulier. Comme on sait, ce diaphragme perforé de l'œil se compose histologiquement de trois couches : une antérieure, épithéliale; une moyenne, le stroma, avec les fibres musculaires destinées à élargir ou à rétrécir la pupille; enfin une postérieure, dite pigmentaire. Mais il ne faut pas croire que cette couche soit l'unique dépôt du pigment de l'iris; on en trouve encore quelques accumulations dans l'épaisseur du stroma et de la couche musculaire. Dans les deux couches, les granulations du pigment ont la même couleur brune que dans le reste du corps, seulement le pigment de la couche postérieure, dite pigmentaire, ne se voit qu'à travers le stroma et paraît bleu ou gris, plus ou moins clair ou foncé suivant sa quantité, tout comme le sang noir des veines nous paraît bleu à travers la peau.

Au contraire, le pigment accumulé dans le stroma ou entre les fibres musculaires de l'iris se présente

1. Deniker. **3**. p. 58.

avec sa coloration naturelle, jaune brunâtre ou brun foncé suivant sa quantité, sous la forme de traînées s'irradiant très nettement de la pupille vers la périphérie de l'iris et occupant le tiers, les deux tiers, ou même la totalité de cette membrane.

Vus à une certaine distance, les iris sans pigment dans leur couche moyenne (stroma) paraissent bleus ou gris; ceux dont le stroma et les muscles sont chargés en entier ou en bonne partie de pigment paraissent verts, jaunes, gris jaunâtre, gris verdâtre, etc. Il n'y a donc à distinguer que trois nuances fondamentales de l'iris, ou, comme on dit vulgairement de la couleur des yeux : claire (yeux bleus ou gris), foncée (yeux d'un brun clair ou d'un brun foncé, dits noirs), et intermédiaire (yeux verts, jaunes, gris jaunâtre, etc.). Ce classement est tout à fait en rapport avec la quantité de pigment dans l'iris.

La couleur des yeux, qui présente des variations individuelles si fréquentes et si tranchées, possède-t-elle une valeur ethnique suffisante pour permettre l'établissement d'une classification des races humaines? Assurément non par elle-même, mais associée aux autres formes de la pigmentation, elle offre une valeur complémentaire assez grande, au moins dans les subdivisions de certaines races.

Si à la couleur de la peau on associe la couleur des yeux et des cheveux[1], on distingue, en outre des types fondamentaux, un certain nombre de types secondaires plus ou moins accusés, savoir : 3 ou 4 pour le type fondamental blanc, 2 ou 3 pour le jaune, 2 pour

1. Topinard, 3, p. 333.

le rouge, 2 ou 3 pour le noir. Dans leur ensemble, ils forment une échelle graduée commençant par le blond, et se continuant par le châtain, le brun et enfin le noir, le roux étant mis à part.

Le premier, dans le type fondamental blanc, est le type blond. Il est constitué par l'association des yeux bleus ou clairs, des cheveux blonds, et d'une peau rosée ou fleurie. Cette peau est fine et transparente : elle laisse apercevoir les vaisseaux capillaires superficiels, pleins de sang, se congestionnant par les émotions, le froid ou la chaleur, et supporte mal l'action de l'air et du soleil. De même que les autres types, le blond ne se rencontre nulle part à l'état de pureté, mais il prédomine çà et là, se mélangeant à toutes les populations de l'Europe où il est dispersé partout, mais concentré davantage en Islande, en Scandinavie, dans les Iles Britanniques, en Allemagne, dans le Nord et l'Est de la France, etc.

Le second type blanc est le roux. Il est formé par des yeux gris ou verts, des cheveux roux ardent ou jaune rougeâtre et par atténuation châtain cendré sale, et une peau souvent chargée de taches de rousseur.

Le troisième type est le châtain. La peau est souvent grisâtre, cendrée ou terne; les yeux sont de nuances et de tons moyens, plutôt verdâtres, gris ou marrons; les cheveux sont châtain clair ou cendré. Il s'allie souvent en Europe à la brachycéphalie.

Le quatrième type est le brun. Il est caractérisé par des cheveux et des yeux noirs, et par ce genre de peau dite brune qui, exposée à l'air, prend aisément une belle teinte bronzée. Il comprend les Basques, les

Hispano-Portugais, les Italiens, etc., en un mot la race méditerranéenne. Mais il s'étend bien au delà de l'Europe, sans qu'on puisse nulle part définir ses limites.

Le type fondamental jaune comprend deux sous-types, olivâtres et rougeâtres, mais les dégradations de la couleur sont telles que ses limites sont bien imprécises. Les yeux brun clair se rencontrent quelquefois, par exemple chez les Chinois, mais les cheveux sont invariablement noirs.

Le type rouge, très discutable à la vérité, s'il n'est établi que par la seule pigmentation, peut se diviser en rouge proprement dit, et en olivâtre.

Le type noir lui-même présente des variations assez étendues allant du café au lait au rougeâtre et au jaunâtre. Mais ici, comme dans le type précédent, la coloration des yeux ne fournit aucune indication précise, car il ne suit pas les variations de ces embranchements.

En résumé[1], ce n'est que dans les races blondes européennes, peut-être aussi dans les races turco-finnoises, qu'on constate les yeux clairs, bleus ou gris; les yeux brun clair se rencontrent chez quelques mongoloïdes; dans le reste des populations de la terre, les yeux sont brun foncé ou noirs.

1. Deniker, 3, p. 59.

CHAPITRE VII

LE NEZ ET L'OREILLE

§ 1. — **Le nez.**

Considéré dans son ensemble, le nez sur le vivant demande à être étudié de face et de profil et se compose des parties suivantes : en haut la racine du nez; en bas la base constituée au milieu par le lobule médian, sur les côtés par les ailes, en dessous par les narines que sépare la sous-cloison dont l'extrémité postérieure s'attache à l'épine nasale; sur les côtés deux plans inclinés, limités par le sillon oblique naso-buccal prolongé; en avant, formant arête, le dos du nez composé de trois parties, une première répondant aux os propres du nez, une deuxième répondant aux cartilages latéraux, la troisième répondant à l'intervalle des cartilages des ailes.

Les cartilages du nez sont particulièrement importants à connaître, en ce sens que, par leur consistance, leur jeu les uns sur les autres, les brisures ou saillies qu'ils présentent en un point ou en un autre, ils donnent l'explication des différentes formes du nez. Ce sont : le cartilage médian, les cartilages latéraux du nez et les cartilages latéraux des ailes, sur la description et l'agencement desquels on lira avec fruit les traités d'anatomie[1].

Au point de vue anthropologique, nous étudierons successivement l'indice nasal qui est le caractère anthropométrique le plus instructif, puis toute la série des caractères descriptifs concernant le profil et la base du nez, la forme et la direction des narines, etc.

Indice nasal sur le vivant. — C'est le rapport de la largeur totale maximum de la base du nez, en dehors de ses ailes, à sa hauteur, de la racine au point d'insertion de la sous-cloison. « La première mesure, écrit Topinard, se prend à un demi-millimètre près; on effleure la peau sans la déprimer. La seconde est plus délicate : en bas, on porte la branche du compas en arrière sur l'attache de la sous-cloison et par un mouvement doux de bas en haut on l'appuie contre l'épine nasale qui est le point de repère supérieur. En haut, lorsque la racine est bien dessinée, la chose est facile : on prend le point le plus profond sans s'inquiéter de chercher la suture, qui n'est pour rien dans ce point de repère; lorsqu'elle est incertaine et allongée verticalement, comme dans les races jaunes et chez certains Nègres africains, et qu'on ne voit pas de suite où est l'endroit le plus profond de la concavité, la conduite à tenir est la suivante : De face, avec de

1. Topinard, **1**, p. 296.

l'attention, on distingue un pli transversal très minime qui est toujours au-dessus, à 3 ou 4 millimètres, de l'axe transversal passant par les deux ouvertures palpébrales; de profil, le même pli se retrouve; on voit un changement de direction du profil, à un endroit où la ligne d'abord oblique en haut et en arrière devient oblique en haut et en avant. Dans quelques cas très rares, la ligne dorsale du nez s'élève directement jusqu'à la hauteur des sourcils, et ce pli n'est pas apparent. Il suffit alors de faire froncer légèrement les sourcils du sujet, ou d'appuyer le doigt de bas en haut sur l'intervalle des sourcils, pour que le pli se dessine. Quelquefois il y a deux plis au-dessus de l'axe transverse des yeux; dans l'embarras, on prend entre les deux. »

Ce procédé opératoire méritait d'être minutieusement décrit, car de nombreuses erreurs sont possibles. La principale consiste à prendre une ligne oblique du bout du nez à sa racine. L'indice nasal du vivant étant le rapport de la largeur maximum de la base du nez à la hauteur du nez, et non à sa longueur, c'est donc une ligne verticale de l'épine nasale à la racine du nez qu'il faut mesurer, et nulle autre.

Voyons maintenant ce que nous apprend cet indice. Dans les moyennes, l'indice va de 108,9 chez les Tasmaniens à 63 chez les Français (type blond, dolichocéphale) et même 60,4 chez les Arméniens (Pantioukhof). Il permet, comme l'indice nasal du crâne, la formation de trois groupes, les Platyrhiniens dont l'indice dépasse 85; les Mésorhiniens où l'indice oscille entre 70 et 85 (d'après la nomenclature de Collignon)[1]; enfin les Leptorhiniens chez qui l'indice est inférieur à 70.

Dans le premier groupe platyrhinien, se trouvent tous les nègres, aussi bien d'Afrique que d'Océanie, avec les Australiens. Dans le second, ou mésorhinien, il n'y a guère que des groupes appartenant à ce qu'on appelle les races jaunes et rouges. Dans le troisième, ou leptorhinien, il n'y a que des blancs.

« C'est une répartition très correcte de toutes les races à peu d'exceptions près, en trois embranchements, ceux que l'anthropologie est obligée d'admettre par l'ensemble de leurs caractères, quel que soit celui qu'elle juge ensuite plus avantageux de choisir comme caractéristique principale.

« L'indice nasal est donc un caractère excellent[2]; il exprime le degré d'écrasement ou d'épatement du nez d'une part, et son degré de saillie et de resserrement transverse de l'autre, la hauteur dans les deux cas étant en raison inverse. Il est supérieur à l'indice nasal du crâne, et parce que le registre de ses variations ethniques est plus grand, et parce que les séparations entre les races nègres, jaunes et blanches typiques sont plus profondes »; de plus, mieux que l'indice du crâne, il dispose les races inférieures en série comme les autres caractères nous les font comprendre. En Océanie, ce sont les Tasmaniens et les Australiens qui sont au bas de l'échelle. En Afrique, les Hottentots ont un indice moins fort que les nègres de l'intérieur; cette différence donnerait raison

1. R. Collignon, **2**, p. 8.
2. Topinard, **1**, p. 304.

à Barrow qui trouvait que les Hottentots offrent de nombreux points de ressemblance avec les races jaunes.

« Il est intéressant de remarquer dans les mésorhiniens la différence d'indice entre les Américains du Nord et ceux du Sud, qui indiquerait que ces derniers se rapprochent davantage des races jaunes, ce que d'autres caractères disent aussi; puis la diminution de l'indice en passant des Peaux-Rouges aux Américains du Nord et aux Esquimaux; enfin le rapprochement de l'indice des Fuégiens et de celui des Esquimaux. »

Dans l'embranchement des leptorhiniens, il faut remarquer la présence des Galtchas; puis la communauté à peu près d'indice entre les Sardes, les Kabyles et les Méridionaux (Pyrénées-Orientales), que l'on a réunis sous le nom de race méditerranéenne; enfin la différence entre les Celtes et les Français du Nord ou Kymris, conforme à ce que l'observation *de visu* montre, cette différence constituant l'un de leurs meilleurs caractères distinctifs (Topinard).

Si les particularités que fournit ainsi le nez sont tenaces et caractéristiques dans les races franches, dit Topinard, en revanche elles se modifient aisément dans le sens de la moyenne intermédiaire entre les deux races mères, plutôt que dans le sens de l'une d'elles. Il en résulte qu'il faut s'attendre à trouver dans la morphologie du nez des types de transition parfois difficiles à classer. Mais la valeur des types fondamentaux n'en est pas pour cela atteinte, il n'y a pas d'abîme entre les races, ni par un caractère ni par un ensemble de caractères, les transitions sont la règle partout.

Ce qu'on peut affirmer, c'est qu'en dehors des croisements, il n'est pas de caractère moins altérable par les milieux et les agents mécaniques que la forme du nez. Il doit donc être considéré comme l'un des plus précieux dans la classification des races.

Mais peut-on comparer l'indice nasal sur le vivant et sur le crâne? Broca, puis Topinard, ont essayé cette conversion en opérant d'abord sur des têtes entières, puis sur leurs crânes. Les différences qu'ils relevèrent à l'aide de ce procédé dans les moyennes des deux indices sont péremptoires; il n'y a aucune correspondance entre les deux. Il n'y a donc lieu en aucune façon, dans la mesure sur le vivant, de chercher le point de repère du crâne, le mieux est d'agir de façon absolument indépendante dans les deux cas.

En dehors de la forme générale du nez, fourni par l'indice nasal, il reste une foule de caractères descriptifs que l'on peut observer sur cet organe. Mais il est encore une mesure, trouvée par G. de Mérejkowsky[1], et pour laquelle il proposa la création d'un indice; nous devons en dire quelques mots. Cet indice est destiné à mesurer la plus ou moins grande proéminence, ou, ce qui revient au même, le plus ou moins grand aplatissement des os propres du nez près de sa racine. Dans les races jaunes et rouges, le dos du nez, formé par l'union des deux os nasaux, est peu saillant en général. Il l'est encore moins chez les nègres, où son aplatissement atteint très souvent un degré simien. Il faut, du reste, remarquer à ce propos que la soudure des os nasaux entre eux et avec les os

1. G. de Mérejkowsky, 1, p. 167.

maxillaires est beaucoup plus précoce chez les Nègres que chez les Européens, fait qui est en rapport avec l'accroissement plus considérable des os propres du nez dans les races blanches.

Cet indice du dos du nez constitue, d'après son auteur, un caractère sériaire très prononcé; dans la race blanche il est très élevé, très faible au contraire chez les Nègres et les Malais.

La proéminence des os propres du nez au-dessus d'une ligne constante, qui est la largeur minima de ces os, varie, d'après les races, en suivant cette règle que la proéminence est d'autant plus grande que la race est plus élevée.

L'âge et le sexe exercent également une influence considérable. Pour le sexe, c'est une règle générale que les femmes ont la racine du nez plus aplatie que les hommes, et l'indice des premières se trouve par conséquent être toujours inférieur à celui des seconds. Il en est ainsi dans toutes les races en général.

L'âge se fait sentir encore davantage. Les enfants ont un indice sensiblement plus faible que les hommes et même que les femmes adultes, ce qui veut dire que leur racine du nez se rapproche par leur aplatissement des races plus inférieures que celle à laquelle ils appartiennent.

Revenons aux caractères descriptifs. Nous avons dit, au début de ce chapitre, que la forme du nez présente des variations ethniques et des variations individuelles extrêmement nombreuses et très considérables. On sait le parti que M. A. Bertillon[1] a su

1. Alphonse Bertillon, 1, p. 158.

tirer de ces variations individuelles, et comment, par une classification rationnelle, il a pu en faire un procédé très précieux d'identification. Suivons-le pas à pas.

Il distingue dans le profil du nez : 1° la forme générale du dos du nez; 2° la direction de sa base.

La forme générale du dos du nez est exprimée par cinq termes : concave, rectiligne, convexe, busqué ou coudé, ondulé. La direction de la base du nez peut être : relevée, horizontale ou abaissée. Les dimensions du dos du nez sont exprimées par les mots : saillant, aplati, large, étroit, épaté; les dimensions du lobule du nez par les mots : gros, effilé, pointu (fig. 38).

En combinant ces trois groupes de termes, il est facile de décrire toutes les formes de nez. Les formes accentuées peuvent être indiquées par un soulignement, les formes atténuées par une parenthèse.

Le profil du nez exactement *droit* est rare, toujours il y a trace de petites inflexions aux deux extrémités des cartilages latéraux; le nez kymri en est le type le mieux accusé.

Le *nez concave* est de deux sortes : l'un dans lequel la concavité est médiocre, à dos grossier, comme dans le type celtique; l'autre où elle est plus accusée, surtout en bas dans le nez retroussé, qu'on rencontre entre autres dans le bassin méditerranéen, et plus souvent chez la femme.

Le *nez à dos convexe* porte en général le nom d'aquilin, et présente de nombreuses variétés. Dans une première, le dos du nez est très proéminent et étroit, il décrit une vaste courbe qui aboutit à la pointe même qu'elle abaisse au-dessous du plan des

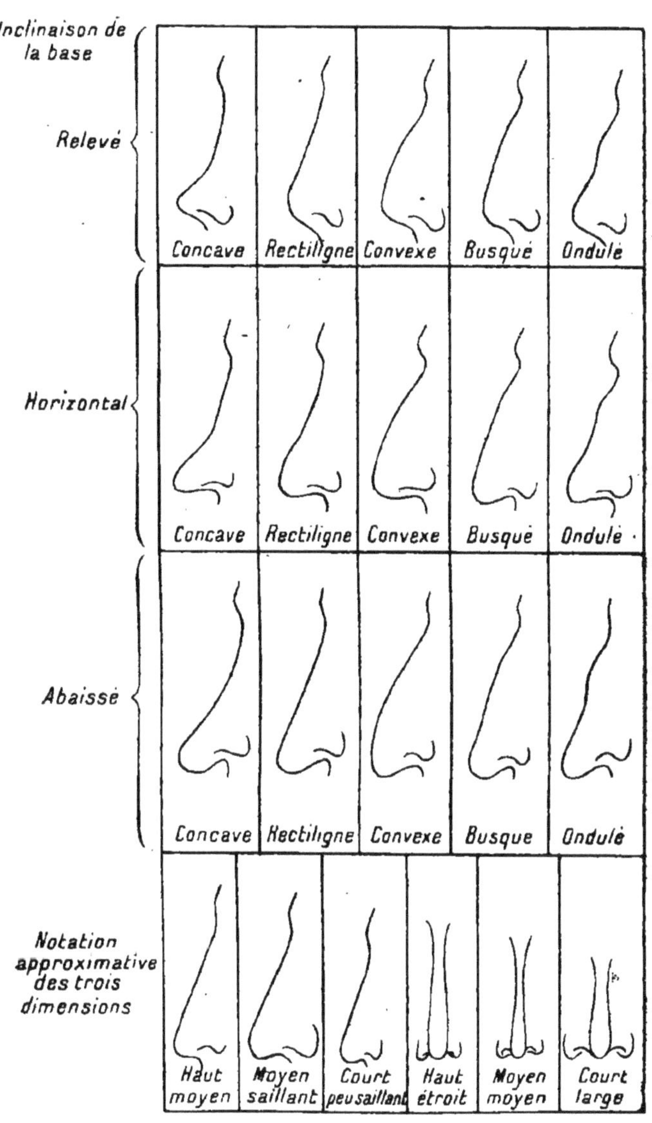

FIG. 38. — *Notation du profil du nez* (d'après A. BERTILLON).

narines; en même temps le lobule se détache nettement des ailes qui, généralement, sont minces et détachées. C'est le nez en bec de corbeau, de polichinelle, d'aigle (d'où son nom), le nez crochu, le type sémite principal. Dans la seconde variété, l'arête du dos n'est plus tranchante, elle est comme empâtée, la courbe est courte et revient sur elle-même à la pointe, comme si celle-ci eût été écrasée; toute la base est lourde, les ailes se confondant en une masse avec le milieu. C'est le type sémite grossier.

Le *nez au profil convexe*, ferme, saillant, est essentiellement sémite ou aryen; quelques nez de nègres ou de races jaunes ont une ligne également convexe, mais habituellement peu saillante, et à dos large, épaté.

Le *nez à profil busqué* forme une saillie à la rencontre des os propres et des cartilages supérieurs; quand cette ligne devient *ondulée* ou *sinueuse*, elle présente une première dépression là où tout à l'heure elle était coudée, et une seconde à la rencontre des cartilages latéraux et des cartilages des ailes.

Le profil droit et parfois sinueux se trouve chez les Turco-Tatars, les Européens, etc.; le profil concave chez certains Finnois, les Boschimans, les Lapons, les Australiens; le profil convexe parfois busqué chez les Indiens de l'Amérique, existe chez les Sémites.

Dans la majorité des cas, les nez concaves ont la pointe épaisse, et le plan des narines dirigé en haut; les nez convexes ont au contraire le plus souvent la pointe fine, et le plan des narines dirigé en bas. Mais il y a aussi des nez convexes à pointe très épaisse; par exemple certains Juifs et Iraniens du type assyroïde, les Papous, les Mélanésiens. De même il y a des nez concaves à pointe fine; par exemple dans certaines races européennes (Basques, certains Russes, etc.).

La base du nez regardée en dessous, c'est-à-dire les narines, fournit aussi des caractères importants. On

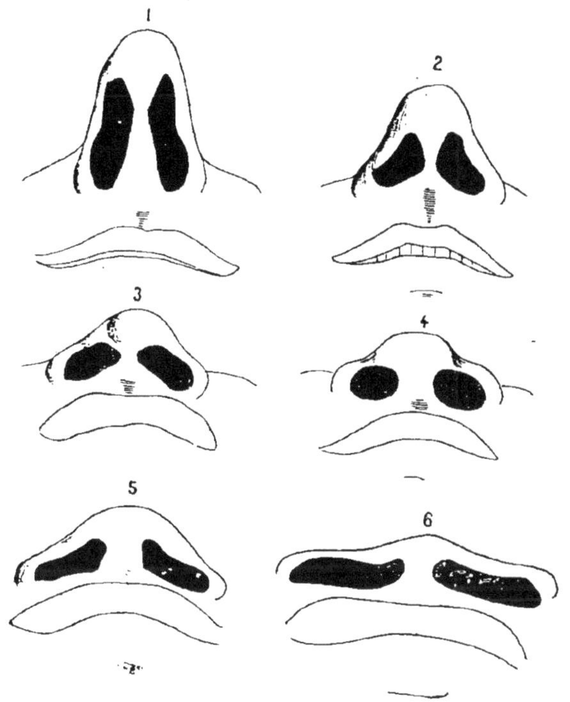

FIG. 39. — *Orifices des narines* (d'après TOPINARD).
1 et 2, Types européens; — 3 et 4, Types des races jaunes; — 5 et 6, Types nègres.

peut comparer l'aspect de la sous-cloison à un sablier; ses deux parties en cône, en sens contraire, sont très longues dans les races européennes, s'écrasent dans les races jaunes, et s'effacent dans les races noires (fig. 39).

La quantité dont les narines sont cachées ou découvertes sur le côté est aussi à noter, ainsi que la forme et la direction des narines elles-mêmes. Elliptiques, parallèles, allongées d'avant en arrière, chez les Kymris les plus typiques, elles sont bout à bout transversalement chez les nègres les plus grossiers, tels que les Tasmaniens et les Guinéens; entre les deux types se présentent tous les intermédiaires : les narines élargies et ovales des Celtes, les narines irrégulièrement rondes, côte à côte, des races jaunes, et les narines simplement obliques ou aplaties des races nègres[1].

Tous les profils que nous avons décrits tout à l'heure forment une série de types de nez plutôt européens, ayant un caractère commun, la leptorhinie. Un second type général, dans lequel il paraît difficile d'établir une distinction, est celui des races jaunes : nez petit, court, large à la racine, fin à la base, à lobule détaché, comme déprimé entre les deux ailes, à arête dorsale à peine indiquée. « Un troisième type général est celui des races noires et nègres, très variable, mais toujours très platyrhinien, pouvant se réduire peut-être à deux types : le mélanésien et le nègre d'Afrique. Dans les deux, les cartilages de la base sont mous et dépressibles, l'ensemble est large, plat et court; mais chez le type mélanésien, dont la plus haute expression s'observe chez l'Australien et le Tasmanien, la base est lourde, massive, boursouflée, à ailes très développées, épanouies; tandis que le type d'Afrique est rela-

1. Topinard, **1**, p. 299.

tivement petit et fin, et se rapproche un peu de quelques types des races jaunes[1]. » (Fig. 40.)

Enfin la racine du nez fournit encore quelques caractères intéressants, par sa profondeur, sa largeur, l'acuité de l'angle que ses deux faces forment entre

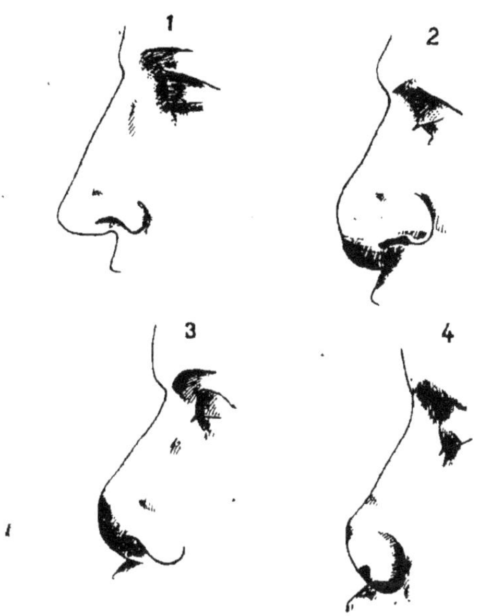

Fig. 40. — *Types de nez, de profil* (d'après Topinard.)

1, L'un des types européens. — 2, Type ordinaire, fin, des races jaunes. — 3, Type ordinaire des races nègres d'Afrique. — 4, Type australoïde ou des races noires de Mélanésie.

elles. Elle est quelquefois effacée, en sorte que la ligne du front semble se continuer directement avec le dos du nez; mais cet effacement que les statuaires grecs ont souvent représenté, n'est jamais parfait.

1. Topinard, 1, p. 301.

Lorsqu'au contraire la racine est enfoncée, très déprimée, ce caractère est presque toujours lié à une forte proéminence des arcades sourcilières; par exemple chez les Australiens, les Fuégiens, etc.

Les variations de l'âge dans la forme du nez sont assez sensibles[1]. « A la naissance et dans la première enfance, le nez est le plus souvent concave à pointe relevée; il ne devient droit ou convexe que chez l'adulte. Chez le vieillard il a tendance à devenir convexe avec pointe abaissée (Bertillon, Hoyer). Sur le cadavre, il prend toujours la forme busquée. D'après Broca et Houzé, l'indice nasal aurait tendance à s'abaisser, autrement dit le nez deviendrait plus mince à mesure que l'individu avance en âge[2]. C'est le contraire qui aurait lieu, d'après Hoyer. »

En résumé et d'une façon générale, en réunissant les races d'après les chiffres de leur indice nasal, et en tenant compte de la forme la plus habituelle du nez, on peut dire que les « leptorhiniens, qui ont pour la plupart le nez convexe ou droit, à pointe fine, droite ou abaissée, se rencontrent presque exclusivement parmi les Européens, les Eurasiens, les Arméniens, les Caucasiens et les Afrasiens (Arabo-Berbers), ainsi que parmi les habitants de l'Asie antérieure. Les mésorhiniens, chez lesquels le profil du nez varie beaucoup, renferment différentes populations de l'Inde, quelques peuples américains, les Turco-Tartares et les Mongols. Enfin les platyrhiniens à profil du nez le plus souvent concave et à pointe relevée,

1. Deniker, **1**, p. 97.
2. Broca, **4**. — Houzé, **2**.

englobent la totalité des populations noires de l'Afrique, de l'Océanie et de l'Inde[1]. »

§ 2. — L'oreille.

Le pavillon de l'oreille, qui présente des variations individuelles multiples et très étendues, n'offre cependant dans la classification des races qu'une importance assez minime.

Notons seulement qu'en avant du nodule dit tragus, est un méplat qui fournit un point anthropométrique sur le vivant d'une certaine importance. Le centre exact du trou auditif étant difficile à déterminer le plus souvent et étant habituellement recouvert par le tragus, c'est là qu'aboutit le diamètre bi-auriculaire de la tête, et là aussi que commence la hauteur sus-auriculaire[2].

Les reliefs et cavités de l'oreille présentent de très grandes différences individuelles. Il nous est impossible de les signaler toutes; l'une des plus fréquentes porte sur l'hélix qui, au lieu de former une bordure continue (caractère propre non seulement à l'homme, mais aussi au chimpanzé, au gorille, à l'orang), peut ne pas être ourlé, ou former seulement un bourrelet interrompu. Parfois dans ces cas le pavillon se termine en haut par un angle droit ou obtus à sommet très arrêté ou nodulé, formé par la rencontre des bords postérieur et supérieur. Il n'est pas de race chez qui de telles dispositions soient générales; c'est un carac-

1. DENIKER, 1. p. 97.
2. TOPINARD, 1. p. 1005.

tère individuel, mais qui peut être héréditaire. Les particularités morphologiques du pavillon de l'oreille se transmettent en effet, héréditairement, avec une ténacité remarquable.

MM. Féré et Séglas[1], qui ont fait une étude minutieuse des variétés morphologiques du pavillon, ont réuni en tableau les diverses anomalies observées à la Salpêtrière chez différentes catégories de sujets : vieillards sains d'esprit, aliénées, idiotes. Ils en tirent cette conclusion intéressante, en contradiction avec une opinion généralement admise : si les malformations du pavillon de l'oreille sont plus fréquentes chez les épileptiques, et surtout chez les idiots, qui sont au bas de l'échelle des dégénérés, elles ne sont pas notablement plus fréquentes chez les aliénés que chez les sujets sains d'esprit.

Le lobule de l'oreille est une des parties du corps dont la peau est la plus douce au toucher, bien qu'aucune ne soit plus velue, mais les poils de cette partie sont rudimentaires et restent toujours en cet état. Il n'en est pas de même des poils qui occupent la partie interne du tragus et de l'antitragus, qui, vers l'âge de trente ans environ, commencent à prendre un assez grand développement, surtout dans le sexe masculin, mais d'une façon très variable suivant les individus. Le lobule est long, court ou sessile, c'est-à-dire sans rétrécissement sensible à la base. Lorsqu'il est à la fois court et sessile, on dit qu'il manque, ce qui a été considéré, mais à tort, comme une particularité, d'une part, des Chaouias de

1. Ch. Féré et J. Séglas, **1**, p. 226.

l'Algérie (Berbers blonds), et, de l'autre, des Cagots des Pyrénées. L'usage de le perforer pour y passer des objets plus ou moins gros est très répandu ; son allongement dû aux pendants d'oreille dont on le surcharge devient un caractère ethnique, comme dans les populations anciennes de l'Inde et de la Cochinchine ; on l'a vu descendre jusqu'aux épaules[1].

Au reste, cet allongement ne semble pas toujours avoir eu en vue un but esthétique ; d'après Mantegazza, les Incas n'accordaient l'honneur d'allonger les oreilles que par grâce spéciale et pour récompenser une nation vaincue de sa prompte soumission aux lois.

La direction du grand axe du pavillon, verticale ou oblique, présente aussi des variations individuelles et ethniques très notables. Il en est de même de l'angle que fait le pavillon avec la paroi latérale de la tête.

La situation du trou auditif est sujette aussi à des variations. Elle est plus ou moins relevée, plus ou moins reculée, et cela peut influer beaucoup sur la valeur des angles faciaux, ainsi que des angles auriculaires.

Enfin le pavillon de l'oreille se prête à quelques mesures. Telles sont sa longueur et sa largeur qui permettent l'établissement d'un indice. Topinard, qui a exécuté un certain nombre de ces mensurationss constate que, parmi les hommes, les plus longues oreilles s'observent chez les Nègres d'Océanie et les plus courtes chez les Européens ; mais, à en juger par

1. TOPINARD, 1. p. 1005.

les Nègres, les femmes seraient mieux partagées sous ce rapport que les hommes. Les mêmes réflexions s'appliquent à la grandeur des oreilles en tant que surface.

L'indice est plus significatif. Il est au minimum chez les Jaunes, dans la moyenne chez les Européens, au maximum chez les Nègres, aussi bien d'Océanie que d'Afrique, et il en est de même chez les Polynésiens. Mais ce qui fait le principal intérêt de cet indice, c'est qu'il continue à grandir en passant aux anthropoïdes et aux singes. L'indice est donc un caractère sériaire d'ordre à la fois zoologique et anthropologique à conserver (Topinard).

CHAPITRE VIII

LA BARBE, LES SOURCILS ET LE SYSTÈME PILEUX EN GÉNÉRAL

La peau de l'homme se compose essentiellement de deux parties : une profonde, le derme, et une superficielle, l'épiderme; cette dernière est formée à son tour de deux couches cellulaires : la couche cornée, dont les cellules tout à fait superficielles sont librement exposées à l'air, et la couche de Malpighi située au-dessous et dont les rangées de cellules les plus profondes contiennent, ainsi que nous l'avons vu, des granulations de pigment en plus ou moins grande quantité. A certains endroits, l'épiderme se modifie pour former soit une muqueuse, par exemple aux lèvres, soit une production cornée tantôt transparente (la cornée de l'œil), tantôt seulement translucide, et plus ou moins dure (les ongles)[1].

La production cornée la plus importante de la peau, au point de vue de la distinction des races, est indubi-

1. Deniker. 1, p. 41.

tablement le cheveu ou le poil. Le poil prend naissance dans une couche de l'épiderme profondément enfoncée dans le derme, de façon à y former un petit sac ou follicule; du fond de ce sac, et recouvrant par sa base une petite papille, remplie de vaisseaux destinés à le nourrir, le poil se dresse et sort au dehors; il est

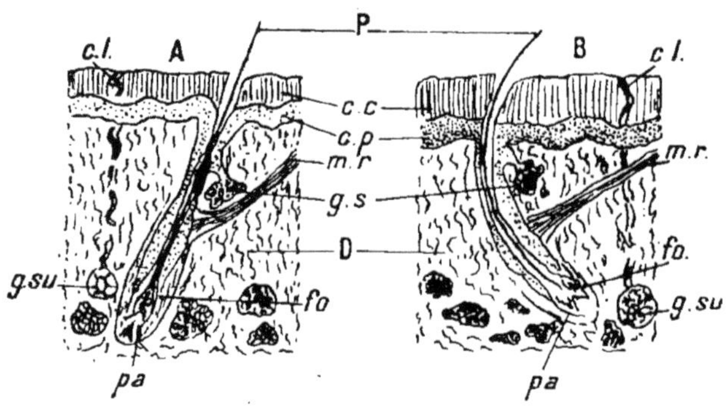

Fig. 41. — *Coupe microscopique (demi-schématique) de la peau et du poil :* A, *d'un Européen*; B, *d'un nègre.* (Deniker).

c. c., Couche cornée, et *c. p.*, couche pigmentée (de Malpighi) de l'épiderme. — D, Derme. — *g. su*, Glande sudoripare. — *cl*, Son conduit excréteur. — *pa*, Papille, et *fo.*, follicule du poil. — *m. r.*, Muscle redresseur du poil. — *g. s.*, Glande sébacée. — P, Poil.

accompagné d'un petit muscle qui peut le redresser, et d'une glande sébacée destinée à le lubrifier (fig. 41).

On voit d'après cette figure que la forme même du follicule peut présenter des différences suivant les races. C'est ainsi que chez le Nègre, le follicule, au lieu d'être droit comme chez l'Européen, est incurvé en forme de sabre, ou même d'un arc de quart de cercle; « de plus la papille est aplatie au lieu d'être ronde. On dirait que le poil a rencontré dans son développement trop de résistance de la part du derme si dur en effet chez le Nègre ; il se serait comme tordu dès son origine. Sortant d'un moule incurvé, il ne peut que continuer à s'enrouler au dehors, surtout étant donné son aplatissement ; il s'enroule en une spirale dont le plan à l'origine est perpendiculaire à la surface du cuir chevelu[1]. » Mais nous reviendrons sur ce point en traitant des diverses variétés de cheveux.

La coloration du poil est la résultante de deux causes qui, quelquefois, se contrarient : la matière colorante et l'interposition d'air ou de gaz. La matière colorante revêt la forme diffuse ou grenue et se rencontre à la fois dans le canal médullaire et dans les stries et amas de la substance corticale. Les globules de gaz sont répartis de préférence dans le canal, pour Kolliker, et dans l'écorce pour Riessner, et modifient les conditions de réflexion et de réfraction de la matière colorante[2].

Le nombre des poils qui végètent à la surface du corps, dit Sappey[3], est à peu près le même aux différents âges, dans les deux sexes, chez tous les individus, et probablement dans toutes les races humaines ; mais le nombre de ceux qui passent de la première à la seconde période de leur développement est très variable. Ces deux périodes de Sappey sont indiquées par deux sortes de follicules. Kolliker[4] les porte à trois, en admettant trois sortes de poils : 1° les

1. DENIKER, **1**. p. 51.
2. TOPINARD, **1**. p. 267.
3. SAPPEY, **1**. p. 395.
4. KOLLIKER, **1**. p. 144.

poils longs et souples, comme à la tête; 2° les poils courts, rudes et épais comme aux sourcils, aux cils, à l'entrée des fosses nasales et du conduit auditif externe; 3° les poils follets, fins, courts et le plus souvent blonds, perçant à peine l'épiderme, comme sur la caroncule lacrymale, et aux membres, et portant le nom de duvet.

Cette division ne concerne donc que les poils considérés au moment de leur observation, car physiologiquement, accidentellement, ou d'une façon pathologique, aux divers âges, d'un sexe à l'autre, d'une race à l'autre, les mêmes poils se transforment et changent de nom. Les poils follets ne sont que des poils fœtaux ou des poils d'après la naissance qui sont restés rudimentaires. Les poils de la lèvre supérieure sont à la première période dans les deux sexes jusqu'à la puberté, et passent à la seconde période chez l'adulte dans les races jaunes, et directement à la troisième chez les Européens. Les poils de l'entrée du trou auditif passent de la seconde à la troisième période chez quelques personnes avancées en âge.

Il y a souvent une sorte de balancement dans le développement des poils; les personnes ayant des cheveux très longs en ont souvent moins à la barbe. Le balancement est remarquable dans le sexe féminin, entre la tête et le corps, la femme ayant, dans toutes les races, mais surtout dans les races européennes, les cheveux plus longs, et inversement le duvet du corps moins apparent. Les races jaunes, qui ont les cheveux les plus longs de l'humanité, ont inversement le corps si peu garni en poils visibles qu'on les a dites glabres. Une excitation cutanée directe ou par action réflexe, ou, inversement, une cause affaiblissante, peuvent renverser la disposition naturelle des choses en poussant ou non au passage à la troisième période[1].

« Les premiers rudiments de poils apparaissent chez le fœtus humain au front et aux sourcils. Les premiers poils percent l'épiderme à quatre mois et demi aux mêmes endroits, l'éruption se continuant par les membres, et étant terminée au commencement du septième mois. Fins et blonds, ils foncent jusqu'à la naissance, et quelques-uns tombent dans le liquide amniotique. A partir de la naissance, la mue se fait, un nouveau follicule se développe dans l'ancien, et le nouveau poil chasse son prédécesseur. Le renouvellement est complet sur tout le corps en quelques années, mais il se reproduit d'une façon insensible dans le cours de l'existence, particulièrement au printemps, et sous des influences accidentelles : fait capital, qui pourrait expliquer la transformation de certains caractères de races, tirés du système pileux. Cette mue chez l'homme est à rapprocher de celle qui se répète de diverses façons chez les animaux. Les poils secondaires sont plus foncés que les poils fœtaux et foncent aussi par les progrès de l'âge. Cette analogie entre les dents et les poils sous le rapport de leur division en primitifs et secondaires, et leur commune origine aux dépens du même feuillet du blastoderme rendent compte de la relation constatée entre les anomalies du système pileux et le mauvais état des dents[2]. »

1. Topinard, 1, p. 269.
2. Ibid., 1, p. 269.

Le nombre des poils dispersés à la surface du corps chez l'adulte est très variable, et là aussi, comme pour la longueur, il semble y avoir un certain balancement entre l'abondance des poils sur la tête et sur le corps. Ainsi, d'après Hilgendorf, les Japonais, qui sont glabres, ont de 252 à 286 poils par centimètre carré à la tête, tandis que les Aïnos qui représentent la race la plus poilue n'en ont que 214. Les Nègres et les Blancs ne paraissent cependant pas présenter des différences de ce genre (Gould).

« Les poils s'insèrent dans la peau obliquement (Kolliker) ou perpendiculairement (Sappey), et forment généralement des séries linéaires simples ou doubles, parallèles, se bifurquant, courbes, en tourbillons, etc. Au cuir chevelu, à peu près à égale distance de la nuque et du bregma se trouve le tourbillon le plus connu, donnant lieu à un épi rebelle de cheveux dressés. Ce tourbillon est généralement simple et médian, ou double et latéral; quelquefois il est simple et latéral, mais à un niveau constant, qui répond à peu près à un point craniométrique déterminé, l'obélion. Chez le fœtus humain, les tourbillons et courants se dirigent à la fois vers deux centres, un de chaque côté au niveau de l'angle interne de l'œil. Cette disposition se retrouve dans cette singularité tératologique qu'on a appelée l'homme-chien, et qui n'est qu'une persistance chez l'adulte de l'état fœtal des poils, avec accroissement (Topinard).

Le mode d'implantation et la distribution linéaire, aussi bien que les contours des masses principales de poils, peuvent cependant varier. Il est des sujets et même des races dont la chevelure et la barbe sont bien dessinées, fournies, à poils bien parallèles, belles dit-on; chez la race brune méridionale, par exemple, chez les anciens Assyriens, les Persans. Quelques nègres d'Afrique, les Néo-Calédoniens, les Papous, sont dans le même cas, la limite de leur cuir chevelu s'arrête court et forme même comme une sorte de bourrelet. D'autres fois, la chevelure et la barbe sont irrégulièrement plantées, rebelles au peigne, les poils sont hérissés, entrecroisés; c'est la chevelure et la barbe « bushy » des Anglais, ou « en broussailles »; par exemple chez certains Australiens. A côté de ce genre, citons la barbe offrant çà et là des solutions de continuité, des vides. Ces aspects divers, difficiles à rendre, et très variés, constituent des caractères de famille et probablement de race (Topinard).

Par les progrès de l'âge, le nombre des poils visibles à la surface du corps augmente, du moins dans nos races; les poils de la première et de la deuxième période s'allongent, ceux notamment des sourcils, des oreilles, tandis que rien de semblable ne se produit à la tête, le nombre au contraire y diminue.

Par les progrès de l'âge, d'autre part, les poils se décolorent, c'est la canitie, et tombent, c'est la calvitie, qu'il ne faut pas confondre avec l'alopécie, qui est une calvitie accidentelle, permettant encore aux cheveux de repousser. La canitie incomplète a été observée dans des circonstances pathologiques, c'est-à-dire que les cheveux de bruns deviennent châtains. Elle se produit aussi par l'action du soleil ou de l'air seul : les cheveux jaunissent ou rougissent, en s'éclaircissant un peu; sur une même mèche en partie cachée par la coiffure, en partie exposée, les deux nuances sont très visibles. Il y a aussi une canitie artificielle très importante pour l'anthropologiste, et donnant lieu souvent à des erreurs : le cheveu de noir devient rougeâtre ou châtain ou même blond par l'action de pommades ou de liquides, tels que l'eau oxygénée par exemple.

La canitie physiologique ou par les progrès de l'âge se fait progressivement, en règle générale de la base à la pointe, ou par îlots çà et là qui deviennent confluents, et quelquefois aussi de la pointe à la base. Le cheveu se nourrissant par sa papille et la matière grasse de ses glandes sébacées, les liquides s'élèvent de proche en proche par capillarité et évaporation à la surface du poil. Lorsque la vitalité diminue, le cheveu tend à se dessécher et des gaz prennent la place des liquides, d'où, suivant les explications de Moleschott et de Kolliker, la couleur blanche[1]. »

La canitie naturelle vient plus tôt dans la race blanche, plus tard dans les races nègres, et plus tard aussi dans les races jaunes. Il semble qu'elle suit les mêmes règles que la calvitie sur laquelle on a des statistiques précises. Or, d'après Gould[1], la calvitie est dix fois moins fréquente chez les Nègres que chez les Blancs entre 33 et 44 ans, et trente fois moindre entre 21 et 32 ans. Chez les mulâtres, elle est plus fréquente que chez les Nègres, mais moins que chez les Blancs. Enfin, chez les Peaux-Rouges, elle serait encore plus rare que chez les Nègres, et peut-être même tout à fait exceptionnelle.

1. Topinard, 1, p. 272.
2. B.-A. Gould, 1, p. 562.

Les influences locales agissent puissamment sur l'hypersécrétion des poils. On peut citer, d'une part, certaines substances médicamenteuses, ou les excitations répétées telle que l'épilation qui irrite directement la papille, et d'autre part, l'action de l'air et du soleil; enfin les causes pathologiques entretenant une irritation permanente ou un afflux de sang, telles que les vieux ulcères, etc.

Des causes semblables, ou d'autres inconnues peuvent amener les anomalies que M. Ecker[1] désigne sous le nom d'hypertrichosis et qui consistent en une exubérance ou une anomalie de siège ou de développement du système pileux. Tels sont les nævi hypertrophiques ou pigmentaires, isolés ou en plaques, les monstres désignés sous le nom d'hommes-chiens, etc.

Il nous resterait à parler du caractère le plus important que donne le poil, sa direction et sa conformation anatomique révélée par le microscope. Mais ce caractère s'appliquant principalement au cheveu, et se complétant par l'étude de la forme et de la disposition de la chevelure, nous réservons ce point capital pour le chapitre suivant.

Auparavant nous devons traiter rapidement des deux autres localisations habituelles du poil à la face : la barbe et les sourcils.

La barbe. — La barbe constitue un caractère ethnique secondaire en ce qu'elle ne permet pas à elle seule de caractériser suffisamment une race donnée, mais elle mérite de tenir sa place dans une des-

1. Ecker, 1. p. 170.

cription anthropologique. Il faut en noter particulièrement l'abondance ou la rareté, la coloration, le mode d'implantation. Il faut ensuite en rechercher les rapports avec les autres caractères ethniques, avec le système pileux en général, puis avec les milieux.

C'est, comme on le sait, un des caractères sexuels de l'homme, encore qu'on en trouve de bien belles chez certaines femmes, notamment parmi les Européennes du Sud, et surtout parmi les Espagnoles[1].

Le développement de la barbe est, d'une façon générale, en rapport avec celui du système pileux du reste du corps. C'est ainsi que chez les hommes des races glabres (Mongols, Malais, Américains), c'est à peine si l'on voit quelques poils rares aux coins de la bouche et sur le menton; dans les races très poilues, comme les Aïnos, les Iraniens, certains Sémites, les Todas, les Australiens, les Mélanésiens, la barbe est forte et abondante sur les lèvres, le menton et les joues, où elle s'avance parfois jusqu'aux pommettes; dans les races Nègre et Boschimane, ni la moustache ni la barbe ne peuvent atteindre de grandes dimensions, à cause de la nature des poils enroulés[2].

Cependant ce développement proportionnel n'est pas toujours constant. Ccertaines races ont les cheveux très abondants, très longs, et la barbe rare; tels sont les Chinois et les Japonais.

La coloration normale de la barbe n'est pas toujours en rapport avec celle des cheveux; tous les peuples ayant des cheveux noirs ont la barbe régulière-

1. Deniker, **1**, p. 55.
2. *Ibid.*, p. 55.

ment noire; les peuples blonds ou croisés ont souvent une barbe de nuance autre; elle peut être plus foncée ou plus claire que la chevelure, sans qu'il soit possible d'établir une loi générale à ce sujet. C'est ce que l'on observe chez les Européens, qui présentent le type blond.

Le mode d'implantation de la barbe, ainsi que nous l'avons dit à propos du poil, varie beaucoup suivant les types. Chez les races peu barbues, et notamment chez le Nègre africain, la barbe pousse par touffes qui laissent entre elles des espaces complètement glabres. Certaines races, comme les Européens, se distinguent au contraire par la régularité d'implantation de leur barbe, tandis que chez d'autres, comme chez les Australiens et les Todas, elle est disséminée et enchevêtrée jusqu'à mériter l'épithète de barbe en buisson ou en broussaille. La netteté de limite de la barbe et des favoris est un caractère frappant chez quelques Orientaux.

Le lieu d'implantation présente aussi des différences; les Australiens ont peu de moustache et possèdent une barbe assez fournie, tandis que le contraire s'observe sur les Hindous.

Les modifications que présente la barbe, suivant les différentes races, peuvent se résumer ainsi[1]:

Les Européens, ou mieux les peuples à cheveux ondés-frisés, dolichocéphales ou brachycéphales qui habitent l'Europe, le nord de l'Afrique, l'ouest de l'Asie, les colonisateurs de l'Amérique, ont la barbe longue et fournie; elle est régulièrement plantée, et

1. Henri Weisgerber, 3.

frisée; la barbe couvre le menton, la lèvre supérieure et une partie des joues. Sa coloration est toujours noire quand les cheveux sont noirs, mais quand les cheveux sont blonds, la nuance de la barbe peut varier.

La barbe est très longue et très touffue chez les Aïnos; en Amérique, il se trouve au sein d'une population en grande majorité imberbe quelques tribus barbues, mais cette barbe est constamment droite au lieu d'être frisée; tels sont les Guarayos, les Tupinambos.

Les races mongoles, chinoises, japonaises, cochinchinoises, ont la barbe rare, de même que les peuples hyperboréens, Lapons, Samoyèdes, Groënlandais, Esquimaux, etc. On remarque chez certains Chinois la présence de quelques poils plus ou moins longs aux extrémités de la lèvre supérieure.

La race malaise est plus barbue : les Papous des îles Fidji seraient presque aussi barbus que les Européens. La barbe est assez fournie chez les Néo-Calédoniens.

Les nègres d'Afrique, pris comme type de la race noire, tiennent le milieu entre les races imberbes et les Européens; mais les poils, en raison de leur nature frisée, restent toujours très courts.

Le développement de la barbe ne paraît avoir aucun rapport avec les influences climatériques connues, ou avec les autres actions dites de milieu.

Le port de la barbe et la façon de la traiter peuvent parfois fournir des renseignements et permettre de reconnaître au premier coup d'œil des individus appartenant à une même nationalité, à une même tribu, au milieu d'un groupe mélangé.

Ce sont des coutumes qu'étudie l'ethnographe et que ne doit pas ignorer l'anthropologiste : en effet, il faut se garder de considérer comme imberbes les peuples qui, comme certaines tribus d'Amérique ou de la Nouvelle-Hollande, ont l'habitude de s'arracher la barbe ou de s'épiler les poils du visage[1].

En résumé, quelle valeur possède la barbe comme caractère de race? La question a été soigneusement étudiée par M. C.-S. Wake[2], et voici les conclusions auxquelles il est parvenu.

Comparant la classification de Frédéric Muller, basée sur la forme et la nature de la chevelure, avec le groupement que l'on pourrait établir d'après l'abondance ou la rareté de la barbe, on constate qu'il ne semble pas exister de connexion spéciale et générale entre la nature du cheveu et le développement de la barbe. Les deux variétés de cheveux droits, cheveux lisses et cheveux frisés, sont associées à des barbes touffues comme à des barbes clairsemées. On trouve des cheveux laineux parmi les peuples imberbes comme parmi les peuples barbus. Dans la chevelure lisse, la variété de cheveux droits se rencontre aussi bien chez la race barbue que chez la race imberbe; mais la variété des cheveux bouclés appartient presque exclusivement à la race barbue. On doit donc conclure que la barbe rare se rencontre spécialement dans la division de l'humanité aux cheveux lisses; cette forme de cheveux se rencontre également chez les races bar-

1. Voir à ce sujet l'ouvrage du prof. MONTEGAZZA, **1**, p. 178, *in* article de SP. BLONDEL, **1**, p. 422, et l'étude de HENRI WEISGERBER, **3**.
2. C.-STANILAND WAKE, **1**, p. 34.

bues, placées au plus bas degré de la civilisation, et, comme groupe, associées de la manière la plus intime, par leur position, avec les races imberbes. Les cheveux bouclés paraîtraient caractériser spécialement les races barbues, les plus avancées dans la voie de la civilisation. Le développement considérable des poils de la face, qui est atteint chez les individus de ces races, et la grande longueur qu'acquiert très souvent la chevelure chez les peuples quasi-imberbes, porteraient à croire qu'il existe une corrélation entre le développement du système pileux sur la tête et celui des autres parties du corps.

Les sourcils et les cils. — Les sourcils sont formés de poils durs, raides, implantés de haut en bas, qui sont naturellement inclinés en dehors et couchés à plat les uns sur les autres; cependant ceux de l'extrémité interne offrent souvent une direction antéro-postérieure; ils sont gros en ce point, plus nombreux et plus longs. Le sourcil suit la direction dè l'arcade sus-orbitaire, mais, arrivé en dehors, il s'écarte de l'arête orbitaire externe et remonte un peu au-dessus.

Les poils du sourcil sont, en général, de la même couleur que ceux des cheveux, cependant ils sont parfois d'une coloration un peu différente. Leur longueur varie également beaucoup suivant les sujets, et chez les vieillards, ainsi que dans certains cas pathologiques, elle peut devenir relativement considérable. Le développement des sourcils paraît présenter une relation à peu près constante avec celui du système pileux en général.

Les deux sourcils sont d'ordinaire séparés sur la ligne médiane, au niveau de la racine du nez, par un espace très variable, absolument glabre ou revêtu seulement de quelques poils rares et courts. Chez certains sujets, les sourcils sont réunis sur la ligne médiane et se continuent de l'un à l'autre sans interruption; la physionomie prend alors un aspect de dureté que tout le monde a remarqué[1]. On observe également cette particularité chez certaines races très poilues; il suffit de rappeler les sourcils épais et confluents des femmes persanes.

Quand les sourcils sont très abondants et très touffus, l'expression de la face prend quelque chose de grand, de profond (Velpeau). Toutes ces variétés dans la conformation, la longueur, la couleur des sourcils, donnent à la physionomie des caractères très accusés. « Après les yeux, dit Buffon, les parties du visage qui contribuent le plus à marquer la physionomie sont les sourcils; car ils sont d'une nature très différente des autres parties, ils sont plus apparents par ce contraste et frappent plus qu'un autre trait. Les sourcils sont comme une ombre dans le tableau, qui en relève la couleur et la forme. » On sait du reste quel rôle important ils jouent dans la mimique, et comment les mouvements d'élévation ou de rapprochement par exemple peuvent contribuer à exprimer des sentiments tels que l'étonnement ou la colère.

La direction des sourcils n'est pas non plus la même dans toutes les races, et le caractère le plus tranché

1. E. Charvot, 1.

est leur obliquité dans la race jaune et surtout chez les Chinois.

Les cils suivent les variations des sourcils. Leurs variétés de développement sont parfois très grandes, et l'on peut citer particulièrement leur brièveté et leur peu d'abondance dans certaines races, présentant cette forme caractéristique de l'œil appelée mongoloïde.

CHAPITRE IX

CHEVEUX ET CHEVELURE

Nous avons réservé jusqu'ici le caractère le plus important que donne le poil : la direction rectiligne ou plus ou moins enroulée qu'affectent les cheveux, disposition non seulement constatable à l'œil nu, mais qui est en rapport avec une conformation anatomique révélée par le microscope. C'est là sans contredit le caractère qui se prête le mieux à une répartition de toutes les races du globe en un certain nombre d'embranchements, et c'est aussi l'un des premiers que l'anthropologie ait employés dans un but descriptif.

La plus ancienne classification employée ne comprenait que deux divisions : les cheveux droits, lisses ou plats, comprenant les Européens, les Jaunes, les Américains et les Lapons, et les cheveux crépus ou laineux, comprenant exclusivement les Nègres. Et cependant, entre les cheveux du Peau-Rouge ou du Chinois et ceux de l'Européen, il y a autant de différence, quoiqu'elle frappe moins le regard, qu'entre les premiers et ceux du Nègre. Aussi la Société d'Anthropologie, répondant à cette indication, établit cinq genres de cheveux[1] : le premier *droit*, c'est-à-dire rectiligne à la façon presque d'un crin de cheval ; le second *ondé* ou *ondulé*, lorsque se dessine une longue courbe ou spirale incomplète d'une extrémité à l'autre; le troisième *bouclé*, lorsque la courbe ou l'enroulement n'est manifeste qu'à l'extrémité; le quatrième *frisé*, lorsque les tours de spire sont bien accusés, formant des anneaux successifs, d'un centimètre de diamètre ou plus; et le cinquième *crépu* ou *laineux*, lorsque les anneaux sont nombreux, étroits, bien roulés et s'accrochent les uns aux autres en formant des touffes ou rouleaux, le tout rappelant un peu la laine du mouton.

Mais ces divisions, vraies et excellentes lorsqu'on s'arrête au type parfait qui les représente, s'affaiblissent en présence des faits. Entre le cheveu tout à fait rectiligne et le cheveu le plus crépu, à tours de spire très étroits, se présentent une foule de degrés unis par des dégradations insensibles, comme une gamme de couleurs. Aussi la Société d'Anthropologie de Londres était-elle fondée à réduire les cinq groupes ci-dessus sans ligne de démarcation, en trois : deux extrêmes qui sont incontestables, et un intermédiaire. Toutefois on doit, avec Topinard, en admettre un quatrième pour les cheveux frisés. De même qu'il y a le type ondé ou ondulé qui se rapproche du type droit, il y a le type frisé qui se rapproche du type laineux; le trait est au milieu de la série des quatre.

1. Topinard, 1, p. 275.

Ainsi l'Australien n'a en général les cheveux ni droits, ni ondulés, et il ne les a pas davantage laineux : c'est l'épithète de frisé qui lui convient. Cette impossibilité d'établir des lignes de démarcation absolues, qui se produit du reste pour tous les caractères morphologiques, se retrouve au surplus dans les caractères parallèles que fournit l'examen microscopique.

Cet examen, appliqué déjà aux cheveux en 1822 par Hensinger, puis successivement par Henle[1], Brown de Philadelphie, Kölliker[2], Pruner-Bey[3], Latteux[4] et Waldeyer, donne les résultats suivants.

L'examen microscopique rend compte des diversités d'aspect que la chevelure humaine présente à l'œil nu : plus le cheveu est aplati et plus il s'enroule, plus il est arrondi et plus il devient lisse et raide. Un seul cheveu, lorsqu'il présente la forme moyenne, caractéristique de la race, suffit pour la déterminer. Les cheveux des races jaunes ou mongoliques et de celles qu'on leur rattache habituellement ont une forme plus ou moins arrondie : les cheveux crépus ou laineux d'Afrique et d'Océanie ont une forme plus ou moins elliptique. Les Européens, les Finnois, les Australiens, ont les cheveux de forme intermédiaire (fig. 42).

Ces conclusions, formulées d'abord par Pruner-Bey, ont été fortement discutées, et sont discutables si l'on s'en tient aux chiffres individuels et absolus et si l'on compare les sections faites d'après des méthodes

1. Henle, 1 [illegible]
2. Kölliker, 1, [illegible]
3. Pruner-Bey, 1, [illegible]
4. Latteux, 1, [illegible]

défectueuses ou exécutées aux différents niveaux du cheveu. Mais si l'on se base sur des moyennes et si l'on calcule l'indice de la section, c'est-à-dire le rapport de la longueur à la largeur, on obtient des résultats parfaitement concordants, comme l'ont démontré Topinard[1] et Rantke[2] en général, ainsi que Baelz pour

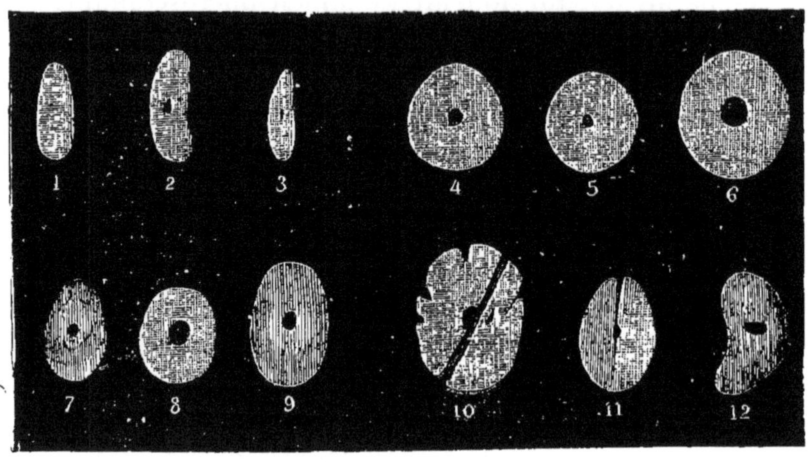

Fig. 42. — *Coupes transversales du cheveu* (Pruner-Bey).

1, Hottentot; — 2 et 3, Papous de la Nouvelle-Guinée; — 4, Esquimaux; — 5, Chinois; — 6, Guarani du Brésil; — 7, Australien; — 8, Japonais; — 9, Irlandais. — Cheveux altérés : — 10, Thibétain; — 11, Esthonien; — 12, Momie égyptienne.

les Japonais et Montano pour les races de la Malaisie en particulier.

Plus l'indice est élevé, plus le cheveu se rapproche de la forme ronde, le chiffre 100 impliquant une forme ronde parfaite; plus il s'abaisse, et plus le cheveu de-

1. Topinard, *loc. cit.*, p. 278.
2. J. Rantke, **1**, p. 172.

vient elliptique. Les extrêmes individuels calculés par Topinard se rencontrèrent chez deux Papous, avec les chiffres d'indice de 28 et de 34; le maximum ou 100 se trouva fréquemment dans la race jaune.

Dans les moyennes, les chiffres les moins élevés, de 60 à 40, s'observent chez les Tasmaniens et les Nègres d'Afrique 60, les Négritos et les Cafres 52, les Hottentots 46, les Papous 40. Les chiffres moyens, de 75 à 60, appartiennent : aux Lapons 74, aux Basques 72, aux Australiens 69, aux Allemands 65, aux Irlandais et aux Kabyles 63, enfin aux Grecs qui fournissent le même chiffre que les Polynésiens, 62.

La série la plus élevée, de 100 à 75, comprend : les Samoyèdes 90, les Japonais 85, les Américains du Nord et les Thibétains 81 et 80, les Chinois 79, les Guarantos et les Esquimaux 77.

L'écart individuel est, comme on le voit, de 72 unités, ce qui est énorme. L'écart des moyennes est de 50 unités, ce qui est également considérable; on n'en rencontre pas de pareil, dit Topinard, dans les moyennes de caractères crâniométriques et anthropométriques.

Dans le premier groupe, de 90 à 77, il n'y a que des races jaunes. Dans le troisième groupe, de 60 à 40, il n'y a que des races nègres. Dans le groupe moyen, il n'y a qu'une série qui étonne, les Polynésiens, qui, par ce caractère, s'éloignent absolument des races jaunes; mais il est bien possible que ce ne soit pas là leur vraie place, car, de l'aveu même de Pruner-Bey qui fournit les chiffres initiaux, il doit dans le nombre se trouver des métis de Mélanésiens (nègres).

Les cheveux des Européens offrent une section elliptique dont l'indice varie de 62 à 72.

La doctrine de Weber, Henle, Kölliker et Pruner-Bey, qui s'appuie sur le parallélisme constaté entre le degré d'enroulement du cheveu et son degré d'aplatissement ou de forme elliptique, et y voit une relation de cause à effet, a rencontré de nombreux contradicteurs. C'est ainsi que l'on a voulu voir dans la finesse la seule cause de la frisure, comme dans la grosseur la cause de la rigidité. Il est en effet remarquable, dit Topinard, que ce soit le cheveu gros des races jaunes qui se maintienne seul droit, et le cheveu fin des races nègres qui soit le plus enroulé, et que, parmi ceux-ci, les Boschimans qui ont les cheveux les plus fins aient en même temps les tours de spire les plus étroits.

Cependant, on peut dire avec certitude aujourd'hui, après les travaux de Unna[1], confirmant les recherches de Stewart (1873) et de Stuart[2], que les cheveux crépus des Nègres s'enroulent en spirale serrée, grâce précisément à leur aplatissement, à leur section elliptique, et grâce aussi à la forme spéciale de leur follicule et de leur papille. Nous avons vu, en effet, au chapitre précédent, la forme incurvée que présente le follicule pileux chez le Nègre.

Mais cet enroulement étant relatif, il faut s'appliquer à en mesurer les degrés ; c'est difficile sur les deux premiers types de cheveux, mais relativement facile sur les derniers, en cherchant sur toute la tête quelques anneaux non altérés et en en prenant le diamètre.

1. P.-S. Unna, 1.
2. Anderson, 1.

Pour Topinard, la limite entre le cheveu frisé et le cheveu laineux pourrait être à 1 centimètre ou 8 millimètres de diamètre; en tous cas, toutes les spires méritant sans aucun doute le nom de laineuses s'échelonnaient, d'après ses propres mensurations, au-dessous de ce chiffre. Ce diamètre, en diminuant, établit une véritable échelle de types, les plus inférieurs, comme celui des Boschimans, répondant à un diamètre de 3, 2 et peut-être 1 millimètre parfois.

La chevelure dans son ensemble se présente en somme sous les aspects suivants dont nous empruntons en partie la description à Topinard[1] :

Premier type. — Cheveux droits ou lisses (*straight* en anglais, *straff* ou *schlicht* en allemand), durs, sans sinuosités notables, rectilignes ou plats, plaqués sur les côtés de la tête, ou tombant pesamment, longs chez les hommes. C'est la chevelure des races jaunes, c'est-à-dire des Américains du Nord et du Sud, des Esquimaux, des Samoyèdes, des Chinois et des Japonais. Les cheveux droits sont ordinairement raides et gros, mais on en trouve parfois d'assez fins, par exemple chez les Finnois occidentaux; il est vrai que dans ce cas ils ont une tendance à devenir ondoyants.

Deuxième type. — Cheveux ondés ou ondulés (*waved* en anglais, *wellig* en allemand), beaux, soyeux, souples, flottants, dessinant une longue courbe dans toute leur étendue; on les dit bouclés quand ils présentent un enroulement à l'extrémité. Ce type est très répandu parmi les Européens bruns ou blonds.

1. Topinard, 1, p. 283.

Les races blondes anglo-scandinaves et les races brunes ibéro-berbères en offrent des exemples, opposés par la couleur. Les Celtes, intermédiaires géographiquement et par la couleur, sont mal partagés pour la beauté de la chevelure.

Topinard attire l'attention sur deux formes à étudier : la chevelure luxuriante de certains Polynésiens, sinon de tous, bien que sous certains rapports ils rentrent dans les races jaunes et aient quelques rapports avec les Américains du Nord, ce qui devrait leur donner des cheveux longs sans doute, mais gros et durs; et la chevelure en broussaille des Todas entre autres, de la plupart des Australiens et des Aïnos. Ces derniers présentent du reste deux types de chevelure : l'une caractéristique des races jaunes, lourde, plaquée; l'autre désordonnée, qui appartient au vrai Aïno.

Troisième type. — Cheveux frisés dans toute leur longueur (*curly* ou *frizzly* en anglais, *lockig* en allemand), ressemblant de loin à des cheveux faiblement laineux. Le cheveu est enroulé en plusieurs tours de spire formant des anneaux successifs d'un centimètre de diamètre ou plus. Tels sont les cheveux des Australiens, des Nubiens, de certains mulâtres, etc. A ce type se rattache la chevelure en vadrouille frisée et hérissée qu'on observe parfois à l'état sporadique chez les Européens et qui est habituelle aux Cafusos de l'Amérique centrale, issus du croisement de l'Indien aux cheveux droits et durs et du Nègre aux cheveux crépus et fins (Topinard).

Quatrième type. — Cheveux crépus ou laineux

(*wooly* en anglais, *kraus, spiralgerollt* en allemand), caractérisés par des tours de spire excessivement étroits, de 1 millimètre à 9 millimètres au maximum[1]. La chevelure présente la forme en vadrouille, analogue à la précédente, mais laineuse et constituant le premier type à distinguer parmi les formes diverses que présentent les cheveux du nègre. Elle nécessite une certaine longueur des cheveux, et il y a lieu de croire qu'elle est aux trois quarts artificielle, ou du moins qu'on a mis à profit une disposition particulière des cheveux à se hérisser. Ces « mop heads » des Anglais forment de vastes boules, débordant le cuir chevelu brusquement de toutes parts de 6 à 10 centimètres, ce qui, si on allongeait les tours de spire, donnerait une longueur totale très grande. Ils ont été signalés en Nouvelle-Guinée, aux Fidji, chez les Cafres et dans le pays des Somalis, mais non chez tous les individus d'un groupe (Topinard).

On doit regarder comme un passage au type suivant les combinaisons infinies de coiffures que l'on rencontre chez les Foulhas du Haut Sénégal, au Gabon, chez les Somalis, et qui présentent les formes et les proportions les plus étranges (Topinard).

Cinquième type. — Forme de cheveux laineux, la plus répandue et qui semble naturelle. Il est aussi difficile, dans certains cas, de la distinguer des deux précédentes que de la suivante. Dans les formes précédentes, et dues à l'action du peigne, le doigt rencontrait une surface égale, arrondie; il avait de la

1. J. Deniker. 1. p. 45.

peine à pénétrer dans ce lacis enchevêtré et était repoussé par l'élasticité de la masse. Ici, au contraire, se détachent des intervalles, des paquets de cheveux s'enroulant sur eux-mêmes en s'isolant des voisins, et, lorsque leur longueur le permet, formant des boucles, torsades, cordelettes ou vrilles. Les cheveux, en un mot, ont leur liberté d'allure et s'agglomèrent par petites circonscriptions. Dans les formes précédentes il était difficile de découvrir à la surface de la tête un anneau non déroulé, intact ; ici on a l'embarras du choix. Tout à l'heure c'était à une laine cardée de matelas qu'il fallait comparer la chevelure (Néo-Calédoniens), à présent c'est à une toison de mouton ordinaire (masse des Nègres du golfe de Guinée) (Topinard). C'est la chevelure en toison, commune à certains Mélanésiens et la plupart des Nègres, et que Hæckel[1], dans sa classification des races humaines, a pris comme caractéristique du groupe d'ériocomes.

Sixième type. — C'est le type le plus classique, le plus inférieur du nègre, celui dont la tête est rebelle au peigne ou qui est trop abruti pour s'en préoccuper, autrement c'est la tête laineuse, telle que la nature l'a faite. Les poils sont fortement enroulés en spirale, les plus voisins s'accrochent les uns aux autres et se réunissent par amas qui, si les cheveux sont courts, forment de petites boules plus ou moins grosses, disséminées à la surface de la tête, et laissant des intervalles qui semblent plus clairs. C'est la chevelure en grains de poivre.

1. Hæckel, **1**, p. 597.

Cette disposition a été remarquée pour la première fois par Barrow, puis par Burchell et enfin par Livingstone qui la dépeignait comme ressemblant à des grains de poivre séparés par des espaces glabres. Ainsi comprise, cette apparence de la chevelure fut opposée par Hæckel au type dénommé par lui ériocome, et reçut l'appellation de lophocome ou en touffes. Ce type est commun, principalement chez les Boschimans, les Hottentots, les Tasmaniens, les Andamans, etc.

Mais l'implantation réelle du poil répond-elle à cette disposition? Flower et Murrie constatèrent à propos d'une femme boschimane que l'examen attentif du cuir chevelu permettait de s'assurer que les cheveux ne poussaient pas par places, séparées par des espaces glabres, ainsi qu'on l'avait prétendu, mais que leurs racines étaient uniformément disséminées. Cette conclusion fut confirmée entièrement par les recherches de Topinard, et l'on sait à présent que cet aspect en grains de poivre n'est nullement dû à une implantation analogue à celle des loquets d'une brosse; l'insertion est la même dans toutes les races; elle est continue aussi bien chez les Boschimans que chez les Européens ou les Mongoloïdes. Tout au plus peut-on constater que les rangées de poils chez les Nègres sont plus irrégulières et se rapprochent plus dans certains endroits, laissant dans d'autres, entre elles, des intervalles de 2 à 3 millimètres. La formation de ces glomérules dépend en grande partie du peu de longueur du poil, et c'est ainsi que la plupart des Nègres les présentent dans leur enfance, et même à l'âge adulte dans certains endroits, vers les tempes, au front, en un mot partout où le cheveu reste très court.

Cependant l'aspect par petites boules conserve toute sa valeur, dit Topinard, la grosseur et le rapprochement de ces petites boules variant même au point que par elles on peut établir une véritable échelle des Nègres. Les conditions qui favorisent leur production sont l'étroitesse des tours de spire, la brièveté et le peu d'abondance des cheveux et par-dessus tout le défaut d'emploi du peigne, toutes conditions réalisées au maximum chez les Boschimans, mais qu'on rencontre également chez d'autres Nègres d'une façon isolée, ou sur la pluralité d'un groupe.

« En résumé, le type général du Nègre est caractérisé par les cheveux laineux ou crépus, et non par la couleur noire, contrairement à son étymologie. On rencontre fréquemment à la surface du globe des races dont le visage est d'un noir intense, et qui n'ont ni les cheveux laineux ni l'ensemble des caractères dits négritiques : tels sont les Australiens, certains Nubiens et les Arabes Hymiarites de l'Yémen. » On voit donc la haute valeur de ce caractère.

« De plus, les caractères tirés du système pileux se présentent à nous chaque fois que nous pouvons les suivre dans une suite de générations, avec une constance inaltérable. Ils sont permanents chez les races dans l'horizon accessible de notre observation directe. L'influence des climats et de la nourriture sur eux ne dépasse pas les individus. Les croisements seuls les modifient en les dissociant et les affolant. Ils nous échappent alors et nous devons croire qu'en cet état ils peuvent entrer dans de nouvelles combinaisons, et s'altérer de fait; ce dernier point n'est même qu'une probabilité non matériellement démontrée[1]. »

Coloration. — Ce que nous avons déjà dit de la pigmentation de la peau et du poil en général, nous permettra d'être très bref à propos de la coloration des cheveux.

On peut distinguer quatre nuances principales des cheveux : noire, brune, moyenne ou châtain (*chestnut brown* en anglais), et blonde. Dans cette dernière nuance il faut séparer encore le blond jaunâtre du blond filasse et du blond cendré (*dull* en anglais). Les cheveux roux ou rouges, de toutes les nuances, ne sont qu'une anomalie individuelle; il n'y a pas de races aux cheveux roux, mais les blonds et les châtains peuvent avoir un reflet rougeâtre dans la chevelure (Deniker).

« Les cheveux rouges sont très communs dans les pays où se sont mêlées plusieurs races blanches, brunes ou blondes. On trouve alors dans ces races croisées des chevelures de toutes les couleurs, noires, brunes, blondes, rousses, cendrées, châtain, etc. C'est le résultat naturel du mélange de sang. Mais lorsque chez un peuple aux cheveux noirs, qui n'a subi aucun mélange, qui du moins ne s'est jamais mêlé qu'avec des races aux cheveux noirs, naît par exception un individu aux cheveux rouges, cela constitue un cas pathologique nommé érythrisme par Broca. L'érythrisme ne peut se manifester que dans certaines races; du moins on n'en a cité jusqu'ici aucun exemple

1. Topinard, 1. p. 288.

chez les Nègres; par contre, l'érythrisme est assez fréquent chez les Juifs de l'Europe, chez lesquels il est le plus souvent associé aux cheveux frisés[1]. »

Ce n'est que dans les races aux cheveux ondulés que la coloration des cheveux présente de grandes variétés; elles est beaucoup plus constante, et presque toujours noire chez les races à cheveux droits et frisés, et reste invariablement noire parmi les races à cheveux crépus.

Les cheveux blonds avec toutes leurs nuances se rencontrent surtout parmi les populations européennes du Nord; ils sont plus rares dans le Midi; on compte 16 blonds sur 100 Écossais, 13 sur 100 Anglais, et 2 seulement sur 100 Italiens (Beddoe). Par contre, d'après le même observateur, la proportion pour 100 des cheveux noirs monte à 66 chez les Maltais, 42 chez les Juifs de Londres, 21 chez les Génois, et n'est plus que de 6 chez les Irlandais, 4 chez les Anglais de Bristol, et 3 chez les Normands. D'après Gould, les cheveux bruns se rencontrent chez 75 Espagnols sur 100, chez 39 Français sur 100, et chez 16 Scandinaves seulement sur 100.

La variété blonde est plus rare parmi les cheveux droits; on la trouve cependant chez les Finnois occidentaux, parmi les Russes, etc.

De même que pour la peau, le pigment est moins développé à la naissance que chez l'adulte. On sait, par exemple, que les cheveux des enfants, souvent blonds à la naissance et dans le jeune âge, brunissent au cours de la croissance.

1. J. Deniker, 1, p. 60.

Une certaine corrélation paraît exister entre la nature des cheveux et leur longueur absolue et relative[1]. « Ainsi les cheveux droits sont en même temps les plus longs (Chinois, Indiens d'Amérique), tandis que les cheveux crépus sont les plus courts (de 5 à 15 centimètres). Les cheveux ondulés occupent une position intermédiaire. En outre, la différence entre la longueur des cheveux chez l'homme et chez la femme est presque insensible dans les deux divisions extrêmes. Dans certaines races à cheveux droits, la chevelure est aussi longue chez les hommes que chez les femmes : il suffit de rappeler les nattes des Chinois, et la belle chevelure des Peaux-Rouges qui peut atteindre, dans certains cas, jusqu'à 2 mètres de longueur (Catlin). Dans les races à cheveux frisés, la chevelure est, au contraire, également courte dans les deux sexes : les femmes boschimanes, hottentotes et même nègres n'ont pas la chevelure sensiblement plus longue que les hommes. Ce n'est que dans les catégories de cheveux ondulés et en partie des cheveux frisés que les différences sont appréciables ; chez les hommes européens, la longueur des cheveux dépasse rarement 30 à 40 centimètres, tandis que chez les femmes elle est en moyenne de 65 à 75 centimètres et peut atteindre, dans les cas exceptionnels, jusqu'à 2 mètres de longueur (chez une Anglaise, d'après le Dr D. Wilson). »

« Un autre fait à noter, c'est que le développement général du système pileux à la face comme sur le reste du corps semble avoir un certain rapport avec

1. J. Deniker, 1. p. 51.

la nature des cheveux. Les races aux cheveux droits sont ordinairement très glabres, les hommes y ont à peine une barbiche rudimentaire (Indiens de l'Amérique, Mongols, Malais), tandis que dans les races aux cheveux ondulés ou frisés, le développement du système pileux est considérable (Australiens, Dravidiens, Iraniens, Aïnos). Les races aux cheveux crépus ne rentrent cependant pas dans cette règle : on y trouve des types glabres (Boschimans, Nègres occidentaux) à côté de types assez poilus (Mélanésiens, Akkas, Achantis). »

D'autre part, en envisageant dans leur ensemble la nature des cheveux et la pigmentation en général, on ne peut se défendre de signaler une certaine corrélation entre ces deux caractères. En effet, d'une façon générale, à la coloration blanche de la peau correspondent les cheveux ondulés, dont la couleur varie souvent d'accord avec la couleur des yeux et les nuances de la peau (races blanches, blondes ou brunes); à la coloration jaune correspondent les cheveux droits et lisses; à la peau brun rougeâtre les cheveux frisés, et à la noire les cheveux laineux.

Le port de la chevelure et les soins dont elle est l'objet peuvent, comme nous l'avons vu pour la barbe, offrir parfois des indications précieuses. La façon de les ramasser, celle de les teindre, de les couper, etc., donnent des indications précieuses à l'anthropologiste qui devra connaître les travaux ethnographiques à ce sujet. En somme et pour nous en tenir aux notions anthropologiques sur le caractère et la nature des cheveux, on peut diviser les races humaines, ainsi qu'il suit, à l'exemple de Deniker.

Cheveux crépus : races Boschimane, Nègre et Mélanésienne;

Cheveux frisés : races Australienne, Éthiopienne (Bedja, Foulbe, etc.) et Dravidienne.

Cheveux ondés : races Blanches de l'Europe, de l'Afrique du Nord et de l'Asie (Mélanochroïdes ou brunes et Xanthochroïdes ou blondes).

Cheveux fins, droits ou légèrement ondés : races Turco-tatare, Finnoise, Aïno et Indonésienne (Dayaks, Naga, etc.).

Enfin *Cheveux gros, droits :* races Mongoloïdes et Américaines (sauf quelques exceptions).

« Il faut noter que dans les mélanges multiples entre les races, les caractères des cheveux se fusionnent; ainsi les métis entre les Nègres et les Indiens de l'Amérique ont le plus souvent les cheveux frisés ou ondés. Mais il y a aussi des retours fréquents vers le type primitif, cependant presque toujours un peu atténué[1]. »

1. J. DENIKER, **1**, p. 54.

INDEX BIBLIOGRAPHIQUE

ANDERSON STUART. *Journal of Anatomy and Physiology*, vol. XVI, Part. III, 1882.

ANOUTCHINE. 1. *Bulletin de la Société d'Anthropologie de Moscou*, 1880.

— 2. *Revue de l'École d'Anthropologie de Paris*, 1883.

ANTHONY. Étude expérimentale de la morphogénie : modifications crâniennes. *Bulletin de la Société d'Anthropologie de Paris*, 5 février 1903.

BERTILLON (Alph.). De la morphologie du nez. *Revue d'Anthropologie*, 1887, p. 158.

BLANCHARD. *Bulletin de l'Académie de Médecine*, t. LVIII, p. 527.

BLOCH (A.). Essai sur les lèvres au point de vue anthropologique. *Bulletin de la Société d'Anthropologie*, 1898, p. 284.

BLONDEL. L'art capillaire dans l'Inde, la Chine et au Japon. *Revue d'Ethnographie*, 1889.

BROCA. 1. Indice orbitaire. *Revue d'Anthropologie*, 1875, p. 577.

— 2. Indice cubique du crâne. *Bulletin de la Société d'Anthropologie*, 1864.

— 3. *Instructions générales pour les recherches anthropologiques sur le vivant*. Paris, 1879.

— 4. Recherches sur l'indice nasal. *Revue d'Anthropologie*, 1872.

CHAMBELLAN. Les os wormiens. *Thèse de Paris*, 1883.

CHARVOT. Sourcils, in *Dictionnaire encyclopédique des Sciences médicales*, de Dechambre.

CHUDZINSKI. *Quelques observations sur les muscles peauciers du crâne et de la face dans les races humaines*. Masson, éditeur. Paris, 1895.

COLLIGNON. 1. Indice nasal. *Bulletin de la Société d'Anthropologie*, 1883.

— 2. Nomenclature quinaire de l'indice nasal. *Revue d'Anthropologie*, 1887.

DENIKER. 1. *Races et peuples de la terre.* 1 vol. in-16. Schleicher. Paris, 1900.

— 2. Essai d'une classification des races humaines. *Bulletin de la Société d'Anthropologie*, t. XII, p. 320.

— 3. Étude sur les Kalmouks. *Revue d'Anthropologie*, p. 696.

ECKER. Du système pileux et de ses anomalies. *Revue d'Anthropologie*, 1880.

FAUVELLE. Yeux, in *Dictionnaire des Sciences anthropologiques*.

FÉRÉ et SÉGLAS. Contribution à l'étude des variétés morphologiques du pavillon de l'oreille humaine. *Revue d'Anthropologie*, 1886.

GIUFFRIDA-RUGGIERI. Variations morphologiques du crâne humain. Stork, Lyon, 1901.

GODSTEIN. Angle orbito-alvéolo-condylien. *Revue d'Anthropologie*, octobre 1884.

GOULD (B.-A.). *Investigations in the military and anthropological statistics of American soldiers*. New-York, 1869.

GUDDEN. *Recherches expérimentales sur la croissance du crâne.* Traduit par POREL. Delahaye, 1876.

HENLE. *Anatomie générale*, 1843, t. I.

HÆCKEL. *Histoire de la création des êtres organisés.* Traduit de l'allemand. Paris, 1874.

HAMY. 1. *Bulletin de la Société d'Anthropologie*, 1867.

— 2. Muscles de la face d'un négrillon. *Bulletin de la Société d'Anthropologie*, 1870, p. 112.

HERPIN. *Évolution de l'os maxillaire inférieur.* F. Alcan, 1907.

HERVÉ et HOVELACQUE. *Précis d'Anthropologie.* Delahaye et Lecrosnier. Paris, 1887.

HOVELACQUE. Indices frontaux. *Revue de l'École d'Anthropologie*, 15 avril 1894.

HOUZÉ. 1. Comparaison des indices céphalométriques et crâniométriques. *Société d'Anthropologie de Bruxelles*, 28 février 1887.

— 2. L'indice nasal des Flamands. *Bulletin de la Société d'Anthropologie de Bruxelles*, 1889.

KÖLLIKER. *Éléments d'histologie humaine*, traduction française, 1856.

KUHFF (G.). Capacité crânienne, in *Dictionnaire des Sciences anthropologiques.*

LATTEUX. *Technique microscopique.* Paris, 1883.

LE BON. Recherches expérimentales sur les variations du cerveau et du crâne. *Bulletin de la Société d'Anthropologie*, 1878.

LE DOUBLE. 1. *Traité des variations des os de la face.* Vigot. Paris, 1906.

— 2. *Traité des variations des os du crâne.* Vigot. Paris, 1903.

— 3. *Traité des variations du système musculaire.* Schleicher. Paris, 1897.

MANTEGAZZA. La physionomie comparée des races. *Bulletin de la Société d'Anthropologie de Paris*, 1863.

MAC-CURDY. Indices pondéraux du crâne. *Bulletin de la Société d'Anthropologie*, 1897.

MANOUVRIER (L.). 1. Sur les modifications générales du profil encéphalique et endocrânien dans le passage à l'état adulte chez l'homme et les anthropoïdes. *Bulletin de la Société d'Anthropologie de Bordeaux*, 1884.

— 2. Sur l'aspect négroïde de quelques crânes préhistoriques. *Bulletin de la Société d'Anthropologie de Paris*, 18 février 1904.

— 3. Pariétal in *Dictionnaire des Sciences anthropologiques.*

— 4. Grandeur du front et des autres régions du crâne dans les deux sexes. *Bulletin de l'Association française pour l'avancement des Sciences*, 1881.

— 5. Os wormiens. *Bulletin de la Société d'Anthropologie de Paris*, 1886.

— 6. *Aperçu de céphalométrie anthropologique. Année psychologique*, 1898. Masson, éditeur.

MANOUVRIER (L.). 7. Variations normales et anomalies des os nasaux dans l'espèce humaine. *Bulletin de la Société d'Anthropologie de Paris*, 1893.

— 8. *Étude du prognathisme et sa mesure. Matériaux pour l'histoire primitive de l'homme*, t. IV, décembre 1881.

— 9. Prognathisme, in *Dictionnaire des Sciences anthropologiques.*

— 10. Généralités sur l'anthropométrie. *Revue de l'École d'Anthropologie*, 1900.

— 11. Développement comparé de l'encéphale et des diverses parties du squelette. *Bulletin de la Société Zoologique de France*, 1888.

— 12. Article Maxillaire in *Dictionnaire des Sciences anthropologiques.*

13. Article Poids, *id.*

— 14. Recherches sur l'interprétation du poids du crâne et des caractères qui s'y rattachent. *Bulletin de la Société d'Anthropologie de Paris*, 1881, p. 663.

— 15. Sur l'interprétation de la quantité dans l'encéphale. *Mémoires de la Société d'Anthropologie de Paris*, 2e série, t. III.

— 16. Indice cubique du crâne. *Association pour l'avancement des Sciences*, 1880.

— 17. Cerveau, in *Dictionnaire de Physiologie* de Richet, t. II, 1897.

MEREJKOWSKY. 1. *Bulletin de la Société d'Anthropologie de Paris*, 1883, p. 159.

— 2. Sur un nouveau caractère anthropologique. *Bulletin de la Société d'Anthropologie*, 1882.

NICOLAS. *Traité d'Anatomie* sous la direction de Poirier. Bataille, éditeur.

PAPILLAULT (G.). 1. La suture métopique et ses rapports avec la morphologie crânienne. *Mémoires de la Société d'Anthropologie de Paris*, 1896, t. II, 3e série.

— 2. L'Homme moyen. *Société d'Anthropologie.*

— 3. Étude morphologique de la base du crâne. *Société d'Anthropologie*, 7 juillet 1898.

— 4. Ontogenèse et phylogenèse du crâne humain. *Revue de l'École d'Anthropologie*, 1899, p. 105.

— 5. *Bulletin de la Société d'Anthropologie*, 1896.

PAUL-BONCOUR (G.). 1. Sur la morphologie crânienne. *Société d'Anthropologie*, 9 janvier 1902.

— 2. *Le crâne dans les idioties.* Recherches sur l'épilepsie, l'idiotie et l'hystérie: Paris, 1901.

— 3. Sur les modifications crâniennes consécutives aux atrophies cérébrales unilatérales. *Archives de Neurologie*, juillet 1904.

— 4. Examen des calottes crâniennes dans le myxœdème et le mongolisme. *Congrès des aliénistes et neurologistes.* Lille, août 1906.

— 5. Id. *Archives de Neurologie*, septembre 1906.

— 6. Mécanisme de quelques déformations crâniennes. *Société d'Anthropologie*, 18 juin 1903.

PELLETIER (Mad.). 1. Contribution à l'étude de la phylogenèse du maxillaire inférieur. *Bulletins de la Société d'Anthropologie*, 1902, p. 537.

2. Recherches sur les indices pondéraux du crâne et des principaux os d'une série de squelettes japonais. *Bulletin de la Société d'Anthropologie*, 1900.

3. Sur un nouveau procédé pour obtenir l'indice cubique. *Société d'Anthropologie*, 7 mars 1901.

PITTARD. Influence de la taille sur l'indice céphalique. *Bulletin de la Société d'Anthropologie*, 18 mai 1905.

POIRIER. *Traité d'Anatomie humaine.* Bataille, éditeur.

PRUNER-BEY. *Mémoires de la Société d'Anthropologie*, 1863.

RANTKE (J.). *Der Mensch.* Leipzig, 1887, t. II.

REGALIA. Orbita ed obliquita dell'occhio mongolico. *Archivio p. Anthropologia.* Firenze, 1888, p. 1.

REGNAULT. *Bulletin de la Société d'Anthropologie*, 1891.

RIBBE. Les sutures du crâne. *Thèse de Paris*, 1885.

SAPPEY. *Traité d'Anatomie descriptive*, t. III, 1872.

SÉGLAS. Voir FÉRÉ.

STANILAND STAKE. La barbe considérée comme caractère de race. *Revue d'Anthropologie*, 1880.

TESTUT. *Traité d'Anatomie descriptive.* Paris, 1892, t. III.

TOPINARD. 1. *Éléments d'Anthropologie générale.* Paris, 1885, in-8°, chez Delahaye et Lecrosnier.

TOPINARD. 2. De l'indice céphalique sur le crâne et sur le vivant. *Revue d'Anthropologie*, 1882, p. 98.

3. *Revue d'Anthropologie*, 1885, p. 376.

UNNA. Ueber das Haar als Rassenmerkmal. *Deutsche medizin Zeit.* 1896, p. 82 et 83.

WEISGERBER (H.). 1. Bouche, in *Dictionnaire des Sciences anthropologiques.*

2. Front, in *Dictionnaire des Sciences anthropologiques.*

3. Barbe, in *Dictionnaire.*

WIRCHOW. *Archiv f. Anthropologie*, t. IV, 1871.

TABLE ALPHABÉTIQUE

DES AUTEURS ET DES MATIÈRES

(1) Le nom de Broca est constamment cité dans ce volume et la rareté de l'indication bibliographique tient précisément à ce fait : c'est presque à chaque page qu'on retrouve l'influence du maître.

TABLE SYSTÉMATIQUE DES MATIÈRES

LIVRE II

Tête sur le vivant.

ENCYCLOPÉDIE SCIENTIFIQUE

Publiée sous la direction du Dr TOULOUSE

Nous avons entrepris la publication, sous la direction générale de son fondateur, le Dr Toulouse, Directeur à l'École des Hautes Études, d'une ENCYCLOPÉDIE SCIENTIFIQUE de langue française dont on mesurera l'importance à ce fait qu'elle est divisée en quarante Sections ou Bibliothèques et qu'elle comprendra environ 1.000 volumes. Elle se propose de rivaliser avec les plus grandes encyclopédies étrangères et même de les dépasser, tout à la fois par le caractère nettement scientifique et la clarté de ses exposés, par l'ordre logique de ses divisions et par son unité, enfin par ses vastes dimensions et sa forme pratique.

I

PLAN GÉNÉRAL DE L'ENCYCLOPÉDIE

Mode de publication. — L'*Encyclopédie* se composera de monographies scientifiques, classées méthodiquement et formant dans leur enchaînement un exposé de toute la science. Organisée sur un plan systématique, cette Encyclopédie, tout en évitant les inconvénients des Traités, — massifs, d'un prix global élevé, difficiles à consulter, — et les inconvénients des Dictionnaires, — où les articles scindés irrationnellement, simples chapitres alphabétiques, sont toujours nécessairement incomplets, — réunira les avantages des uns et des autres.

Du Traité, l'*Encyclopédie* gardera la supériorité que possède un ensemble complet, bien divisé et fournissant sur chaque science tous les enseignements et tous les renseignements qu'on en réclame. Du Dictionnaire, l'*Encyclopédie* gardera les facilités de recherches par le moyen d'une table générale, l'*Index de l'Encyclopédie*, qui paraîtra dès la publication d'un certain nombre de volumes et sera réimprimé périodiquement. L'*Index* renverra le lecteur aux différents volumes et aux pages où se trouvent traités les divers points d'une question.

Les éditions successives de chaque volume permettront de suivre toujours de près les progrès de la Science. Et c'est par là que s'affirme la supériorité de ce mode de publication sur tout autre. Alors que, sous sa masse compacte, un traité, un dictionnaire ne peut être réédité et renouvelé que dans sa totalité et qu'à d'assez longs intervalles, inconvénients graves qu'atténuent mal des suppléments et des appendices, l'*Encyclopédie scientifique*, au contraire, pourra toujours rajeunir les parties qui ne seraient plus au courant des derniers travaux importants. Il est évident, par exemple, que si des livres d'algèbre ou d'acoustique physique peuvent garder leur valeur pendant de nombreuses années, les ouvrages exposant les sciences en formation comme la chimie physique, la psychologie ou les technologies industrielles, doivent nécessairement être remaniés à des intervalles plus courts.

Le lecteur appréciera la souplesse de publication de cette *Encyclopédie*, toujours vivante, qui s'élargira au fur et à mesure des besoins dans le large cadre tracé dès le début, mais qui constituera toujours, dans son ensemble, un traité complet de la Science, dans chacune de ses Sections un traité complet d'une science et dans chacun de ses livres une monographie complète. Il pourra ainsi n'acheter que telle ou telle Section de l'*Encyclopédie*, sûr de n'avoir pas des parties dépareillées d'un tout.

L'*Encyclopédie* demandera plusieurs années pour être achevée; car, pour avoir des expositions bien faites, elle a pris ses collaborateurs plutôt parmi les savants que parmi les professionnels de la rédaction scientifique que l'on retrouve généralement dans les œuvres similaires. Or les savants écrivent peu et lentement : et il est préférable de laisser temporairement sans attribution certains ouvrages plutôt que de les confier à des auteurs insuffisants. Mais cette lenteur et ces vides ne présenteront pas d'inconvénients, puisque chaque livre est une œuvre indépendante et que tous les volumes publiés sont à tout moment réunis par l'*Index de l'Encyclopédie*. On peut donc encore considérer l'*Encyclopédie* comme une librairie, où les livres soigneusement choisis, au lieu de représenter le hasard d'une production individuelle, obéiraient à un plan arrêté d'avance, de manière qu'il n'y ait ni lacune dans les parties ingrates, ni double emploi dans les parties très cultivées.

Caractère scientifique des ouvrages. — Actuellement, les livres de science se divisent en deux classes bien distinctes : les livres destinés aux savants spécialisés, le plus souvent incompréhensibles pour tous les autres, faute de rappeler au début des chapitres les connaissances nécessaires, et surtout faute de définir les nombreux termes techniques incessamment forgés, ces derniers rendant un mémoire d'une science particulière inintelligible à un savant qui en a abandonné l'étude durant quelques années; et ensuite les livres écrits pour le grand public, qui sont sans profit pour des savants et même pour des personnes d'une certaine culture intellectuelle.

L'*Encyclopédie scientifique* a l'ambition de s'adresser au public le plus large. Le savant spécialisé est assuré de rencontrer dans les volumes de sa partie une mise au point très exacte de l'état actuel des questions; car chaque Bibliothèque, par ses techniques et ses monographies, est d'abord faite avec le plus grand soin pour servir d'instrument d'études et de recherches à ceux qui cultivent la science particulière qu'elle présente, et sa devise pourrait être : *Par les savants, pour les savants.* Quelques-uns de ces livres seront même, par leur caractère didactique, destinés à servir aux études de l'enseignement secondaire ou supérieur. Mais, d'autre part, le lecteur non spécialisé est certain de trouver, toutes les fois que cela sera nécessaire, au seuil de la Section, — dans un ou plusieurs volumes de généralités, — et au seuil du volume, — dans un chapitre particulier, — des données qui formeront une véritable introduction le mettant à même de poursuivre avec profit sa lecture. Un vocabulaire technique, placé, quand il y aura lieu, à la fin du volume, lui permettra de connaître toujours le sens des mots spéciaux.

II

ORGANISATION SCIENTIFIQUE

Par son organisation scientifique, l'*Encyclopédie* paraît devoir offrir aux lecteurs les meilleures garanties de compétence. Elle est divisée en Sections ou Bibliothèques, à la tête desquelles sont placés des savants professionnels spécialisés dans chaque ordre de sciences et en pleine force de production, qui, d'accord avec le Directeur général, établissent les divisions des matières, choisissent les collaborateurs et acceptent les manuscrits. Le même esprit se manifestera partout : éclectisme et respect de toutes les opinions logiques, subordination des théories aux données de l'expérience, soumission à une discipline rationnelle stricte ainsi qu'aux règles d'une exposition méthodique et claire. De la sorte, le lecteur, qui aura été intéressé par les ouvrages d'une Section dont il sera l'abonné régulier, sera amené à consulter avec confiance les livres des autres Sections dont il aura besoin, puisqu'il sera assuré de trouver partout la même pensée et les mêmes garanties. Actuellement, en effet, il est, hors de sa spécialité, sans moyen pratique de juger de la compétence réelle des auteurs.

Pour mieux apprécier les tendances variées du travail scientifique adapté à des fins spéciales, l'*Encyclopédie* a sollicité, pour la direction de chaque Bibliothèque, le concours d'un savant placé dans le centre même des études du ressort. Elle a pu ainsi réunir des représentants des principaux Corps savants, d'Établissements d'enseignement et de recherches de langue française :

Institut.
Académie de Médecine.
Collège de France.
Muséum d'Histoire naturelle.
Ecole des Hautes Etudes.
Sorbonne et Ecole normale.
Facultés des Sciences.
Faculté des Lettres
Facultés de Médecine.
Institut Pasteur.
Ecole des Ponts et Chaussées.
Ecole des Mines.
Ecole Polytechnique.
Conservatoire des Arts et Métiers.
Ecole d'Anthropologie.
Institut National agronomique.
Ecole vétérinaire d'Alfort.
Ecole supérieure d'Electricité.
Ecole de Chimie industrielle de Lyon.
Ecole des Beaux-Arts.
Ecole des Sciences politiques.
Observatoire de Paris.
Hôpitaux de Paris.

III

BUT DE L'ENCYCLOPÉDIE

Au XVIIIe siècle, « l'Encyclopédie » a marqué un magnifique mouvement de la pensée vers la critique rationnelle. A cette époque, une telle manifestation devait avoir un caractère philosophique. Aujourd'hui, l'heure est venue de renouveler ce grand effort de critique, mais dans une direction strictement scientifique; c'est là le but de la nouvelle *Encyclopédie*.

Ainsi la science pourra lutter avec la littérature pour la direction des esprits cultivés, qui, au sortir des écoles, ne demandent guère de conseils qu'aux œuvres d'imagination et à des encyclopédies où la science a une place restreinte, tout à fait hors de proportion avec son importance. Le moment est favorable à cette tentative; car les nouvelles générations sont plus instruites dans l'ordre scientifique que les précédentes. D'autre part, la science est devenue, par sa complexité et par les corrélations de ses parties, une matière qu'il n'est plus possible d'exposer sans la collaboration de tous les spécialistes, unis là comme le sont les producteurs dans tous les départements de l'activité économique contemporaine.

A un autre point de vue, l'*Encyclopédie*, embrassant toutes les manifestations scientifiques, servira comme tout inventaire à mettre au jour les lacunes, les champs encore en friche ou abandonnés, — ce qui expliquera la lenteur avec laquelle certaines Sections se développeront, — et suscitera peut-être les travaux nécessaires. Si ce résultat est atteint, elle sera fière d'y avoir contribué.

Elle apporte en outre une classification des sciences et, par ses divisions, une tentative de mesure, une limitation de chaque domaine. Dans son ensemble, elle cherchera à refléter exactement le prodigieux effort scientifique du commencement de ce siècle et un moment de sa pensée, en sorte que dans l'avenir elle reste le document principal où l'on puisse retrouver et consulter le témoignage de cette époque intellectuelle.

On peut voir aisément que l'*Encyclopédie* ainsi conçue, ainsi réalisée, aura sa place dans toutes les bibliothèques publiques, universitaires et scolaires, dans les laboratoires, entre les mains des savants, des industriels et de tous les hommes instruits qui veulent se tenir au courant des progrès, dans la partie qu'ils cultivent eux-mêmes ou dans tout le domaine scientifique. Elle fera jurisprudence, ce qui lui dicte le devoir d'impartialité qu'elle aura à remplir.

Il n'est plus possible de vivre dans la société moderne en ignorant les diverses formes de cette activité intellectuelle qui révolutionne les conditions de la vie ; et l'interdépendance de la science ne permet plus aux savants de rester cantonnés, spécialisés dans un étroit domaine. Il leur faut, — et cela leur est souvent difficile, — se mettre au courant des recherches voisines. A tous, l'*Encyclopédie* offre un instrument unique dont la portée scientifique et sociale ne peut échapper à personne.

IV

CLASSIFICATION DES MATIÈRES SCIENTIFIQUES

La division de l'*Encyclopédie* en Bibliothèques a rendu nécessaire l'adoption d'une classification des sciences, où se manifeste nécessairement un certain arbitraire, étant donné que les sciences se distinguent beaucoup moins par les différences de leurs objets que par les divergences des aperçus et des habitudes de notre esprit. Il se produit en pratique des interpénétrations réciproques entre leurs domaines, en sorte que, si l'on donnait à chacun l'étendue à laquelle il peut se croire en droit de prétendre, il envahirait tous les territoires voisins ; une limitation assez stricte est nécessitée par le fait même de la juxtaposition de plusieurs sciences.

Le plan choisi, sans viser à constituer une synthèse philosophique des sciences, qui ne pourrait être que subjective, a tendu pourtant à échapper dans la mesure du possible aux habitudes traditionnelles d'esprit, particulièrement à la routine didactique, et à s'inspirer de principes rationnels.

Il y a deux grandes divisions dans le plan général de l'*Encyclopédie :* d'un côté les sciences pures, et, de l'autre, toutes les technologies qui correspondent à ces sciences dans la sphère des applications. A part et au début, une Bibliothèque d'introduction générale est consacrée à la philosophie des sciences (histoire des idées directrices, logique et méthodologie).

Les sciences pures et appliquées présentent en outre une division générale en sciences du monde inorganique et en sciences biologiques. Dans ces deux grandes catégories, l'ordre est celui de particularité croissante, qui marche parallèlement à une rigueur décroissante. Dans les sciences biologiques pures enfin, un groupe de sciences s'est trouvé mis à part, en tant qu'elles s'occupent moins de dégager des lois générales et abstraites que de fournir des monographies d'êtres concrets, depuis la paléontologie jusqu'à l'anthropologie et l'ethnographie.

Étant donnés les principes rationnels qui ont dirigé cette classification, il n'y a pas lieu de s'étonner de voir apparaître des groupements relativement nouveaux, une biologie générale, — une physiologie et une pathologie végétales, distinctes aussi bien de la botanique que de l'agriculture, — une chimie physique, etc.

En revanche, des groupements hétérogènes se disloquent pour que leurs parties puissent prendre place dans les disciplines auxquelles elles doivent revenir. La géographie, par exemple, retourne à la géologie, et il y a des géographies botanique, zoologique, anthropologique, économique, qui sont étudiées dans la botanique, la zoologie, l'anthropologie, les sciences économiques.

Les sciences médicales, immense juxtaposition de tendances très diverses, unies par une tradition utilitaire, se désagrègent en des sciences ou des techniques précises; la pathologie, science de lois, se distingue de la thérapeutique ou de l'hygiène qui ne sont que les applications des données générales fournies par les sciences pures, et à ce titre mises à leur place rationnelle.

Enfin, il a paru bon de renoncer à l'anthropocentrisme qui exigeait une physiologie humaine, une anatomie humaine, une embryologie humaine, une psychologie humaine. L'homme est intégré dans la série animale dont il est un aboutissant. Et ainsi, son organisation, ses fonctions, son développement s'éclairent de toute l'évolution antérieure et préparent l'étude des formes plus complexes des groupements organiques qui sont offertes par l'étude des sociétés.

On peut voir que, malgré la prédominance de la préoccupation pratique dans ce classement des Bibliothèques de l'*Encyclopédie scientifique*, le souci de situer rationnellement les sciences dans leurs rapports réciproques n'a pas été négligé. Enfin il est à peine besoin d'ajouter que cet ordre n'implique nullement une hiérarchie, ni dans l'importance ni dans les difficultés des diverses sciences. Certaines, qui sont placées dans la technologie, sont d'une complexité extrême, et leurs recherches peuvent figurer parmi les plus ardues.

Prix de la publication. — Les volumes, illustrés pour la plupart, seront publiés dans le format in-18 jésus et cartonnés. De dimensions commodes, ils auront 400 pages environ, ce qui représente une matière suffisante pour une monographie ayant un objet défini et important, établie du reste selon l'économie du projet qui saura éviter l'émiettement des sujets d'exposition. Le prix étant fixé uniformément à 5 francs, c'est un réel progrès dans les conditions de publication des ouvrages scientifiques, qui, dans certaines spécialités, coûtent encore si cher.

TABLE DES BIBLIOTHÈQUES

Directeur : Dr TOULOUSE, Directeur de Laboratoire à l'École des Hautes Études.

Secrétaire général : H. PIÉRON, agrégé de l'Université.

Directeurs des Bibliothèques :

1. *Philosophie des Sciences.* P. Painlevé, de l'Institut, professeur à la Sorbonne.

I. Sciences pures

A. **Sciences mathématiques :**

2. *Mathématiques* . . . . . J. Drach, professeur à la Faculté des Sciences de l'Université de Toulouse.
3. *Mécanique.* . . . . J. Drach, professeur à la Faculté des Sciences de l'Université de Toulouse.

B. **Sciences inorganiques :**

4. *Physique.* . . . . A. Leduc, professeur adjoint de physique à la Sorbonne.
5. *Chimie physique* . . . . J. Perrin, professeur de chimie physique à la Sorbonne.
6. *Chimie.* . . . . A. Pictet, professeur à la Faculté des Sciences de l'Université de Genève.
7. *Astronomie et physique céleste* . . . . J. Mascart, astronome adjoint à l'Observatoire de Paris.
8. *Météorologie* . . . . . . J. Mascart, astronome adjoint à l'Observatoire de Paris.
9. *Minéralogie et Pétrographie.* . . . . A. Lacroix, de l'Institut, professeur au Muséum d'Histoire naturelle.
10. *Géologie.* . . . . M. Boule, professeur au Muséum d'Histoire naturelle.
11. *Océanographie physique.* J. Richard, directeur du Musée Océanographique de Monaco.

C. Sciences biologiques normatives :

12. *Biologie.*	A. *Biologie générale.*	M. Caullery, professeur de zoologie à la Sorbonne.
	B. *Océanographie biologique.*	J. Richard, directeur du Musée Océanographique de Monaco.
13. *Physique biologique.* . . .		A. Imbert, professeur à la Faculté de Médecine de l'Université de Montpellier.
14. *Chimie biologique.* . . .		G. Bertrand, professeur de chimie biologique à la Sorbonne, professeur à l'Institut Pasteur.
15. *Physiologie et Pathologie végétales*		L. Mangin, de l'Institut, professeur au Muséum d'Histoire naturelle.
16. *Physiologie*		J.-P. Langlois, professeur agrégé à la Faculté de Médecine de Paris.
17. *Psychologie*		E. Toulouse, directeur de Laboratoire à l'École des Hautes Études, médecin en chef de l'asile de Villejuif.
18. *Sociologie*		G. Richard, professeur à la Faculté des Lettres de l'Université de Bordeaux.

---

19. *Microbiologie et Parasitologie*		A. Calmette, professeur à la Faculté de Médecine de l'Université, directeur de l'Institut Pasteur de Lille, et F. Bezançon, professeur agrégé à la Faculté de Médecine de l'Université de Paris, médecin des Hôpitaux.
20. *Pathologie.*	A. *Pathologie médicale.*	M. Klippel, médecin des Hôpitaux de Paris.
	B. *Neurologie.*	E. Toulouse, directeur de Laboratoire à l'École des Hautes Études, médecin en chef de l'asile de Villejuif.
	C. *Path. chirurgicale.*	L. Picqué, chirurgien des Hôpitaux de Paris.

D. Sciences biologiques descriptives :

21. *Paléontologie*		M. Boule, professeur au Muséum d'Histoire naturelle.
22. *Botanique*	A. *Généralités et phanérogames.*	H. Lecomte, professeur au Muséum d'Histoire naturelle.
	B. *Cryptogames.*	L. Mangin, de l'Institut, professeur au Muséum d'Histoire naturelle.

II. SCIENCES APPLIQUÉES

A. Sciences mathématiques :

B. Sciences inorganiques :

C. Sciences biologiques :

M. ALBERT MAIRE, bibliothécaire à la Sorbonne, est chargé de l'*Index* de l'Encyclopédie scientifique.

B — 8270. — Libr.-Imprimeries réunies, 7, rue Saint-Benoît, Paris.

www.ingramcontent.com/pod-product-compliance
Ingram Content Group UK Ltd.
Pitfield, Milton Keynes, MK11 3LW, UK
UKHW020126220726
13923UKWH00001B/23